W0262766

Ergebnisse der Mathematik
und ihrer Grenzgebiete

Band 64

Herausgegeben von P. R. Halmos · P. J. Hilton
R. Remmert · B. Szőkefalvi-Nagy

Unter Mitwirkung von L. V. Ahlfors · R. Baer
F. L. Bauer · A. Dold · J. L. Doob
S. Eilenberg · M. Kneser · G. H. Müller
M. M. Postnikov · B. Segre · E. Sperner

Geschäftsführender Herausgeber: P. J. Hilton

Monique Hakim

Topos annelés et schémas relatifs

Springer-Verlag Berlin Heidelberg New York
1972

Monique Hakim

Université des Sciences et
Techniques du Languedoc
Montpellier

AMS Subject Classifications (1970):

Primary 14 D 99. Secondary 32 G 13

ISBN 978-3-540-05573-0 Springer-Verlag Berlin Heidelberg New York
ISBN 978-0-387-05573-2 Springer-Verlag New York Heidelberg Berlin

Table des matières

Introduction

L'idée du présent travail, définir une théorie des schémas relatifs au-dessus d'un espace annelé, c'est-à-dire donner un sens à la notion intuitive de *famille de schémas paramétrée par un espace* annelé est déjà suggérée dans les exposés de A. Grothendieck au Séminaire Cartan de 1960/61, exposés no 7 à 17. La question soulevée alors était la suivante : certains problèmes de modules de la théorie des schémas gardent un sens une fois reformulés dans la catégorie des espaces anne-lés en anneaux locaux au-dessus d'un espace annelé donné, par exemple un espace analytique ou une variété différentiable. La notion de schéma relatif doit alors permettre d'utiliser tels quels les résultats de la théorie des schémas classique pour résoudre ces problèmes, tout en rendant compte de leur nature algébrique. De même, la notion de schéma relatif au-dessus d'un espace analytique (au sens de [10] exposé 9) doit donner lieu à une interprétation des résultats de H. Grauert et R. Remmert [9] concernant les images directes supérieures des faisceaux cohérents par la projection canonique

$$p : X \times \mathbf{P}^r \to X \,,$$

où X est un espace analytique et $X \times \mathbf{P}^r$ est l'espace analytique pro-duit de X par l'espace projectif type de dimension r, par une théorie du type GAGA [19] relative au-dessus d'un espace analytique.

Cependant en vue d'autres applications, on a préféré le cadre des topos annelés à celui trop restrictif des espaces annelés.

Dans les deux premiers chapitres on développe quelques prélimi-naires indispensables pour pouvoir utiliser les topos annelés. Ceux-ci forment en effet une 2-catégorie, c'est-à-dire, en gros, que les Hom de tels objets ont eux-mêmes une structure de catégorie. La nécessité de pouvoir appliquer des méthodes de descente dans un tel contexte nous conduit à la définition d'une 2-catégorie fibrée et d'un 2-champ sur un site. La notion de 2-champ n'est que l'adaptation au cas des 2-caté-gories de la notion de champ introduite par J. Giraud dans sa Thèse

[8]. On obtient alors le résultat : soit S un $\mathcal{U}$-topos (resp. un $\mathcal{U}$-topos annelé) où $\mathcal{U}$ est un univers fixé, la 2-catégorie fibrée sur S dont la fibre au-dessus de $U \in \mathrm{Ob}\, S$ est la 2-catégorie des $\mathcal{U}$-topos sur S/U (resp. des $\mathcal{U}$-topos annelés sur $(S/U,\ \mathcal{O}_{S/U})$) et les 2-foncteurs de changement de base sont les restrictions naturelles, est un 2-champ. En d'autres termes, dans les deux cas envisagés, on peut « recoller » les objets et les morphismes de la 2-catégorie fibrée sur S correspondante.

On donne ensuite, dans le cas des anneaux d'un topos, la définition d'un *anneau local* et d'un *anneau strictement local* et on résoud les problèmes universels permettant de définir le *spectre d'un topos annelé* et son *topos étale*, notions généralisant respectivement celles de spectre d'un anneau et de topos étale d'un schéma.

Au chapitre IV on définit la catégorie $\mathbf{Sch}_S$ des *Schémas relatifs sur un topos annelé* S, en utilisant la notion de champ associé à une catégorie fibrée sur un site ([8] I 4.12), puis un 2-foncteur F_S de $\mathbf{Sch}_S$ dans la 2-catégorie des $\mathcal{U}$-topos annelés en anneaux locaux sur S. On appelle alors *quasi-schéma relatif sur* S tout $\mathcal{U}$-topos annelé en anneaux locaux sur S qui est équivalent à l'image d'au moins un schéma relatif sur S par F_S. On obtient ainsi deux notions : celle de schéma relatif sur S plus proche de l'idée initiale de famille de schémas paramétrée par S et celle de quasi-schéma relatif sur S, de nature plus « géométrique ». Ces deux notions ne sont équivalentes que dans le cas « de présentation finie » : le 2-foncteur F_S n'est en effet en général pas (1)-fidèle, mais sa restriction à la catégorie des schémas de présentation finie est (2)-fidèle.

On définit pour un module sur un quasi-schéma relatif sur S, la propriété de S-*quasi-cohérence*, propriété qui généralise celle de quasi-cohérence pour les modules sur un schéma ordinaire et qui permet d'étendre à ce cas les principaux résultats cohomologiques de la théorie des schémas contenus dans *EGA* III on traite ensuite le problème de la *représentabilité* des 2-foncteurs contravariants de la 2-catégorie des $\mathcal{U}$-topos annelés en anneaux locaux sur un $\mathcal{U}$-topos annelé S dans la catégorie des $\mathcal{U}$-ensembles, par un quasi-schéma relatif sur S et quelques applications à des problèmes de modules.

Enfin on étudie le cas des quasi-schémas relatifs sur un espace analytique complexe. A un tel quasi-schéma X est naturellement associé un espace analytique X^h. On peut alors sur le modèle de la théorie de J. P. Serre [19] et en nous appuyant sur les théorèmes de H. Grauert et R. Remmert (loc. cit.) résoudre la question de la comparaison de la géométrie algébrique et de la géométrie analytique. Le théorème fondamental est le suivant :

Théorème: *Soient S un espace analytique complexe, X un quasi-schéma propre sur S, X^h l'espace analytique naturellement associé à X. La caté-*

gorie des faisceaux de $\mathcal{O}_X$-modules cohérents est alors équivalente par le foncteur image réciproque à la catégorie des faisceaux de O_Xh-modules cohérents.

Des résultats de R. Kiehl [16] et [17] montrent d'ailleurs que ce théorème est encore vrai dans le cas où S est un espace rigide analytique sur un corsp k valué complet ultramétrique, situation que nous n'avons pas envisagée dans cet ouvrage.

Un autre exemple d'utilisation de ces notions peut être trouvé dans un article de A. Grothendieck [13]. Il y montre comment, en utilisant des schémas relatifs du type fibrés projectifs et fibrés en drapeaux sur le topos étale d'un topos annelé X, on peut définir les classes de Chern des $\mathcal{O}_X$-modules localement libres.

Un résumé de ce travail a paru sous forme de thèse présentée à la Faculté des Sciences d'Orsay en Décembre 1967.

Je suis heureuse de remercier ici le Professeur A. Grothendieck pour la générosité avec laquelle il donne son temps à ses élèves. C'est à ses conseils et à ses encouragements constants que ce livre doit le jour.

Chapitre I

2-catégories fibrées

Nous aurons par la suite à considérer la 2-catégorie des $\mathcal{U}$-topos, la 2-catégorie des $\mathcal{U}$-topos annelés etc. . . (où $\mathcal{U}$ désigne un univers). Pour faire de la « descente » dans un tel contexte, il devient alors nécessaire de remplacer la notion de catégorie fibrée [12, no 195], par celle, un peu plus compliquée de 2-catégorie fibrée. Le but du premier chapitre est de décrire le plus brièvement possible cette situation et de montrer aussi comment se généralise en celle de 2-champ la notion de champ introduite par J. Giraud dans sa thèse [8].

1. Généralités sur les 2-catégories

La notion de 2-catégorie est due à J. Benabou, on pourra voir par exemple [2] dont nous adoptons certaines des notations. Dans ce qui suit, pour désigner une 2-catégorie, on utilisera des caractères gothiques.

Définition (1.1). On appelle *2-catégorie* $\mathfrak{C}$ l'ensemble des données suivantes :

   (i) un ensemble d'objets Ob $\mathfrak{C}$,

   (ii) pour tout couple (X, Y) d'objets de Ob $\mathfrak{C}$

une catégorie $\mathsf{Hom}_{\mathfrak{C}}(X, Y)$ notée encore $\mathsf{Hom}(X, Y)$,

   (iii) pour tout triple (X, Y, Z) d'objets de Ob $\mathfrak{C}$

un foncteur (« accouplement ») :

$$(1.1.1) \qquad \mu_{X, Y, Z} : \mathsf{Hom}(X, Y) \times \mathsf{Hom}(Y, Z) \to \mathsf{Hom}(X, Z)$$

satisfaisant aux conditions :

   (i)′ pour tout triple (X, Y, Z) d'objets de Ob $\mathfrak{C}$

$$(1.1.2) \qquad \mu_{X, X, Y}(id_X, \ ) = \mu_{X, Y, Y}(\ , id_Y) = id_{\mathsf{Hom(X,Y)}} \ .$$

   (ii)′ pour tout quadruple (X, Y, Z, T) d'objets de Ob $\mathfrak{C}$ on a

(« associativité des accouplements ») :

(1.1.3)

$$\mu_{X,Z,T} \circ (\mu_{X,Y,Z} \times id_{\mathsf{Hom}(Z,T)}) = \mu_{X,Y,T} \circ (id_{\mathsf{Hom}(X,Y)} \times \mu_{Y,Z,T}) \,.$$

Exemple (1.2). Les catégories forment une 2-catégorie notée $\mathfrak{Cat}$.

(1.3) Nous utilisons la convention de [2] pour les notations suivantes : soient $\mathfrak{C}$ une 2-catégorie et (X, Y) un couple d'objets de Ob $\mathfrak{C}$. Un objet f de $\mathsf{Hom}(X, Y)$ est appelé 1-flèche de $\mathfrak{C}$ de source X et de but Y et est noté

$$(1.3.1) \qquad\qquad f : X \to Y \,.$$

Soient f et g deux objets de $\mathsf{Hom}(X, Y)$. Une flèche α de f dans g de la catégorie $\mathsf{Hom}(X, Y)$ est appelée une 2-flèche de $\mathfrak{C}$ et est notée

$$(1.3.2) \qquad X \underset{g}{\overset{f}{\underset{\Downarrow\,\alpha}{\rightrightarrows}}} Y \qquad \text{ou} \qquad \alpha : f \to g \,.$$

Soient X, Y, Z trois objets de Ob $\mathfrak{C}$. On notera simplement $g \circ f$ (resp. $\beta * \alpha$) au lieu de $\mu_{X,Y,Z}(f, g)$ (resp. $\mu_{X,Y,Z}(\alpha, \beta)$) pour $(f, g) \in$ Ob $\mathsf{Hom}(X, Y) \times \mathsf{Hom}(Y, Z)$ (resp. $(\alpha, \beta) \in Fl\ \mathsf{Hom}(X, Y) \times \mathsf{Hom}(Y, Z)$).

Le diagramme suivant :

$$(1.3.3) \qquad \begin{array}{ccc} X & \xrightarrow{\ f\ } & Y \\ {\scriptstyle h}\downarrow & {\large\alpha\!\nearrow} & \downarrow{\scriptstyle g} \\ Z & \xrightarrow[\ k\ ]{} & T \end{array}$$

se lit : « α est une 2-flèche de $k \circ h$ dans $g \circ f$ ». Si α est un isomorphisme, on dit que le diagramme (1.3.3) commute à l'isomorphisme α près.

Deux objets X et Y d'une 2-catégorie $\mathfrak{C}$ sont dits *équivalents* s'il existe deux 1-flèches $u : X \to Y$ et $v : Y \to X$ et deux 2-flèches inversibles (ou 2-isomorphismes)

$$\alpha : v \circ u \to i\,d_X \,,$$
$$\beta : u \circ v \to i\,d_Y \,.$$

Dans ce cas les-1-flèches u et v sont dites des *équivalences quasi-inverses*.

(1.4) Soit $\mathfrak{C}$ une 2-catégorie. Si on oublie une partie de la structure de $\mathfrak{C}$ de la façon suivante : pour tout couple (X, Y) d'objets de Ob $\mathfrak{C}$, on remplace la catégorie $\mathsf{Hom}(X, Y)$ par son ensemble sous-jacent et pour tout triple (X, Y, Z) on remplace l'accouplement $\mu_{X, Y, Z}$ par son application sous-jacente, on obtient une catégorie ordinaire notée :

$$(1.4.1) \qquad\qquad\qquad \mathsf{Cat}\ \mathfrak{C}$$

et qu'on appellera *catégorie sous-jacente* à $\mathfrak{C}$.

Réciproquement toute catégorie C définit une 2-catégorie dont les objets et les 1-flèches sont respectivement les objets et les flèches de C et dont les 2-flèches sont les 2-flèches identités. On la note

$$(1.4.2) \qquad\qquad\qquad 2\text{-}\mathfrak{Cat}\ (\mathsf{C})$$

et on a la relation $\mathsf{C} = \mathsf{Cat}\ \big(2\text{-}\mathfrak{Cat}\ (\mathsf{C})\big)$.

(1.5) Soient $\mathfrak{C}$ et $\mathfrak{C}'$ deux catégories. On appelle *2-foncteur*

$$F : \mathfrak{C} \to \mathfrak{C}'$$

l'ensemble des données suivantes :

i) une application

$$(1.5.1) \qquad\qquad F : \mathrm{Ob}\ \mathfrak{C} \to \mathrm{Ob}\ \mathfrak{C}'\,,$$

ii) pour tout couple (X, Y) d'objets de $\mathrm{Ob}\ \mathsf{C}$, un foncteur

$$(1.5.2) \qquad F_{X, Y} : \mathsf{Hom}(X, Y) \to \mathsf{Hom}\big(F(X), F(Y)\big)\,,$$

iii) pour tout triple (X, Y, Z) d'objets de $\mathfrak{C}$, un 2-isomorphisme $\varepsilon_{X, Y, Z}$ de $\mathfrak{Cat}$ (1.2) rendant commutatif le diagramme

$$(1.5.3)$$

$$\begin{array}{ccc}
\mathsf{Hom}(X, Y) \times \mathsf{Hom}(Y, Z) & \xrightarrow{\ \mu\ } & \mathsf{Hom}(X, Z) \\
{\scriptstyle F_{X, Y} \times F_{Y, Z}}\Big\downarrow & \varepsilon_{X, Y, Z} \nearrow\!\!\!\nearrow & \Big\downarrow{\scriptstyle F_{X, Z}} \\
\mathsf{Hom}\big(F(X), F(Y)\big) \times \mathsf{Hom}\big(F(Y), F(Z)\big) & \xrightarrow[\ \mu'\ ]{} & \mathsf{Hom}\big(F(X), F(Z)\big)
\end{array}$$

de sorte que les conditions suivantes soient vérifiées :

(i)′ pour tout $X \in \mathrm{Ob}\ \mathfrak{C}$, on a

$$(1.5.4) \qquad\qquad F_{X, X}(\mathrm{id}_X) = \mathrm{id}_{F(X)}\,,$$

(ii)′ pour tout couple (X, Y) d'objets de $\mathfrak{C}$, on a

$$\varepsilon_{X, Y, Y}(\ , \mathrm{id}_Y) = \mathrm{id}_{F_{X, Y}}$$

et

$$\varepsilon_{X, X, Y}(\mathrm{id}_X,\ ) = \mathrm{id}_{F_{X, Y}}\,,$$

(iii)′ pour tout quadruple (X, Y, Z, T) d'objets de $\mathfrak{C}$, on a l'égalité des 2-isomorphismes de $\mathfrak{Cat}$

$$\varepsilon_{X, Y, T} * (\mathrm{id}_{F_{X, Y}} \times \varepsilon_{X, X, Z}) = \varepsilon_{X, Z, T} * (\varepsilon_{X, Y, Z} \times \mathrm{id}_{F_{Z, T}})\,,$$

où $*$ désigne ici la composition évidente de deux 2-flèches d'une 2-catégorie dans des diagrammes accolés du type

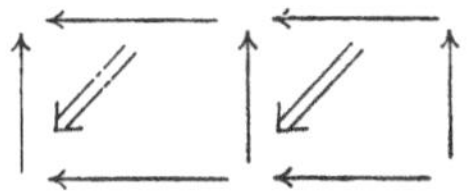

Remarque (1.6). Il résulte de la définition qu'un 2-foncteur transforme. tout diagramme commutatif à isomorphisme près en un diagramme commutatif à isomorphisme près. Un 2-foncteur n'induit un foncteur sur les catégories sous-jacentes que si $\varepsilon_{X, Y, Z} = \mathrm{id}$ pour tout triple (X, Y, Z). Un tel 2-foncteur sera dit *strict*.

(1.7) On définit de manière analogue la notion de 2-*bifoncteur*

$$\mathsf{F} : \mathfrak{C} \times \mathfrak{C}' \to \mathfrak{C}'' \, .$$

(1.8) Un 2-foncteur $\mathsf{F} : \mathfrak{C} \to \mathfrak{C}'$ est dit (i)-*fidèle* pour $i = 0, 1, 2$, si pour tout couple (X, Y) d'objets de $\mathfrak{C}$ le foncteur $F_{X, Y}$ est (i)-didèle. On dit que F est (3)-*fidèle* ou encore que F est une 2-*équivalence* si F est (2)-fidèle et si tout objet de $\mathfrak{C}'$ est équivalent à au moins un objet image d'un objet de $\mathfrak{C}$ par F.

(1.9) *La 2-catégorie* $\mathfrak{Hom}(\mathfrak{C}, \mathfrak{C}')$

Soient $\mathfrak{C}$ et $\mathfrak{C}'$ deux 2-catégories. On définit une nouvelle 2-catégorie $\mathfrak{Hom}(\mathfrak{C}, \mathfrak{C}')$ comme suit :

(1.9.1) Les objets de $\mathfrak{Hom}(\mathfrak{C}, \mathfrak{C}')$ sont les 2-foncteurs de $\mathfrak{C}$ dans $\mathfrak{C}'$.

(1.9.2) Soient $\mathsf{F}^i = \{F^i, F^i_{X, Y}, \varepsilon^i_{X, Y, z}\}$, $i = 1, 2$ deux 2-foncteurs de C dans C'.

Une 1-flèche (Λ, η) de F^1 dans F^2 consiste en la donnée

(i) pour tout $X \in \mathrm{Ob}\, \mathfrak{C}$, d'une 1-flèche de $\mathfrak{C}'$

$$\Lambda_X : \mathsf{F}^1(X) \to \mathsf{F}^2(X) \, ,$$

(ii) pour tout 1-flèche $f : X \to Y$ de $\mathfrak{C}$ d'un 2-isomorphisme de $\mathfrak{C}'$

$$\eta_f : \Lambda_Y \circ F^1_{X, Y}(f) \to F^2_{X, Y}(f) \circ \Lambda_X \, ,$$

qui vérifient les conditions :

(i)′ pour tout $X \in \mathrm{Ob}\, \mathfrak{C}$, $\eta_{id_X} = id_{\Lambda_X}$.

(ii)′ pour tout couple $f : X \to Y$, $g : Y \to Z$ de 1-flèches composables de $\mathfrak{C}$, le diagramme

$$
\begin{array}{ccc}
\Lambda_Z \circ F^1_{X, Z}(g \circ f) & \xrightarrow{\ \Lambda_Z \, \circ \, \varepsilon^1_{X, Y, Z}(f, g)\ } & \Lambda_Z \circ F^1_{Y, Z}(g) \circ F^1_{X, Y}(f) \\
\Big\downarrow{\scriptstyle \eta_{gf}} & & \Big\downarrow{\scriptstyle \eta_g \, \circ \, id_{F^1_{X, Y}(f)}} \\
& & F^2_{Y, Z}(g) \circ \Lambda_Y \circ F^1_{X, Y}(f) \\
& & \Big\downarrow{\scriptstyle id_{F^2_{Y, Z}(g)} \, \circ \, \eta_f} \\
F^2_{X, Z}(g \circ f) \circ \Lambda_X & \xrightarrow{\ \varepsilon^2_{X, Y, Z}(f, g) \, \Lambda_X\ } & F^2_{Y, Z}(g) \circ F^2_{X, Y}(f) \circ \Lambda_X
\end{array}
$$

est commutatif.

(1.9.3) Soient (Λ, η) et (Λ', η') deux 1-flèches de F^1 dans F^2, on définit une 2-flèche

$$\alpha : (\Lambda, \eta) \to (\Lambda', \eta')$$

par la donnée pour tout $X \in \mathrm{Ob}\ \mathfrak{C}$ d'une 2-flèche de $\mathfrak{C}'$

$$\alpha_X : \Lambda_X \to \Lambda'_X$$

telle que pour toute 1-flèche $f : X \to Y$ de $\mathfrak{C}$ le diagramme

$$
\begin{array}{ccc}
\Lambda_Y \circ F^1_{X,\,Y}(f) & \xrightarrow{\ \eta_f\ } & F^2_{X,\,Y}(f) \circ \Lambda_X \\
\alpha_Y \circ F^1_{X,Y}(f) \downarrow & & \downarrow F^2_{X,Y}(f) \circ \alpha_X \\
\Lambda'_Y \circ F^1_{X,\,Y}(f) & \xrightarrow{\ \eta'_f\ } & F^2_{X,Y}(f) \circ \Lambda'_X
\end{array}
$$

soit commutatif.

A partir de ces définitions, on obtient une structure de catégorie sur l'ensemble $\mathrm{Hom}(\mathsf{F}^1, \mathsf{F}^2)$ des 1-flèches de F^1 dans F^2. Pour trois foncteurs F^1, F^2, F^3 on a une notion naturelle d'accouplement $\mu_{\mathsf{F}^1, \mathsf{F}^2, \mathsf{F}^3}$ (1.1.(iii)) et on obtient alors la 2-catégorie $\mathfrak{Hom}(\mathfrak{C}, \mathfrak{C}')$. On en déduit en particulier une *notion d'équivalence de deux 2-foncteurs* de $\mathfrak{C}$ dans $\mathfrak{C}'$: F^1 et F^2 sont équivalents s'il existe deux 1-flèches quasi-inverses l'une de l'autre de $\mathfrak{Hom}(\mathfrak{C}, \mathfrak{C}')$

$$(\Lambda, \eta) : \mathsf{F}^1 \to \mathsf{F}^2\,, \quad (\Lambda', \eta') : \mathsf{F}^2 \to \mathsf{F}^1\,.$$

Définition (1.10). Soient $\mathsf{F} : \mathfrak{C} \to \mathfrak{C}'$ et $\mathsf{G} : \mathfrak{C}' \to \mathfrak{C}$ deux 2-foncteurs. On dit que F est 2-*adjoint à droite* de G ou que G est 2-*adjoint à gauche* de F s'il existe un morphisme de 2-foncteurs.

$$(1.10.1) \qquad\qquad (\Lambda, \eta) : \mathsf{G} \circ \mathsf{F} \to \mathrm{id}_\mathfrak{C}$$

tel que le morphisme naturel de 2-bifoncteurs.

$$(1.10.2) \qquad \mathrm{Hom}_{\mathfrak{C}'}(\ \ , \mathsf{F}(\ \ )) \to \mathrm{Hom}_\mathfrak{C}(\mathsf{G}(\ \ ),\ \ )$$

qui en résulte soit une équivalence, c'est-à-dire si le morphisme qu'on obtient en fixant chacun des deux arguments est une équivalence de 2-foncteurs.

(1.11) *Les 2-catégories* $\mathfrak{Fl}\ \mathfrak{C}$ *et* $\mathfrak{C}/S$

Soient $\mathfrak{C}$ une 2-catégorie et Δ la catégorie associée à l'ensemble ordonné des entiers $\{0, 1\}$. On définit la 2-catégorie $\mathfrak{Fl}\ \mathfrak{C}$ par :

$$(1.11.1) \qquad\qquad \mathfrak{Fl}\ \mathfrak{C} = \mathfrak{Hom}\,(2 - \mathfrak{Cat}\,(\Delta), \mathfrak{C})\,. \qquad\qquad (1.4.2)$$

Remarquons que $\mathsf{Fl}\,(\mathsf{Cat}(\mathfrak{C}))$ et $\mathsf{Cat}(\mathfrak{Fl}\ \mathfrak{C})$ ont même ensemble d'objets mais que la première est sous-catégorie non pleine de la deuxième.

Soit $\mathsf{b} : \mathfrak{Fl}\,\mathfrak{C} \to \mathfrak{C}$ de 2-foncteur but et soit $S \in \mathrm{Ob}\,\mathfrak{C}$. On désigne par

$$(1.11.2) \qquad\qquad \mathfrak{C}/S$$

la 2-catégorie dont les objets (resp. les 1-flèches, resp. les 2-flèches) sont les objets (resp. les 1-flèches, resp. les 2-flèches) de $\mathfrak{Fl}\,\mathfrak{C}$, dont les images par b sont S (resp. id_S, resp. id_{id_S}). Ici encore $\mathsf{Cat}(\mathfrak{C})/S$ a même objets que $\mathsf{Cat}(\mathfrak{C}/S)$ mais s'identifie à une sous-catégorie non pleine de cette dernière.

2. 2-problèmes universels. Problèmes de représentabilité

(2.1) Soit $\mathfrak{C}$ une 2-catégorie, on notera $\mathfrak{C}^0$ la 2-catégorie opposée, obtenue en inversant le sens des 1-flèches de $\mathfrak{C}$.

(2.2) Soit $\mathfrak{C}$ une 2-catégorie. Disons rapidement comment on peut généraliser aux 2-foncteurs

$$\mathfrak{C}^0 \to \mathfrak{Cat}$$

la notion de *représentabilité*.

Notons $\mathfrak{F}(\mathfrak{C})$ la 2-catégorie des 2-foncteurs de $\mathfrak{C}^0$ dans $\mathfrak{Cat}$ (1.9). On définit comme dans le cas des catégories ordinaires le 2-foncteur strict

$$(2.2.1) \qquad\qquad \mathsf{h} : \mathfrak{C} \to \mathfrak{F}(\mathfrak{C})$$

qui à $X \in \mathrm{Ob}\,\mathfrak{C}$ associe le 2-foncteur strict (1.6)

$$(2.2.2) \qquad\qquad \mathsf{h}_X(\ ) = \mathsf{Hom}_{\mathfrak{C}}(\ , X)$$

et qui est défini de manière analogue sur les 1-flèches et les 2-flèches.

Soit par ailleurs $\mathsf{f} \in \mathrm{Ob}\,\mathfrak{F}(\mathfrak{C})$ un 2-foncteur. Pour tout $X \in \mathrm{Ob}\,\mathfrak{C}$, on définit le foncteur

$$(2.2.3) \qquad\qquad h_{X,} : \mathrm{Hom}_{\mathfrak{F}(\mathfrak{C})}(\mathsf{h}_X, \mathsf{f}) \to \mathsf{f}(X) \ .$$

Comme suit : à $u \in \mathrm{Ob}\ \mathsf{Hom}_{\mathfrak{F}(\mathfrak{C})}(\mathsf{h}_X, \mathsf{f})$, on associe

$$h_{X,\mathsf{f}}(u) = u(id_X) \in \mathrm{Ob}\ \mathsf{f}(X) \ ,$$

et à

$$\varphi : u \to u' \ , \quad \varphi \in Fl\ \mathsf{Hom}_{\mathfrak{F}(\mathfrak{C})}(\mathsf{h}_X, \mathsf{f}) \ ,$$

on associe

$$h_{X,\mathsf{f}}(\varphi) = \varphi(id_X) : u(id_X) \to u'(id_X) \ .$$

Le foncteur $h_{X,\mathsf{f}}$ est une *équivalence de catégories*, une équivalence quasi-inverse étant donnée par

$$(2.2.4) \qquad\qquad k_{X,\mathsf{f}} : \mathsf{f}(X) \to \mathsf{Hom}_{\mathfrak{F}(\mathfrak{C})}(\mathsf{h}_X, \mathsf{f}) \ ,$$

où pour tout $\xi \in \mathrm{Ob}\ \mathsf{f}(X)$, $k_{X,\mathsf{f}}(\xi) = u_\xi$ est le morphisme de 2-foncteurs

$$u_\xi : \mathsf{h}_X \to \mathsf{f}, \quad u_\xi(\ ) = \mathsf{f}(\ )(\xi),$$

et où pour $\varphi : \xi \to \xi' \in Fl\ \mathsf{f}(X)$, $k_{X,\mathsf{f}}(\varphi) = \mathsf{f}(\ )(\varphi) : u_\xi \to u_{\xi'}$.

En particulier en posant $\mathsf{f} = \mathsf{h}_{X'}$, on obtient la proposition.

Proposition (2.3). *Le 2-foncteur* h (2.2.1) *est 2-fidèle* (1.8).

Définition (2.4). On dit que le 2-foncteur $\mathsf{f} \in \mathrm{Ob}\ \mathfrak{F}(\mathfrak{C})$ est *représentable* si f est équivalent à un 2-foncteur de la forme h_X. On appelle *solution du 2-problème universel* déterminé par f, le couple (X, u) où $X \in \mathrm{Ob}\ \mathfrak{C}$ et u est une équivalence de 2-foncteurs

$$u : \mathsf{h}_X \xrightarrow{\sim} \mathsf{f}.$$

On dit de plus que le couple (X, ξ), où $\xi = u(id_X) \in \mathrm{Ob}\ \mathsf{f}(X)$, est *une donnée de représentation* de f.

Proposition (2.5) (Unicité des données de représentation). Soit f un 2-foncteur représentable de $\mathfrak{F}(\mathfrak{C})$ et soient (X, ξ), (X', ξ') deux données de représentation de f. Il existe alors un couple (λ, ε) formé d'une équivalence de $\mathfrak{C}$

$$\lambda : X \xrightarrow{\sim} X'$$

et d'un 2-isomorphisme

$$\varepsilon : \mathsf{f}(\lambda)\ (\xi') \xrightarrow{\sim} \xi.$$

De plus pour tout autre couple analogue $(\lambda_1, \varepsilon_1)$, il existe un 2-isomorphisme unique

$$\alpha : \lambda \xrightarrow{\sim} \lambda_1$$

tel que $\varepsilon_1 \circ \big(\mathsf{f}(\alpha)\ (\xi')\big) = \varepsilon$.

Démonstration. Soient (X, ξ) et (X', ξ') deux données de représentation de f. Par hypothèses les morphismes définis en (2.2.4)

$$u_\xi : \mathsf{h}_X \to \mathsf{f}$$

$$u_{\xi'} : \mathsf{h}_{X'} \to \mathsf{f}$$

sont des équivalences de 2-foncteurs. En utilisant (2.3) on voit alors qu'il existe une équivalence de $\mathfrak{C}$

$$\lambda : X \to X'$$

et un 2-isomorphisme de $\mathfrak{F}(\mathfrak{C})$

$$e : u_{\xi'} \circ \mathsf{h}_\lambda \to u_\xi.$$

Mais comme

$$u_{\xi'} \circ \mathsf{h}_\lambda(id_X) = u_{\xi'}(\lambda) = \mathsf{f}(\lambda)\ (\xi')$$

et

$$u_\xi(id_X) = \xi,$$

on en déduit un isomorphisme $\varepsilon = \mathsf{h}_{X,\,\mathsf{f}}(e)$

$$\varepsilon = e(id_X) : \mathsf{f}(\lambda)\,(\xi') \to \xi\,.$$

Soit alors $(\lambda_1,\,\varepsilon_1)$ un couple analogue. Il existe un isomorphisme unique

$$\alpha_0 : \mathsf{f}(\lambda)\,(\xi') \to \mathsf{f}(\lambda_1)\,(\xi')$$

tel que $\varepsilon_1 \circ \alpha_0 = \varepsilon$, ou encore un isomorphisme

$$\alpha_0 : u_{\xi'}\,(\lambda/\overset{\sim}{\to} u_{\xi'}(\lambda_1))\,,$$

mais comme $u_{\xi'}$ est pleinement fidèle, α_0 se relève un isomorphisme unique

$$\alpha : \lambda \to \lambda_1\,.\quad \square$$

Exemple (2.6). *2-produits et 2-produits fibrés dans une 2-catégorie*

(2.6.1) *2-produits.* Soient $\mathfrak{C}$ une 2-catégorie et $(X,\,Y)$ un couple d'objets de $\mathfrak{C}$. Considérons le 2-foncteur de $\mathfrak{F}(\mathfrak{C})$ qui à tout $U \in \mathrm{Ob}\,\mathfrak{C}$ associe la catégorie produit

$$\mathrm{Hom}(U,\,X) \times \mathrm{Hom}(U,\,Y)$$

et défini de manière analogue sur les 1-flèches et les 2-flèches. Si ce 2-foncteur est représentable on dit que le produit de X et Y est représentable dans $\mathfrak{C}$ et on appelle produit de X et Y une donnée de représentation $(X \times Y,\ \mathrm{pr}_1 : X \times Y \to X,\ \mathrm{pr}_2 : X \times Y \to Y)$ de ce 2-foncteur.

(2.6.2) *2-produits fibrés*

Soient $\mathfrak{C}$ une 2-catégorie et $a : X \to T$, $b : Y \to T$ un couple de 1-flèches de $\mathfrak{C}$ de même but, considérons le 2-foncteur

$$\mathsf{H}_{X \times_T Y} : \mathfrak{C}^0 \to \mathfrak{Cat}$$

qui à $U \in \mathrm{Ob}\,\mathfrak{C}^0$ associe la catégorie $\mathsf{H}_{X \times_T Y}(U)$ suivante : les objets de $\mathsf{H}_{X \times_T Y}(U)$ sont les triples $(c,\,d,\,\varepsilon)$ formés de deux 1-flèches de $\mathfrak{C}$

$$c : U \to X\,,$$
$$d : U \to Y$$

et d'un 2-isomorphisme $\varepsilon : b \circ d \to a \circ c$, qu'on peut encore noter

$$
\begin{array}{ccc}
 & c & \\
U & \longrightarrow & X \\
d\downarrow & {\scriptstyle\varepsilon}\;\nearrow\!\!\!\!\Rightarrow & \downarrow a \\
X & \longrightarrow & T\,, \\
 & b &
\end{array}
$$

et les flèches $(c,\,d,\,\varepsilon) \to (c',\,d',\,\varepsilon')$ sont les couples de 2-flèches de $\mathfrak{C}$

$$\gamma : c \to c'$$
$$\delta : d \to d'$$

tels que le diagramme

$$\begin{array}{ccc} b \circ d & \xrightarrow{\ id_b \circ \delta\ } & b \circ d' \\ {\scriptstyle \varepsilon}\downarrow & & \downarrow{\scriptstyle \varepsilon'} \\ a \circ c & \xrightarrow{\ id_a \circ \gamma\ } & a \circ c' \end{array}$$

soit commutatif. On complète de manière analogue la définition de $H_{X \times_T Y}$ sur les 1-flèches et les 2-flèches de $\mathfrak{C}$.

Si le 2-foncteur $H_{X \times_T Y}$ est représentable, on dit que le 2-produit fibré de X et Y au-dessus de T est représentable et on appelle 2-produit fibré $(X \times_T Y, p_1, p_2, \varepsilon)$ une donnée de représentation de $H_{X \times_T Y}$.

Proposition (2.7). *Soit* $\mathsf{f} \in \mathrm{Ob}\, \mathfrak{F}(\mathfrak{C})$ *un* 2-*foncteur représentable et soit* (X, ξ) *une donnée de représentation de* f. *Soit de plus* $S \in \mathrm{Ob}\,(\mathfrak{C})$. *Alors pour que la restriction*

$$\mathsf{f}_S : \mathfrak{C}^0/S \to \mathfrak{C}\mathrm{at}$$

de f, *obtenue en composant* f *avec de* 2-*foncteur « oubli de* S *»*

$$\mathsf{i}_S : \mathfrak{C}/S \to \mathfrak{C}\,,$$

soit un 2-*foncteur représentable, il faut et il suffit que le* 2-*produit* $(X \times S,$ $p, q)$, $p : X \times S \to X$, $q : X \times S \to S$, *existe dans* $\mathfrak{C}$, *et le couple* $(X \times S,$ $\mathsf{f}(p)(\xi))$ *est alors une donnée de représentation de* f_S.

Démonstration. Supposons que $X \times S$ existe et soit $\varphi : U \to S$ un objet de $\mathfrak{C}/S$. D'après la définition de $(X \times S, p)$, la composition avec p induit une équivalence de 2-foncteurs de $\mathfrak{C}^0/S$ dans $\mathfrak{C}\mathrm{at}$:

$$\mathrm{Hom}_{\mathfrak{C}/S}(\ , X \times S) \xrightarrow{\sim} \mathrm{Hom}_{\mathfrak{C}}(i_S(\,), X)\,.$$

Mais en composant avec l'équivalence

$$u_\xi \circ i_S : \mathrm{Hom}_{\mathfrak{C}}(i_S(\,), X) \xrightarrow{\sim} \mathsf{f}_S,$$

on en déduit que f_S est représentable et que le couple $(X \times S, \mathsf{f}(p)(\xi))$ est une donnée de représentation de f_S.

Réciproquement supposons f_S représentable et soit $(q : X_1 \to S,\ \xi_1)$ une donnée de représentation. A la donnée de ξ_1 est associée une équivalence

$$u : \mathrm{Hom}_{\mathfrak{C}/S}(\,, (X_1, q)) \to \mathrm{Hom}_{\mathfrak{C}}(i_S(\,), X)\,.$$

Soit $p : X_1 \to X$, $p = u(id_{X_1})$, et soit v une équivalence quasi-inverse de u. Montrons que (X_1, p, q) est un 2-produit de X et S. Il suffit de montrer que par composition avec p et q on obtient une équivalence de 2-foncteurs

$$a : \mathrm{Hom}_{\mathfrak{C}}(\,, X_1) \xrightarrow{\sim} \mathrm{Hom}_{\mathfrak{C}}(\,, X) \times \mathrm{Hom}_{\mathfrak{C}}(\,, S)\,.$$

Mais on obtient aussitôt une équivalence quasi-inverse

$$b : \mathsf{Hom}_{\mathfrak{C}}(\ , X) \times \mathsf{Hom}_{\mathfrak{C}}(\ , S) \xrightarrow{\sim} \mathsf{Hom}_{\mathfrak{C}}(\ , X_1)$$

en considérant un couple $\{\varphi : T \to X, \ \psi : T \to S\}$ comme la donnée d'un objet (T, ψ) de $\mathfrak{C}/S$ et d'une 1-flèche de $\mathfrak{C}$

$$\varphi : i_S(T, \varphi) \to X \ .$$

On définit alors b par

$$b(\varphi, \psi) = i_S \circ v(\varphi) \ .$$

3. 2-catégories fibrées

(3.1) Soit $p : \mathfrak{C} \to \mathfrak{S}$ un 2-foncteur et soit $U \in \mathrm{Ob}\ \mathfrak{S}$. On désigne par

$$(3.1.1) \qquad\qquad\qquad\qquad \mathfrak{C}_U$$

la 2-catégorie «fibre au-dessus de U» qui a pour objets, 1-flèches et 2-flèches les objets, 1-flèches et 2-flèches de $\mathfrak{C}$ dont l'image par p est respectivement U, id_U et id_{id_U} .

Soit $\varphi : V \to U$ une 1-flèche de $\mathfrak{S}$ et soient $X \in \mathrm{Ob}\ \mathfrak{C}_U$, $Y \in \mathrm{Ob}\ \mathfrak{C}_V$, on note

$$(3.1.2) \qquad\qquad\qquad \mathsf{Hom}_{\varphi}(Y, X)$$

la sous-catégorie de $\mathsf{Hom}(Y, X)$ dont les objets sont au-dessus de φ et dont les flèches sont au-dessus de id_{φ}. Si on a $V = U$ et $\varphi = id_U$, on note cette catégorie

$$(3.1.3) \qquad\qquad\qquad \mathsf{Hom}_{U}(Y, X).$$

(3.2) Soit $v : Y \to X$ une 1-flèche de $\mathfrak{C}$ au-dessus de $\varphi : V \to U$. Par composition v définit une 1-flèche $\tilde{v}$ de $\mathfrak{Hom}(\mathfrak{C}_U^0, \mathfrak{Cat})$

$$(3.2.1) \qquad\qquad \tilde{v} : \mathsf{Hom}_{V}(\ , Y) \to \mathsf{Hom}_{\varphi}(\ , X) \ .$$

Définition (3.2.2). On dit que v est une 1-*flèche cartésienne* de $\mathfrak{C}$ si $\tilde{v}$ est une équivalence (1.3) de $\mathfrak{Hom}(\mathfrak{C}_U^0, \mathfrak{Cat})$.

(3.2.3) Soient $v : Y \to X$ et $v' : Y' \to X$ deux 1-flèches cartésiennes de même but au-dessus de la même 1-flèche φ de $\mathfrak{S}$. Il résulte aussitôt de la définition qu'il existe une *équivalence* λ et un 2-*isomorphisme* ε de $\mathfrak{C}$

$$\lambda : Y \to Y' \ , \qquad \varepsilon : v' \circ \lambda \xrightarrow{\sim} v \ .$$

Soit de plus $(\lambda_1, \varepsilon_1)$ un autre couple formé d'une équivalence et d'un 2-isomorphisme

$$\lambda_1 : Y \to Y' \ , \qquad \varepsilon_1 : v' \circ \lambda \to v \ ,$$

il existe un 2-*isomorphisme unique*

$$\alpha : \lambda \xrightarrow{\sim} \lambda_1$$

rendant commutatif le diagramme

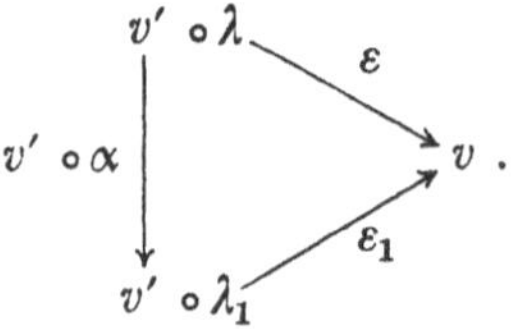

Définition (3.3). Soit $p : \mathfrak{C} \to \mathfrak{S}$ un 2-foncteur. On dit que p est *fibrant* ou que $\mathfrak{C}$ est *une 2-catégorie fibrée* sur $\mathfrak{S}$ par p si

(i) p est un 2-foncteur strict (1.6),

(ii) pour toute 1-flèche $u : V \to U$ de $\mathfrak{S}$ et pour tout $X \in \mathrm{Ob}\,\mathfrak{C}_U$, il existe une 1-flèche cartésienne $v : Y \to X$ de but X au-dessus de φ,

(iii) la composée de deux 1-flèches cartésiennes composables est une 1-flèche cartésienne.

Exemple (3.4). Le 2-foncteur but $b : \mathfrak{Fl}\,\mathfrak{C} \to \mathfrak{C}$ est fibrant, si et seulement si les 2-produits fibrés (2.6.1) existent dans $\mathfrak{C}$.

Un diagramme

(3.4.1)

$$\begin{array}{ccc} X' & \xrightarrow{\;v\;} & X \\ \lambda' \downarrow & \;\varepsilon\nearrow & \downarrow \lambda \\ V' & \xrightarrow[\;u\;]{} & U \end{array}$$

où $(v, u, \varepsilon) : \lambda' \to \lambda$ est une 1-flèche de $\mathfrak{Fl}\,\mathfrak{C}$ cartésienne audessus de u, est dit *diagramme 2-cartésien*. La condition (iii) de (3.3) traduit alors la *transitivité* des 2-produits fibrés.

(3.5) *Les 2-foncteurs « changement de base »*. Soit $p : \mathfrak{C} \to \mathfrak{S}$ un 2-foncteur fibrant et soit $u : U' \to U$ une 1-flèche fixe de $\mathfrak{S}$. La restriction aux fibres au-dessus de U du 2-foncteur but définit un 2-foncteur

(3.5.1)
$$b_U : (\mathfrak{Fl}\,\mathfrak{C})_U \to \mathfrak{C}_U \,.$$

A la 1-flèche u on associe un 2-foncteur

(3.5.2)
$$\gamma_u : \mathfrak{C}_U \to (\mathfrak{Fl}\,\mathfrak{C})_U$$

qui vérifie $b_U \circ \gamma_u = \mathrm{id}_{\mathfrak{C}_U}$, de la façon suivante : pour tout $X \in \mathrm{Ob}\,\mathfrak{C}_U$, on choisit une 1-flèche cartésienne

(3.5.3)
$$u_X : X' \to X$$

au-dessus de u; pour toute 1-flèche $\lambda : X \to Y$ de $\mathfrak{C}_U$, on choisit un couple (λ', ε) formé d'une 1-flèche $\lambda' : X' \to Y'$ et d'un 2-isomorphisme

ε rendant commutatif le diagramme

$$(3.5.4) \qquad \begin{array}{ccc} X' & \xrightarrow{u_X} & X \\ \lambda' \downarrow & \varepsilon \nearrow\!\!\!\nearrow & \downarrow \lambda \\ Y' & \xrightarrow[u_Y]{} & Y \end{array} .$$

Il résulte des définitions que, pour tout X, la 1-flèche u_X est déterminée à équivalence près et que, pour tout $\lambda : X \to Y$, le couple (λ', ε) est alors déterminé à un 2-isomorphisme unique près. Pour tout $X \in \mathrm{Ob}\,\mathfrak{C}_U$, on associera à la 1-flèche id_X le couple $(id_X, id_{\mathrm{id}X})$. A toute 2-flèche $\alpha : \lambda_1 \to \lambda_2$ de $\mathfrak{C}_U$ est alors associée une 2-flèche unique $\alpha' : \lambda_1' \to \lambda_2'$ de $\mathfrak{C}_U$ telle que

$$(3.5.5) \qquad \varepsilon_2 \circ (u_X * \alpha') = (\alpha * u_Y) \circ \varepsilon_1 .$$

Ayant ainsi défini le 2-foncteur γ_u, en le composant avec le 2-foncteur source

$$(3.5.6) \qquad \mathsf{s} : \mathfrak{Fl}\,\mathfrak{C} \to \mathfrak{C} ,$$

on obtient un 2-foncteur dit 2-*foncteur de changement de base*

$$(3.5.7) \qquad \Lambda_u : \mathfrak{C}_U \to \mathfrak{C}_{U'} .$$

Le 2-foncteur Λ_u est défini à équivalence près; l'équivalence entre deux 2-foncteurs de changement de base étant définie à un 2-isomorphisme unique près.

En particulier soient $v : U'' \to U'$, $u : U' \to U$ deux 1-flèches composables de S; définissons arbitrairement Λ_u, Λ_v, $\Lambda_{v \circ v}$; il existe alors une équivalence de 2-foncteurs   .

$$(3.5.8) \qquad \lambda_{u,v} : \Lambda_{u \circ v} \to \Lambda_v \circ \Lambda_u .$$

Cette équivalence est définie à un 2-isomorphisme unique près; donc pour trois flèches composables de $\mathfrak{S}$, $w : U''' \to U''$, $v : U'' \to U'$, $u : U' \to U$, il existe un isomorphisme canonique

$$(3.5.9) \quad \varepsilon_{u,v,w} : (\lambda_{v,w} * id_{\Lambda_u}) \circ \lambda_{u, v \circ w} \to (id_{\Lambda_w} * \lambda_{u,v}) \circ \lambda_{u \circ v, w}$$

et une relation de compatibilité que nous n'écrivons pas, entre les différents isomorphismes obtenus pour quatre 1-flèches composables.

(3.5.10) Nous dirons comme dans *SGA 1* VI que le choix des Λ_u et des $\lambda_{u,v}$ définit un *clivage* de $\mathfrak{C}$ sur $\mathfrak{S}$. Un clivage est un *scindage* si les $\lambda_{u,v}$ sont des isomorphismes de 2-foncteurs et si les isomorphismes $\varepsilon_{u,v,w}$ (2.5.9) sont des isomorphismes identités.

Definition (3.6). Soient $(\mathfrak{C}, \mathsf{p})$ et $(\mathfrak{C}', \mathsf{p}')$ deux 2-catégories fibrées au dessus de $\mathfrak{S}$; on définit comme dans *SGA 1* VI et ([7] 1.24) les 2-catégories

$$(3.6.1) \qquad\qquad \mathfrak{Hom}_{\mathfrak{S}}(\mathfrak{C}, \mathfrak{C}') \quad \text{et} \quad \mathfrak{Cart}_{\mathfrak{S}}(\mathfrak{C}, \mathfrak{C}') \,.$$

La première est la sous 2-catégorie de $\mathfrak{Hom}(\mathfrak{C}, \mathfrak{C}')$ qui a pour objets les 2-foncteurs $\mathsf{F} : \mathfrak{C} \to \mathfrak{C}'$ tels que $\mathsf{p}' \circ \mathsf{F} = \mathsf{p}$, pour 1-flèches $\lambda : \mathsf{F}_1 \to \mathsf{F}_2$ ler 1-flèches telles que $id_{\mathsf{p}'} \circ \lambda = id_{\mathsf{p}}$, et pour 2-flèches $\alpha : \lambda \to \lambda'$, les 2-flèches telle que $id_{id_{\mathsf{p}'}} * \alpha = id_{id_{\mathsf{p}}}$. La deuxième est alors la sous 2-catégorie pleine de la première dont les objets sont les 2-foncteurs qui transforment toute 1-flèche cartésienne de $\mathfrak{C}$ en une 1-flèche cartésienne de $\mathfrak{C}'$.

(3.7) *2-catégories fibrées sur une catégorie ordinaire*

Nous supposons désormais que la 2-catégorie de base est la 2-catégorie associée à une catégorie S. Pour simplifier nous noterons $\mathfrak{S}$ au lieu de 2-$\mathfrak{Cat}(\mathsf{S})$.

Soit R un crible de S (cf. [8]) resp. de S/U où $U \in \mathrm{Ob}\,\mathsf{S}$); on définit la 2-catégorie

$$(3.7.1) \qquad\qquad \varprojlim_{\mathsf{R}} \mathfrak{C} = \mathfrak{Cart}_{\mathfrak{S}}(\mathsf{R}, \mathfrak{C})$$

et le 2-foncteur «restriction»

$$(3.7.2) \qquad\qquad \varphi_{\mathsf{R}} : \varprojlim_{\mathsf{S}} \mathfrak{C} \to \varprojlim_{\mathsf{R}} \mathfrak{C}$$

(resp.
$$\qquad\qquad \varphi_{\mathsf{R},\,U} : \varprojlim_{\mathsf{S}/U} \mathfrak{C} \to \varprojlim_{\mathsf{R}} \mathfrak{C}) \,.$$

Le 2-foncteur «valeur en U»

$$(3.7.3) \qquad\qquad v_U : \varprojlim_{\mathsf{S}/U} \mathfrak{L} \to \mathfrak{C}_U$$

est une 2-équivalence et permet, pour tout crible R des S/U de définir, par composition du 2-foncteur $\varphi_{\mathsf{R},\,U}$ avec une équivalence quasi-inverse de v_U, un 2-foncteur *non canonique*

$$(3.7.4) \qquad\qquad \psi_{\mathsf{R},\,U} : \mathfrak{C}_U \to \varprojlim_{\mathsf{R}} \mathfrak{C} \,.$$

(3.8) *La catégorie fibrée* $\mathsf{Hom}_{\mathsf{S}/U}(X, Y)$

Soit $\mathfrak{C}$ une 2-catégorie fibrée sur une catégorie S. Soient $U \in \mathrm{Ob}\,\mathsf{S}$ et (X, Y) un couple d'objets de $\mathfrak{C}_U$. Nous définissons sur S/U une catégorie fibrée ordinaire

$$(3.8.1) \qquad\qquad \mathsf{Hom}_{\mathsf{S}/U}(X, Y)$$

qui est l'analogue du préfaisceau $\mathrm{Hom}_\mathsf{S}(x, y)$ de [9, I 2.4]. Soit $(\varLambda_u, \lambda_{u,v})$ un clivage de $\mathfrak{C}$ (2.5.10). La catégorie fibrée $\mathsf{Hom}_{\mathsf{S}/U}(X, Y)$ est la catégorie fibrée associée au 2-foncteur de S/U dans $\mathfrak{Cat}$ dont l'application sous-jacente de Ob S/U dans Ob $\mathfrak{Cat}$ est l'application qui à $u : V \to U$ associe la catégorie

$$(3.8.2) \qquad \mathrm{Hom}_{\mathfrak{C}_V}\big(\Lambda_u(X), \Lambda_u(Y)\big)$$

et qui est définie de manière naturelle à partir de cette application grâce aux $\lambda_{u,v}$, et à un choix d'équivalences quasi-inverses $\mu_{u,v}$ des $\lambda_{u,v}$.

Soit par ailleurs R un crible de S/U. Avec les notations de (3.7.4), on a une *équivalence naturelle*

$$(3.8.3) \qquad \mathrm{Hom}_{\varprojlim_R \mathfrak{C}}\big(\psi_{R,U}(X), \psi_{R,U}(Y)\big) \xrightarrow{\sim} \varprojlim_R \mathrm{Hom}_{S/U}(X, Y) \, ,$$

qui résulte immédiatement de la définition des deux membres.

4. 2-catégories fibrées sur un site. 2-champs

Soit $E = (S, J)$ un site (*SGA 4* VI 7.3.1) où S est une catégorie et où J est une topologie sur S, et soit $(\mathfrak{C}, p)$ une 2-catégorie fibrée sur S. On peut alors définir l'analogue des notions de préchamp et de champ introduites par J. Giraud dans [9]. Nous nous bornons ici à introduire une terminologie qui nous permettra d'exprimer simplement que dans certaines 2-catégories fibrées que nous rencontrerons, on a toutes les propriétés de recollement souhaitées.

Définition (4.1). On dit que $\mathfrak{C}$ est un 2-*préchamp* (resp. un 2-*champ*) si pour tout objet U de S et pour tout crible couvrant R de S/U, le 2-foncteur

$$(3.7.4) \qquad \psi_{R,U} : \mathfrak{C}_U \to \varprojlim_R \mathfrak{C}$$

est (2)-*fidèle* (resp. est une 2-*équivalence*) (1.6).

(4.2) Il résulte de (3.8.3) que les deux propriétés suivantes sont équivalentes :

(i) $\mathfrak{C}$ est un 2-préchamp,

(ii) pour tout $U \in \mathrm{Ob}\,S$ et pour tout couple (X, Y) d'objets de $\mathfrak{C}_U$, la catégorie fibrée $\mathrm{Hom}_{S/U}(X, Y)$ est un champ.

On a l'analogue des propriétés des préchamps et des champs : « *un 2-préchamp est une 2-catégorie fibrée dans laquelle les 2-flèches et les 1-flèches se recollent; un 2-champ est un 2-préchamp dans lequel les objets se recollent* ».

(4.3) Nous ne pousserons pas plus avant l'étude des 2-catégories fibrées sur un site. En particulier, nous ne nous intéressons pas ici, comme on pourrait le faire suivant le modèle de J. Giraud [9], au 2-préchamp ou au 2-champ associés à une 2-catégorie fibrée. De telles notions nécessiteraient en effet qu'on se place dans le contexte plus large des bicatégories ([2] 1), qui généralisent les 2-catégories en ce sens que l'associativité des 1-flèches n'est plus imposée qu'à un 2-isomorphisme donné près, avec une condition naturelle de transitivité pour trois 1-flèches composables.

Nous n'aurons par la suite à utiliser que le résultat suivant :

Proposition (4.4). *Soient* $\mathsf{E} = (\mathsf{S}, J)$ *un* $\mathcal{U}$-*site* (*SGA 4* VI 7.3.1) *où* S *est une* $\mathcal{U}$-*catégorie et* J *une* $\mathcal{U}$-*topologie sur* S, F *une catégorie fibrée et* $\mathfrak{C}$ *un 2-champ sur* S. *Soit* $(\mathsf{F}', f : \mathsf{F} \to \mathsf{F}')$ *le champ associé à* F [9 I 4.1.2], *le 2-foncteur induit par composition avec* f

$$\mathfrak{Cart}_{\mathsf{S}}(\mathsf{F}', \mathfrak{C}) \to \mathfrak{Cart}_{\mathsf{S}}(\mathsf{F}, \mathfrak{C})$$

est une 2-équivalence.

Démonstration (abrégée). Soit $U \in \mathrm{Ob}\,\mathsf{S}$ et soit (x, y) un couple d'objets de F_U. Le préfaisceau sur S/U

$$(4.4.1) \qquad\qquad \mathrm{Hom}_{\mathsf{S}/U}(x, y)$$

peut être considéré comme une catégorie fibrée discrète. Soit alors

$$\mathsf{h} : \mathsf{F} \to \mathfrak{C}$$

un 2-foncteur cartésien, à h est associé un foncteur cartésien

$$(4.4.2) \qquad \mathsf{h}_U : \mathrm{Hom}_{\mathsf{S}/U}(x, y) \to \mathsf{Hom}_{\mathsf{S}/U}\big(h(x), h(y)\big) .$$

Mais désignons par

$$(4.4.3) \qquad \mathrm{Hom}'_{\mathsf{S}/U}(x, y), \quad a : \mathrm{Hom}_{\mathsf{S}/U}(x, y) \to \mathrm{Hom}'_{\mathsf{S}/U}(x, y)$$

le faisceau associé au préfaisceau (4.4.1) ; il résulte aussitôt de la construction du champ associé à une catégorie fibrée que (4.4.3) est un champ associé à (4.4.1) et que par conséquent is existe une factorisation

$$(4.4.4) \qquad \mathsf{h}'_U : \mathrm{Hom}'_{\mathsf{S}/U}(x, y) \to \mathsf{Hom}_{\mathsf{S}/U}\big(h(x), h(y)\big) ,$$

$$\varepsilon' : h'_U \circ a \to h_U ,$$

le couple (h'_U, ε') étant déterminé à un 2-isomorphisme unique près. On en déduit aussitôt que la proposition est vraie si dans l'énoncé on remplace $(\mathsf{F}', f : \mathsf{F} \to \mathsf{F}')$ par le préchamp associé à F. En particulier, on est ramené au cas où F est un préchamp. Dans ce cas on peut encore supposer pour faire la démonstration ([9] 4.2) que la catégorie fibrée F est scindée et que F' est le champ scindé défini par

$$\mathsf{F}'_U = \lim_{\overrightarrow{R \in J(U)}} \mathsf{Cart}(R, \mathsf{F}) , \quad U \in \mathrm{Ob}\,\mathsf{S} \quad ([9]\ 4.1.5) ,$$

où $J(U)$ désigne l'ensemble ordonné filtrant des cribles couvrant U et où les morphismes de transition du système inductif sont les foncteurs de restriction d'un crible à un raffinement, et que

$$f : \mathsf{F} \to \mathsf{F}'$$

est le foncteur naturel qui à $x \in \mathrm{Ob}\ \mathsf{F}_U$, $U \in \mathrm{Ob}\ \mathsf{S}$, associe l'image dans F'_U de la section cartésienne au-dessus de S/U associée à x par le scindage de F.

Faisons alors ces hypothèses et construisons une 2-équivalence quasi-inverse

$$\mathsf{g} : \mathfrak{Cart}_{\mathsf{S}}(\mathsf{F}, \mathfrak{C}) \to \mathfrak{Cart}_{\mathsf{S}}(\mathsf{F}', \mathfrak{C}) \,.$$

Soit

$$\mathsf{h} : \mathsf{F} \to \mathfrak{C}$$

un 2-foncteur cartésien. On lui associe le 2-foncteur cartésien

$$\mathsf{h}' : \mathsf{F}' \to \mathfrak{C}$$

comme suit : soit $x' \in \mathrm{Ob}\ \mathsf{F}'_U$, où $U \in \mathrm{Ob}\ \mathsf{S}$; x' provient d'une section cartésienne

$$s_{x'} : \mathsf{R} \to \mathsf{F}\,, \quad \mathsf{R} \in J(U) \,.$$

Par composition avec h, il lui est associé une section cartésienne

$$\mathsf{h} \circ s_{x'} : \mathsf{R} \to \mathfrak{C} \,.$$

Désignons alors par

$$v_{\mathsf{R}, U} : \mathrm{Cart}\ (\mathsf{R}, \mathfrak{C}) \to \mathfrak{C}_U$$

une 2-équivalence quasi-inverse de $\psi_{\mathsf{R}, U}$ (3.7.4). On définit alors

$$\mathsf{h}'(X') = v_{\mathsf{R}, U}(\mathsf{h} \circ s_{x'}) \,.$$

Il faut ensuite compléter h' en un 2-foncteur, définir aussi g sur les 1-flèches et sur les 2-flèches de $\mathfrak{Cart}_{\mathsf{S}}(\mathsf{F}, \mathfrak{C})$, puis montrer que g est bien un 2-foncteur quasi-inverse du 2-foncteur de composition avec f. Ces vérifications sont laissées au lecteur.

Chapitre II

$\mathcal{U}$-**topos**

1. $\mathcal{U}$-**sites.** $\mathcal{U}$-**topos**

Dans tout ce qui suit $\mathcal{U}$ désigne un univers fixé. Nous rappelons en vue
de fixer les notations certaines définitions et propriétés concernant les
$\mathcal{U}$-sites et les $\mathcal{U}$-topos. Pour plus de détails, le lecteur se référera à
SGA 4, chap. I à IV.

(1.1) Soit S un $\mathcal{U}$-site. On désigne par $\hat{\mathsf{S}}$ la catégorie des préfaisceaux
de $\mathcal{U}$-ensembles sur S et par $\tilde{\mathsf{S}}$ la sous-catégorie pleine de $\hat{\mathsf{S}}$ des faisceaux
de $\mathcal{U}$-ensembles sur S. Alors $\tilde{\mathsf{S}}$ est un $\mathcal{U}$-topos. De plus on a les foncteurs
usuels

$$(1.1.1) \qquad \eta : \mathsf{S} \to \hat{\mathsf{S}}\,, \quad i : \tilde{\mathsf{S}} \to \hat{\mathsf{S}}, \quad a : \hat{\mathsf{S}} \to \tilde{\mathsf{S}}$$

où η est le foncteur $U \mapsto \mathrm{Hom}_{\mathsf{S}}(\ , U)$, i est le foncteur d'inclusion et a
le foncteur «faisceau associé», adjoint à gauche de i, auquel on a imposé
la condition $a \circ i = id_{\tilde{\mathsf{S}}}$.

(1.2) Un morphisme $f : \mathsf{X} \to \mathsf{Y}$ de $\mathcal{U}$-topos est un foncteur $f^* : \mathsf{Y} \to \mathsf{X}$
des catégories sous-jacentes qui commute aux limites projectives finies
et aux limites inductives quelconques. Un tel f^* a un adjoint à
droite f_*.

(1.3) Soit X un $\mathcal{U}$-topos. Un $\mathcal{U}$-*site de définition* de X consiste en la
donnée d'un site S et d'une équivalence de $\mathcal{U}$-topos

$$(1.3.1) \qquad\qquad h : \tilde{\mathsf{S}} \to \mathsf{X}\,.$$

Soit $k = h \circ a \circ \eta : \mathsf{S} \to \mathsf{X}$ et soient $A \in \mathrm{Ob}\,\mathsf{X}$ et $U \in \mathrm{Ob}\,\mathsf{S}$ (resp.
$\varphi \in Fl\,\mathsf{S}$). On notera $A(U)$ (resp. $A(\varphi)$) pour $\mathrm{Hom}_{\mathsf{X}}(k(U), A)$ (resp.
$\mathrm{Hom}_{\mathsf{X}}(k(\varphi), A)$. Soit $s \in A(U)$, et soit $\varphi : V \to U$ une flèche de S, on
notera encore s_φ au lieu de $A(\varphi)\,(s)$.

(1.3.2) Si la topologie canonique de S est plus fine que celle du site,
si S a un objet final et si les produits fibrés finis sont représentables
dans S, on dit que S est un *site standard*.

(1.3.2) Si S est un site standard de définition de X, le foncteur $a \circ \eta$
est pleinement fidèle, et par suite le foncteur k l'est aussi.

(1.4) Les $\mathcal{U}$-topos forment une 2-catégorie, que nous noterons $\mathfrak{Top}$, dont les objets sont les $\mathcal{U}$-topos, dont les 1-flèches sont les morphismes de $\mathcal{U}$-topos (1.2) et dont les 2-flèches $f \to g$ sont les morphismes $f^* \to g^*$ des foncteurs f^*, g^* associés aux morphismes de $\mathcal{U}$-topos.

(1.5) La 2-catégorie $\mathfrak{Top}$ a un objet initial, le $\mathcal{U}$-topos ponctuel catégorie des faisceaux de $\mathcal{U}$-ensembles sur l'ensemble vide que nous notons

$$(1.5.1) \qquad\qquad\qquad\qquad \emptyset \, ,$$

et un 2-objet final, la catégorie des $\mathcal{U}$-ensembles, catégorie des faisceaux de $\mathcal{U}$-ensembles sur un espace ponctuel que nous notons

$$(1.5.2) \qquad\qquad\qquad\qquad \mathsf{Ens} \, .$$

2. Les points d'un topos. L'espace associé à un topos

Définition (2.1) : Soit X un $\mathcal{U}$-topos. On appelle *foncteur fibre* de X tout morphisme

$$\xi : \mathsf{Ens} \to \mathsf{X}$$

de source le $\mathcal{U}$-topos final Ens (1.5.2), donc tout foncteur

$$\xi^* : \mathsf{X} \to \mathsf{Ens}$$

qui commute aux limites projectives finies et aux limites inductives. Soit $F \in \mathrm{Ob}\,\mathsf{X}$ (resp. $u \in Fl\,\mathsf{X}$) et soit ξ un foncteur fibre de X; on utilisera pour désigner la valeur du foncteur fibre en F (resp. en u) la notation

$$(2.1.1.) \qquad\qquad\qquad F_\xi \ (\text{resp. } u_\xi)$$

au lieu de $\xi^*(F)$ $\big(\text{resp. } \xi^*(u)\big)$.

(2.1.2) On appelle *point* de X une classe à isomorphisme près d'un foncteur fibre de X.

(2.1.3) Soit S un $\mathcal{U}$-site, on appelle *foncteur fibre* de S (resp. *point* de S) tout foncteur fibre (resp. tout point) du $\mathcal{U}$-topos associé à S.

Définition (2.2) : Soit S un $\mathcal{U}$-site. On dit que S est à *fibres conservatives* ou *a « assez » de points* si pour tout $u \in Fl\,\mathsf{S}$ les propriétés suivantes sont équivalentes :

  (i) u est un monomorphisme (resp. un épimorphisme),

  (ii) pour tout foncteur fibre ξ de S, u_ξ est un monomorphisme (resp. un épimorphisme).

Exemple (2.3) : Soit X le $\mathcal{U}$-topos associé à un espace topologique X_0. A tout sous-ensemble fermé irréductible Z de X_0 est associé un foncteur fibre, encore noté Z,

$$Z : F \mapsto F_Z = \varinjlim \Gamma(U, F) \, ,$$

où la limite inductive est prise sur la catégorie filtrante décroissante des ouverts U de X_0 tels que $Z \cap U$ soit non vide.

Réciproquement, soit ξ un foncteur fibre de X et soit $Z(\xi)$ le complémentaire du plus grand ouvert U de X_0 tel que U_ξ soit non vide. On vérifie aussitôt que $Z(\xi)$ est un fermé irréductible et que le foncteur fibre associé à $Z(\xi)$ est isomorphe à ξ.

Il existe donc une bijection naturelle entre les points de X *et les fermés irréductibles de* X_0. On en déduit aussi que X est à fibres conservatives.

Définition (2.4) Un espace topologique X_0 est dit *espace pur* s'il vérifie la propriété : « *tout fermé irréductible de* X_0 *a un point générique unique* » (Par exemple un espace séparé, l'espace sous-jacent d'un schéma sont des espaces purs).

Si X est le $\mathscr{U}$-topos associé à un espace pur X_0, il existe (2.3) une bijection naturelle entre les points de X et les points de X_0. Nous allons montrer qu'à tout espace topologique X_0 est canoniquement associé un espace pur $p\,X_0$ dont le topos associé soit équivalent au topos associé à X_0. Plus précisément on a :

Proposition (2.5) *Désignons par* **top** *et par* **top-p** *respectivement la catégorie des* $\mathscr{U}$-*espaces topologiques et la sous-catégorie pleine de* **top** *des* $\mathscr{U}$-*espaces purs ; il existe un foncteur « espace pur associé »*

$$p : \mathsf{top} \to \mathsf{top\text{-}p}$$

adjoint à gauche du foncteur naturel d'inclusion

$$i : \mathsf{top\text{-}p} \to \mathsf{top} \ .$$

De plus, soit pour $X_0 \in \mathrm{Ob}\ \mathsf{top}$,

$$\alpha : X_0 \to p(X_0)$$

l'application naturelle qui résulte de l'adjonction, α^{-1} *induit alors un isomorphisme entre la catégorie des ouverts de* $p(X_0)$ *et la catégorie des ouverts de* X_0.

Démonstration. Soit X_0 un espace topologique, on désigne par $p(X_0)$ l'espace topologique suivant :

L'ensemble sous-jacent $|p(X_0)|$ de $p(X_0)$ est l'ensemble des fermés irréductibles de X_0.

D'autre part à tout ouvert U de X_0 associons le sous-ensemble $|p\,U|$ de $|p(X_0)|$ défini par :

$$|p\,U| = \{Z \in |p(X_0)|;\ \ Z \cap \mathsf{U} \neq \emptyset\}\ .$$

On vérifie aussitôt que l'application

$$U \mapsto |p\,U|$$

commute aux intersections finies et aux réunions quelconques et que donc, quand U parcourt l'ensemble des ouverts de X_0, les $|p\,U|$ forment les ouverts d'une topologie sur $|p(X_0)|$. On désigne par $p(X_0)$ l'espace topologique ainsi obtenu.

De plus, soit

$$f : X_0 \to Y_0$$

une fonction continue et soit Z un fermé irréductible de X_0. L'adhérence $\overline{f(Z)}$ de $f(Z)$ dans Y_0 est alors un fermé irréductible et l'application

$$p\,f : p(X_0) \to p(Y_0)$$

définie par $p\,f(Z) = \overline{f(Z)}$ est continue.

Montrons alors que l'espace $p(X_0)$ est pur : c'est en effet la conséquence des deux propriétés suivantes dont la vérification est immédiate à partir des définitions :

(i) soit Z un fermé irréductible de X_0. L'adhérence de Z dans $p(X_0)$ est l'ensemble des fermés irréductibles de X_0 qui sont contenus dans Z.

(ii) Soit F un fermé irréductible de $p(X_0)$ et soit U l'ouvert de X_0 tel que $|p\,U|$ soit le complémentaire de F dans $p(X_0)$. L'hypothèse que F soit irréductible se traduit par la propriété que le complémentaire Z de U dans X_0 est irréductible et F est l'adhérence de Z dans $p(X_0)$.

On a donc défini ainsi un foncteur

(2.5.1) $$p : \mathbf{top} \to \mathbf{top\ p}\ .$$

Soit alors

(2.5.2) $$\alpha : X_0 \to p(X_0)$$

l'application définie par

$$\alpha(x) = \overline{\{x\}}\ .$$

On voit alors que $\alpha^{-1}\,(|p\,U|) = U$. L'application α est donc continue et α^{-1} induit un isomorphisme de l'ensemble des ouverts de $p(X_0)$ sur l'ensemble des ouverts de X_0.

De plus toute application continue

$$f : X_0 \to Y_0$$

où Y_0 est un espace pur se factorise alors de façon unique en

(2.5.3)
$$\begin{array}{ccc}
X_0 & \xrightarrow{\ \ f\ \ } & Y_0 \\
 & \alpha \searrow \quad \nearrow f' & \\
 & p(X_0)\ , &
\end{array}$$

où, pour $Z \in p(X_0)$, $f'(Z)$ est l'unique point générique du fermé irréductible $\overline{f(Z)}$ de Y_0 ; il en résulte que p est adjoint à gauche de i. $\quad\square$

(2.6) *L'espace associé à un $\mathcal{U}$-topos*

(2.6.1) *Définition du foncteur* esp

Soient X un $\mathcal{U}$-topos, ouv(X) la catégorie des ouverts de X,

$$(2.6.1.1) \qquad\qquad \mathsf{E(X)} = \mathsf{Hom}_{\mathfrak{Top}}(\mathsf{Ens}, \mathsf{X})$$

la catégorie des foncteurs fibres de X (2.1) et X_0 l'ensemble des points de X (2.1.2). On note

$$\xi \mapsto \bar{\xi}$$

l'application

$$\text{« classe d'isomorphisme » : Ob } \mathsf{E(X)} \to X_0 \,.$$

A tout ouvert U de X, on associe le sous-ensemble $|U|$ de X_0 défini par

$$|U| = \{\bar{\xi} \in X_0 \,;\, U_\xi \neq \emptyset\} \,.$$

On obtient ainsi une application croissante

$$U \mapsto |U| \,,$$

de l'ensemble ordonné des ouverts de X dans l'ensemble ordonné des parties de X_0, qui commute aux intersections finies et aux réunions. On en déduit que les $|U|$ forment, quand U parcourt ouv(X), les ouverts d'une topologie sur X_0. On note

$$(2.6.1.2) \qquad\qquad \mathrm{esp}(\mathsf{X})$$

l'espace topologique ainsi obtenu.

D'autre part soit

$$f : \mathsf{X} \to \mathsf{Y}$$

un morphisme de topos ; par composition on en déduit un foncteur

$$\mathsf{E}(f) : \mathsf{E(X)} \to \mathsf{E(Y)}$$

et une application

$$f_0 : \; X_0 \to Y_0 \,.$$

Mais, pour **tout** ouvert V de Y on a

$$f_0^{-1}(|V|) = |f^*(V)| \,,$$

et f_0 définit donc une application continue

$$f_0 : \mathrm{esp}(\mathsf{X}) \to \mathrm{esp}(\mathsf{Y}) \,.$$

Désignons alors par

$$(2.6.1.3) \qquad\qquad \mathsf{Top}'$$

la catégorie dont les objets sont les $\mathcal{U}$-topos et dont les flèches sont les morphismes à un 2-isomorphisme près de $\mathcal{U}$-topos. On voit qu'on a ainsi défini un foncteur

$$(2.6.1.4) \qquad\qquad \mathrm{esp} : \mathsf{Top}' \to \mathsf{Top} \; .$$

Remarque (2.6.2). Il résulte aussitôt de la description de l'espace pur associé à un espace topologique que si X et le $\mathcal{U}$-topos associé à un espace topologique X_0, l'espace $\mathrm{esp}(\mathsf{X})$ est isomorphe à l'espace pur $p(X_0)$ (2.5.1). Plus généralement si le site des ouverts de X est à fibres conservatrices (2.2), l'espace topologique $\mathrm{esp}(\mathsf{X})$ est pur et l'application

$$\mathrm{ouv}(\mathsf{X}) \to \mathrm{ouv} \circ \mathrm{esp}(\mathsf{X}) \; ,$$

$$U \to |U|$$

est bijective.

Exemple (2.6.3). Soit S un schéma et soient S_1 (resp. S_2, resp. S_3 les topos associés à S pour la topologie des Zariski (resp. étale, resp. fidèlement plate de présentation finie [*SGA 4* VII]). On trouve alors que $\mathrm{esp}\,\mathsf{S}_i$ $(i = 1, 2, 3)$ est isomorphe à l'espace topologique sous-jacent au schéma S.

Théorème (2.6.4). *Le foncteur*

$$\mathrm{esp} : \mathsf{Top}' \to \mathsf{top} \qquad\qquad (2.6.1.3)$$

est adjoint à droite du foncteur « topos associé »

$$t : \mathsf{top} \to \mathsf{Top}' \; .$$

Démonstration. Soit X un $\mathcal{U}$-topos; les foncteurs

$$\mathrm{Im} : \mathsf{X} \to \mathrm{ouv}(\mathsf{X}) \; ,$$

qui à tout $F \in \mathrm{Ob}\,\mathsf{X}$ associe son image $\mathrm{Im}\,F$ dans l'objet final de X, et

$$j : \mathrm{ouv}(\mathsf{X}) \to \mathrm{ouv} \circ \mathrm{esp}(\mathsf{X})$$

défini par $j(U) = |U|$ (2.6.1), sont des morphismes de sites (pour les topologies canoniques de $\mathrm{ouv}(\mathsf{X})$ et de $\mathrm{ouv} \circ \mathrm{esp}(\mathsf{X})$). De plus, pour tout morphisme de topos

$$f : \mathsf{X} \to \mathsf{Y} \; ,$$

si nous désignons par

$$f^{\cdot} : \mathrm{ouv}(\mathsf{Y}) \to \mathrm{ouv}(\mathsf{X})$$

et par

$$f_0^{-1} : \mathrm{ouv} \circ \mathrm{esp}(\mathsf{Y}) \to \mathrm{ouv} \circ \mathrm{esp}(\mathsf{X})$$

les morphismes de sites déduits naturellement de f, le diagramme suivant est commutatif

$$(2.6.4.1) \qquad \begin{array}{ccccc} \mathsf{Y} & \xrightarrow{\;\text{Im}\;} & \mathsf{ouv}(\mathsf{Y}) & \xrightarrow{\;j\;} & \mathsf{ouv} \circ \mathsf{esp}(\mathsf{Y}) \\ {\scriptstyle f^*}\downarrow & & {\scriptstyle f\cdot}\downarrow & & \downarrow{\scriptstyle f_0^{-1}} \\ \mathsf{X} & \xrightarrow{\;\text{Im}\;} & \mathsf{ouv}(\mathsf{X}) & \xrightarrow{\;j\;} & \mathsf{ouv} \circ \mathsf{esp}(\mathsf{X}) \; . \end{array}$$

Soit alors X_0 un espace topologique, on a une application naturelle

$$\text{Hom}\,(\mathfrak{t}(X_0),\, \mathsf{Y}) \to \text{Hom}\,(\mathsf{esp} \circ \mathfrak{t}(X_0),\, \mathsf{esp}\,(\mathsf{Y})) \; ;$$

et, en composant avec l'application continue de X_0 dans l'espace pur qui lui est associé $((2.5.2)$ et remarque $(2.6.2))$

$$\alpha : X_0 \to \mathsf{esp} \circ \mathfrak{t}(X_0) \; ,$$

on en déduit une application

$$\text{Hom}(\mathfrak{t}(X_0),\, \mathsf{Y}) \to \text{Hom}(X_0,\, \mathsf{esp}\,\mathsf{Y}) \; .$$

Il faut voir qu'elle est *bijective*, mais il suffit alors de remarquer que si $\mathsf{X} = \mathfrak{t}(X_0)$, chacun des morphismes de sites

$$\text{Im} : \mathsf{X} \to \mathsf{ouv}(\mathsf{X})$$

$$\text{et} \quad j : \mathsf{ouv}(\mathsf{X}) \to \mathsf{ouv} \circ \mathsf{esp}(\mathsf{X})$$

induit une équivalence sur les topos associés et que si on considère le diagramme $(2.6.4.1)$, la donnée de f_0^{-1} détermine alors f^* à isomorphisme près. $\square$

Remarque $(2.6.5)$. Il faut se garder de croire qu'un topos dont le site des ouverts est un site de définition soit toujours associé à un espace topologique. L'exemple et la proposition qui suivent dus à P. Deligne, donnent des précisions sur ce point.

Exemple $(2.6.6)$. *Un site formé d'ouverts et qui n'a aucun point* : Soit X le site suivant : les objets de S sont les ouverts de l'intervalle $I = [0,\,1]$ modulo les ensembles de mesure nulle ; les flèches de S sont les inclusions à ensemble de mesure nulle près et les familles couvrantes sont les familles dénombrables surjectives à un ensemble de mesure nulle près.

Dans S tout les morphismes sont des monomorphismes. Montrons que S n'a *aucun point* : en effet tout foncteur fibre ξ de S définit par composition avec le foncteur canonique $\mathsf{ouv}\,I \to \mathsf{ouv}(\mathsf{S})$ un foncteur fibre de $\mathsf{ouv}(I)$ donc un point x de I. Soit U l'ouvert complémentaire de x dans I et soit $\overline{U}$ sa classe dans S; on aurait $\overline{U}_\xi = \emptyset$, ce qui est impossible car $\overline{U}$ est final dans S.

On a cependant :

Proposition (2.6.7). *Soit* X *un* $\mathcal{U}$-*topos localement noethérien engendré par* **ouv**(X), X *est alors associé à un espace topologique* X_0 *qui est de plus localement noethérien.*

Démonstration. Il suffit de prouver que **ouv**(X) a assez de points c'est-à-dire que pour tout couple d'objets (U, V) de **ouv**(X) tels que

$$U \subset V \quad \text{et} \quad U \neq V$$

il existe un foncteur fibre ξ tel que $U_\xi = \emptyset$ et $V_\xi \neq \emptyset$. En effet on en déduira alors que l'application

$$j : \mathbf{ouv}(X) \to \mathbf{ouv} \circ \mathrm{esp}(X)$$

est bijective.

Soit $\{U_i \to e_X\}_{i \in I}$ un recouvrement ouvert de l'objet final e_X de X tel que, pour tout $i \in I$, X/U_i soit noethérien il suffit évidemment de prouver que si $U \cap U_i \neq V \cap V_i$ il existe un foncteur fibre ξ de X/U_i tel que $(U \cap U_i)_\xi = \emptyset$ et $(V \cap V_i)_\xi \neq \emptyset$. On est donc ramené au cas où le site **ouv**(X) est noethérien. Soit alors W un ouvert maximal tel que $U \subset W$ et $V \not\subset W$ et soit

$$\xi_W^* : \mathbf{ouv}(X) \to \mathsf{Ens}$$

le foncteur défini par

$$\xi_W^*(A) = \begin{cases} \varnothing & \text{si} \quad A \subset W \\ \{x_0\} & \text{si} \quad A \not\subset W \end{cases}$$

où $\{x_0\}$ est un ensemble ponctuel, objet final de **Ens**. La définition de W montre que $A \not\subset W$ équivaut à $V \subset W \cap A$ et par suite on a les relations

$$\xi_W^*\left(\bigcap_{\in I i_0} A_i\right) = \bigcap_{i \in I_0} \xi_W^* A_i$$

pour tout ensemble fini d'indices I_0, et

$$\xi_W^*\left(\bigcap_{i \in I} A_i\right) = \bigcup_{i \in I} \xi_W^* A_i$$

pour tout ensemble d'indices I ; donc ξ_W^* est un foncteur fibre qui répond à la question. $\square$

3. Produits

Nous donnons ici quelques résultats concernant les produits dans la 2-catégorie $\mathfrak{Top}$ (1.4).

Théorème (3.1). (P. Deligne). *Dans la* 2-*catégorie* $\mathfrak{Top}$ *les* 2-*produits sont représentables.*

Voir [SGA 4 IV] pour la démonstration.

Remarque (3.2). En général, il n'est pas vrai que le 2-foncteur « topos associé à un espace topologique », $\mathfrak{t}$, commute aux produits fibrés. Mais on a par exemple le résultat : si X et Y sont deux espaces topologiques *quasi-compacts admettant une base d'ouverts stable par intersection finie et formée d'ouverts quasi-compacts, alors la flèche naturelle*

$$\mathfrak{t}(X \times Y) \to \mathfrak{t}(X) \times \mathfrak{t}(Y)$$

est une équivalence de topos.

Signalons aussi le résultat intéressant suivant :

Proposition (3.3). (J. Giraud). *Soient* $f : \mathsf{X} \to \mathsf{Y}$ *unm orphisme de topos et* $V \in \mathrm{Ob}\ \mathsf{Y}$. *Soit*

$$f_V : \mathsf{X}/f^* V \to \mathsf{Y}$$

défini par

$$f_V^* (\{\lambda : W \to V\}) = \{f^*(\lambda) : f^*(W) \to f^*(V)\}\,,$$

et soient

$$p : \mathsf{Y}/V \to \mathsf{Y}\,, \qquad q : \mathsf{X}/f^* V \to \mathsf{X}$$

les morphismes canoniques et $\varepsilon : f_v^* \circ p^* \xrightarrow{\sim} q^* \circ f^*$ *l'isomorphisme naturel*

$$\varepsilon_W : f^* (W \times V) \xrightarrow{\sim} f^*(W) \times f^*(V)\,.$$

Alors le diagramme suivant de $\mathfrak{Top}$

(3.3.1)

$$
\begin{array}{ccc}
\mathsf{X}/f^* V & \xrightarrow{\ q\ } & \mathsf{X} \\
\Big\downarrow{\scriptstyle f_V} & \overset{\varepsilon}{\nearrow} & \Big\downarrow{\scriptstyle f} \\
\mathsf{Y}/V & \xrightarrow{\ p\ } & \mathsf{Y}
\end{array}
$$

est 2-cartésien (I.3.4).

Démonstration. Le résultat énoncé est conséquence immédiate du lemme suivant

Lemme (3.3.2). Soient $h : \mathsf{T} \to \mathsf{X}$ un morphisme de topos, $U \in \mathrm{Ob}\ \mathsf{X}$ et $p : \mathsf{X}/U \to \mathsf{X}$ le morphisme canonique. Il existe alors une bijection naturelle entre l'ensemble E_U des classes d'isomorphisme des couples (k, α) formés d'un morphisme de topos $k : \mathsf{T} \to \mathsf{X}/U$ et d'un 2-isomorphisme $\alpha : p \circ k \xrightarrow{\sim} h$, et l'ensemble $H^0(h^* U, \mathsf{T})$ des sections de $h^* U$.

Démonstration du lemme. Soit

$$d : id_U \to p^* U$$

la flèche de S/U associée à la diagonale $U \to U \times U$, et définissons

$$r : E_U \to H^0(h^* U, \mathsf{T})$$

en associant à (k, α) la section $s = \alpha(U) \circ k^*(d)$ de $h^*(U)$,

$$k^*(id_U) \xrightarrow{\ k^*(d)\ } k^*(p^*(U)) \xrightarrow{\ \alpha(U)\ } h^*(U)$$

($k^*(id_U)$ est en effet un objet final de T). La propriété pour r d'être une bijection résulte alors du fait que pour toute flèche $\lambda : V \to U$ de X, le diagramme de X/U

$$\begin{array}{ccc} V & \xrightarrow{(id_V,\,\lambda)} & V \times U \\ {\scriptstyle \lambda}\downarrow & & \downarrow{\scriptstyle (\lambda,\,id_U)} \\ U & \xrightarrow{\ \ d\ \ } & U \times U \end{array}$$

(où $V, U, V \times U, U \times U$ sont regardés comme des objets de X/U respectivement par λ, id_U, et les projections sur le deuxième facteur) est cartésien et qu'on en déduit, grâce à α le diagramme cartésien suivant de T

$$\begin{array}{ccc} k^*(\lambda) & \longrightarrow & h^*(V) \\ \downarrow & & \downarrow \\ k^*(id_U) & \xrightarrow{\ \ s\ \ } & h^*(U) \end{array} \qquad \square \; .$$

4. Le 2-champ $\{\mathfrak{Top}; \mathsf{S}\}$

Soit S un $\mathcal{U}$-site. Nous étudions dans ce paragraphe les propriétés de recollement des topos variables au-dessus de S. Pour cela, nous définissons la 2-catégorie fibrée $\{\mathfrak{Top}; \mathsf{S}\}$ dont la fibre au-dessus de $U \in \mathrm{Ob}\,\mathsf{S}$ est la 2-catégorie des $\mathcal{U}$-topos sur S/U. Elle est munie d'un scindage naturel. Nous montrons de plus qu'elle jouit des propriétés de recollement qui en font un 2-champ (I.4.1).

(4.1) *La 2-catégorie fibrée* $\{\mathfrak{Top}; \mathsf{S}\}$

L'ensemble des objets est défini par

$$(4.1.1) \qquad \mathrm{Ob}\{\mathfrak{Top}; \mathsf{S}\} = \coprod_{U \in \mathrm{Ob}\,\mathsf{S}} \mathrm{Ob}\,\mathfrak{Top}/\mathsf{S}/U \; . \qquad \text{(I. 1.11.2)}$$

Un objet est donc un morphisme de $\mathcal{U}$-topos

$$f : \mathsf{X} \to \mathsf{S}/U$$

Pour $f : \mathsf{X} \to \mathsf{S}/U$, $g : \mathsf{Y} \to \mathsf{S}/V$, on définit

$$(4.1.2) \qquad \mathsf{Hom}_{\{\mathfrak{Top};\,\mathsf{S}\}}(f, g) = \coprod_{\varphi \in \mathsf{Hom}_{\mathsf{S}}(U,\,V)} \mathsf{Hom}_{\varphi}(f, g) \; .$$

Les foncteurs d'accouplements sont définis de façon évidente.

Le 2-foncteur

(4.1.3) $$\mathsf{p} : \{\mathfrak{Top} ; \mathsf{S}\} \to \mathsf{S}$$

est le 2-foncteur but. On a en particulier

$$\mathsf{p}(f : \mathsf{X} \to \mathsf{S}/U) = U \quad \text{et} \quad \mathsf{p}(\alpha \in \mathrm{Ob}\,\mathsf{Hom}(f, g)) = \varphi\,.$$

Le 2-foncteur p est fibrant (I. 3.3) puisque pour $\varphi : V \to U$, $\varphi \in Fl\,\mathsf{S}$ et $f : \mathsf{X} \to \mathsf{S}/U$, le carré

$$
\begin{array}{ccc}
\mathsf{X}/f^*(\varphi) & \longrightarrow & \mathsf{X} \\
{\scriptstyle f_\varphi}\big\downarrow & & \big\downarrow{\scriptstyle f} \\
\mathsf{S}/V & \longrightarrow & \mathsf{S}/U
\end{array}
$$

est 2-cartésien d'après (3.3).

D'autre part, si on définit

(4.1.4) $$\Lambda_\varphi : \mathfrak{Top}/\mathsf{S}/U \to \mathfrak{Top}/\mathsf{S}/V$$

par $f \to f_\varphi$, pour deux morphismes composables

$$\psi : W \to V\,, \qquad \varphi : V \to U\,,$$

on a l'égalité des 2-foncteurs

$$\Lambda_{\varphi \circ \psi} = \Lambda_\psi \circ \Lambda_\varphi$$

si bien que les Λ_φ définissent un *scindage* (I. 3.5.10) de la 2-catégorie fibrée $\{\mathfrak{Top} ; \mathsf{S}\}$.

Nous allons montrer que $\{\mathfrak{Top} ; \mathsf{S}\}$ est un 2-champ Montrons successivement que c'est un 2-préchamp, puis que c'est un 2-champ.

Proposition (4.2). *La 2-catégorie fibrée scindée $\{\mathfrak{Top} ; \mathsf{S}\}$ est un 2-préchamp.*

Démonstration. Le scindage naturel de $\{\mathfrak{Top} ; \mathsf{S}\}$ permet de définir (I.3.8) pour tout couple $f : \mathsf{X} \to \mathsf{S}/U$, $g : \mathsf{Y} \to \mathsf{S}/U$, la catégorie fibrée scindée

$$\mathsf{Hom}_{\mathsf{S}/U}(f, g)\,.$$

Il faut montrer que cette catégorie est un champ. On peut supposer pour la démonstration que U est l'objet final de S. Il faut alors montrer que pour tout crible R couvrant l'objet final de S le foncteur défini en (3.7.4)

$$\psi_\mathsf{R} : \mathsf{Hom}_\mathsf{S}(f, g) \to \varprojlim_{\mathsf{R}} \mathsf{Hom}_\mathsf{S}(f, g)$$

est une équivalence. Nous allons contruire une équivalence quasi-inverse χ_R.

Un objet de $\varprojlim_{R} \mathsf{Hom}_S(f, g)$ consiste en la donnée

(i) pour tout $U \in \mathrm{Ob}\ \mathsf{R}$, de $(\lambda_U, \varepsilon_U)$ où

$$\lambda_U : \mathsf{X}/f^* U \xrightarrow{\sim} \mathsf{Y}/g^* U$$

est un morphisme de topos et où ε_U est un isomorphisme de foncteurs

$$\varepsilon_U : \lambda_U^* g^*/U \to f^*/U$$

(les notations f/U et g/U désignent respectivement les restrictions de f et g à S/U),

(ii) pour toute flèche $\varphi : V \to U$ de R, d'un isomorphisme

$$d_\varphi : \lambda_V^* \to (\lambda_U^*)_\varphi$$

rendant commutatif le diagramme

$$\begin{array}{ccc}
\lambda_V^* g^*/V & \xrightarrow{\ \varepsilon_V\ } & f^*/V \\
\downarrow{\scriptstyle d_\varphi g^*/V} & \nearrow{\scriptstyle (\varepsilon_U)\varphi} & \\
(\lambda_U^*)_\varphi g^*/V & &
\end{array}$$

La donnée des d_φ équivaut à celle d'isomorphismes δ_φ

$$\begin{array}{ccc}
\mathsf{Y}/g^*U & \xrightarrow{\ \lambda_U\ } & \mathsf{X}/f^*U \\
\downarrow & {\scriptstyle \delta_\varphi}\nearrow\nearrow & \downarrow \\
\mathsf{Y}/g^*V & \xrightarrow{\ \lambda_V\ } & \mathsf{X}/f^*V
\end{array}$$

Or $\mathsf{X}/f^* U$ (resp. $\mathsf{Y}/g^* U$) est la fibre en U du champ

$$\varphi_f : \mathsf{H}_{\mathsf{X},\mathsf{R}} \to \mathsf{R} \qquad (\text{resp. } \varphi_g : \mathsf{H}_{\mathsf{Y},\mathsf{R}} \to \mathsf{R})$$

sur R obtenu par le produit fibré de catégories

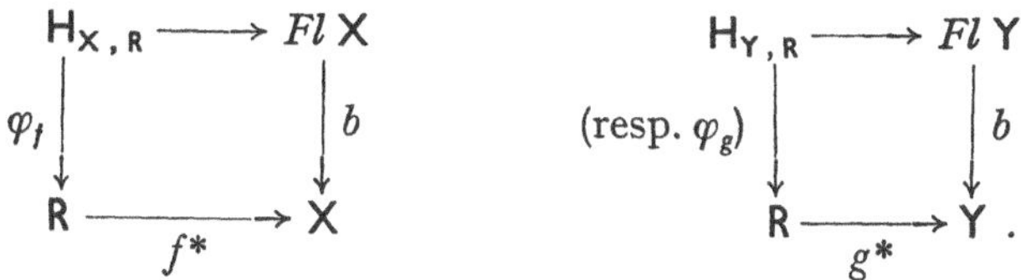

Par suite, les données $(\lambda_U, \delta_\varphi)$ définissent un R-foncteur fibrant

$$\lambda' : \mathsf{H}_{\mathsf{Y},\mathsf{R}} \to \mathsf{H}_{\mathsf{X},\mathsf{R}},$$

d'où en utilisant l'équivalence $\mathsf{Y} \to \varprojlim_{R} \mathsf{H}_{\mathsf{Y},\mathsf{R}}$ et une équivalence quasi-inverse de $\mathsf{X} \to \varprojlim_{\mathsf{R}} \mathsf{H}_{\mathsf{X},\mathsf{R}}$, on obtient un foncteur $\lambda^* : \mathsf{Y} \to \mathsf{X}$.

Le foncteur λ^* commute aux limites inductives et aux limites projectives finies (puisque celles-ci se calculent fibre à fibre dans $\mathsf{H}_{\mathsf{X},\mathsf{R}}$ et dans $\mathsf{H}_{\mathsf{Y},\mathsf{R}}$ et que les λ_U sont des morphismes de topos). λ^* définit donc un morphisme de topos.

Soit alors $\varphi : \mathsf{H}_{\mathsf{R}} \to \mathsf{R}$ le champ obtenu par produit fibré

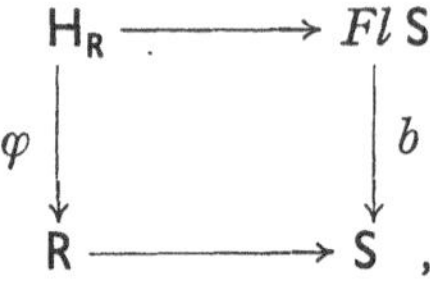

les restrictions f_U et g_U définissent des R-foncteurs fibrants

$$f'^* : \mathsf{H}_{\mathsf{R}} \xrightarrow{\cdot} \mathsf{H}_{\mathsf{X},\mathsf{R}} , \qquad g'^* : \mathsf{H}_{\mathsf{R}} \to \mathsf{H}_{\mathsf{Y},\mathsf{R}}$$

et les ε_U définissent un isomorphisme $\varepsilon' : \lambda' g' \to f'$, d'où comme précédemment un isomorphisme $\varepsilon : \lambda^* g^* \to f^*$. On a ainsi défini l'application sous-jacente à χ_{R}. On définit alors χ_{R} sur les flèches de la même façon en associant aux $\alpha_U : (\lambda_U, \varepsilon_U) \to (\mu_U, \eta_U)$ d'abord une 2-flèche $\alpha' : (\lambda', \varepsilon') \to (\mu', \eta')$, puis $\alpha : (\lambda, \varepsilon) \to (\mu, \eta)$. Le foncteur χ_{R} est évidemment quasi-inverse de ψ_{R}. $\square$

Théorème (4.3). *La 2-catégorie fibrée $\{\mathfrak{Top} ; \mathsf{S}\}$ est un 2-champ.*
Démonstration. Il reste à prouver que, pour tout $U \in \mathrm{Ob}\,\mathsf{S}$ et pour tout crible R couvrant de S/U, le foncteur

$$\psi_{\mathsf{R}} : \mathfrak{Top}/\mathsf{S}/U \to \varprojlim_{\mathsf{R}} \{\mathfrak{Top} ; \mathsf{S}\}$$

est surjectif à une équivalence près. On peut encore supposer que U est l'objet final. La démonstration se fait en plusieurs pas.
(4.3.1) Soit Λ un objet de $\varprojlim_{\mathsf{R}} \{\mathfrak{Top} ; \mathsf{S}\}$. C'est-à-dire un 2-foncteur cartésien de R dans $\mathfrak{Top}/\mathsf{S}$ ou encore l'ensemble des données suivantes :

(i) pour tout $U \in \mathrm{Ob}\,\mathsf{R}$, un morphisme de topos

$$f_U : \mathsf{X}_U \to \mathsf{S}/U ,$$

(ii) pour toute flèche $\varphi : V \to U$ de R, un couple $(\lambda_\varphi, \varepsilon_\varphi)$ formé d'un morphisme de topos

$$\lambda_\varphi : \mathsf{X}_V \to \mathsf{X}_U$$

et d'un isomorphisme de foncteurs

$$\varepsilon_\varphi : \lambda_\varphi \circ f_U^* \to f_V^* \circ \mathsf{S}/\varphi$$

faisant du diagramme

$$\begin{array}{ccc} \mathsf{X}_V & \xrightarrow{\lambda_\varphi} & \mathsf{X}_U \\ {\scriptstyle f_V}\downarrow & {\scriptstyle \varepsilon_\varphi}\nearrow & \downarrow{\scriptstyle f_U} \\ \mathsf{S}/V & \xrightarrow[\mathsf{S}/\varphi]{} & \mathsf{S}/U \end{array}$$

un diagramme 2-cartésien,

(iii) pour tout couple $\psi : W \to V$, $\varphi : V \to U$ de morphismes composables de R un isomorphisme

$$\eta_{\varphi,\psi} : \lambda_{\psi\circ\varphi} \to \lambda_\varphi \circ \lambda_\psi$$

compatible en un sens naturel avec les isomorphismes ε_φ, ε_ψ et $\varepsilon_{\psi\circ\varphi}$.

En composant Λ avec le 2-foncteur source

$$\mathfrak{Top}/\mathsf{S} \to \mathfrak{Top}$$

puis par l'inclusion naturelle de $\mathfrak{Top}$ dans $\mathfrak{Cat}^0$, on obtient un 2-foncteur $\Lambda' : \mathsf{R}^0 \to \mathfrak{Cat}$. Il lui est donc associé par le procédé standard de (SGA VI 9) une catégorie fibrée sur R que nous notons Λ'_R. Soit alors

$$\mathsf{X}(\Lambda) = \varprojlim_\mathsf{R} \Lambda'_\mathsf{R} \, .$$

Les foncteurs de changement de base de Λ'_R sont des morphismes de topos et les propriétés a) b) c) du théorème de Giraud (II 1.3) se vérifient alors fibre par fibre et par suite sont vérifées par $\mathsf{X}(\Lambda)$.

D'autre part les données (4.3.1) (i) peuvent s'interpréter comme un morphisme

$$\tilde{f} : \tilde{S} \to \Lambda'_\mathsf{R}$$

du 2-foncteur $\tilde{S} : \mathsf{R}^0 \to \mathfrak{Cat}$ qui définit la catégorie fibrée $\varphi : \mathsf{H}_\mathsf{R} \to \mathsf{R}$ dans le 2-foncteur Λ'_R. D'où par le foncteur $\varprojlim_\mathsf{R}$ et compte tenu de ce que $(\mathsf{H}_\mathsf{R}, \varphi)$ est un champ, on obtient un foncteur

$$f^* : \mathsf{S} \to \mathsf{X}(\Lambda)$$

qui, on le vérifie fibre par fibre, commute aux $\mathcal{U}$-limites inductives et aux limites projectives finies.

(4.3.2) Soit $U_0 \in \mathrm{Ob}\,\mathsf{R}$, f donne par restriction

$$f^*/U_0 : \mathsf{S}/U_0 \to \mathsf{X}/f^*(U_0) \, .$$

Nous allons prouver qu'il existe une équivalence

$$h_0 : \mathsf{X}/f^*(U_0) \to \mathsf{X}_{U_0}$$

et un isomorphisme

$$\beta_0 : h_0 \circ f^*/U_0 \to f^*_{U_0} \, .$$

Ceci prouvera que $\Lambda(U_0)$ est équivalent à $\psi_R(X)\,(U_0)$.

Au-dessus de $R \times U_0$, nous avons trois 2-foncteurs cartésiens naturels associés à Λ

$$\Lambda^{U_0}, \tilde{\Lambda}^{U_0}, \bar{\Lambda}^{U_0} : R \times U_0 \to \{\mathfrak{Top}\, , S/U_0\}$$

définis comme suit :

a) Le 2-foncteur Λ^{U_0} est déduit de Λ en associant à $U \times U_0$ la restriction

$$(f_U)/U \times U_0 : X_U/f^*_U\,(U \times U_0) \to S/U \times U_0$$

et défini naturellement par restriction des $(\lambda, \eta_{\psi, \varphi})$ sur les flèches.

b) Le 2-foncteur $\tilde{\Lambda}^{U_0}$ est déduit de Λ en associant à $U \times U_0$ la restriction

$$(f_{U_0})/U \times U_0 : X_{U_0}/f^*_{U_0}\,(U \times U_0) \to S/U \times U_0$$

et défini naturellement par restriction des $(\lambda, \eta_{\psi, \varphi})$ sur les flèches.

c) Le 2-foncteur $\bar{\Lambda}^{U_0}$ est obtenu en composant Λ avec l'inclusion $R \times U_0 \subset R$, autrement dit en associant à $U \times U_0$.

$$f_{U \times U_0} : X_{U \times U_0} \to S/U \times U_0$$

et de la même façon sur les flèches.

Or la même construction que celle effectuée à partir de Λ pour définir X et f donne à partir de Λ^{U_0} un couple équivalent à $(X/f^*(U_0), f/U_0)$ et à partir de $\tilde{\Lambda}^{U_0}$ le couple (X_{U_0}, f_{U_0}). Il suffit donc de montrer que les 2-foncteurs Λ^{U_0} et $\tilde{\Lambda}^{U_0}$ sont équivalents. Or chacun de ces 2-foncteurs est équivalent à $\bar{\Lambda}^{U_0}$. En effet, on démontre l'équivalence de Λ^{U_0} et Λ^{-U_0} à partir de la propriété que chacun des diagrammes

$$
\begin{array}{ccc}
X_{U \times U_0} & \longrightarrow & X_U \\
\downarrow & \nearrow & \downarrow \\
S/U \times U_0 & \longrightarrow & S/U
\end{array}
\qquad\qquad
\begin{array}{ccc}
X_U/f^*_U\,(U \times U_0) & \longrightarrow & X_U \\
\downarrow & \nearrow & \downarrow \\
S/U \times U_0 & \longrightarrow & S/U
\end{array}
$$

est 2-cartésien. De même on démontre que $\bar{\Lambda}^{U_0}$ et $\tilde{\Lambda}^{U_0}$ sont équivalents en échangeant U et U_0 dans les diagrammes ci-dessus.

(4.3.3) On en déduit aussitôt que la $\mathcal{U}$-catégorie X est un $\mathcal{U}$-topos. En effet, soit $(U_i)_{i \in I}$, $I \in \mathcal{U}$, une famille couvrante génératrice de R. La famille $(f^*(U_i))_{i \in I}$ est une famille épimorphique de X. D'autre part, pour tout $i \in I$, il existe une équivalence $h_1 : \mathsf{X}/f^*(U_i) \to \mathsf{X}_{U_i}$. Donc pour tout $i \in I$, $\mathsf{X}/f^*(U_i)$ a une famille de générateurs indéxée par un ensemble de $\mathscr{U}$. Comme on a $I \in \mathscr{U}$, on en déduit que X a aussi une telle famille et donc X est un $\mathscr{U}$-topos d'après le théorème de Giraud (II. 1.3).

(4.3.4) Il reste à prouver que le 2-foncteur $\psi_\mathsf{R}(\mathsf{X})$ est équivalent à Λ. On a déjà montré que, pour tout U_0, il existe une équivalence

$$(h_0, \beta_0) : \psi_\mathsf{R}(\mathsf{X})\,(U_0) \to \Lambda(U_0)\,,$$

il reste à montrer que pour tout $\varphi : V_0 \to U_0$ il existe un isomorphisme γ_φ rendant commutatif le diagramme

$$
\begin{array}{ccc}
\psi_R(\mathsf{X})(V_0) & \longrightarrow & \Lambda(V_0) \\
\downarrow & \gamma_\varphi \nearrow & \downarrow \\
\psi_R(\mathsf{X})\,(U_0) & \longrightarrow & \Lambda(U_0)
\end{array}
$$

avec pour deux morphismes composables la condition de compatibilité habituelle.

On définit γ_φ à partir de l'isomorphisme $\bar{\gamma}_\varphi$

$$
\begin{array}{ccc}
\mathsf{X}_{V_0}/f_{V_0}^*(V_0 \times U) & \longrightarrow & \mathsf{X}_U/f_{U_0}^*(V_0 \times U) \\
\downarrow & \bar{\gamma}_\varphi \nearrow & \downarrow \\
\mathsf{X}_{U_0}/f_{U_0}^*(U_0 \times U) & \longrightarrow & \mathsf{X}_U/f_U^*(U_0 \times U)
\end{array}
$$

qui est le 2-isomorphisme qu'on obtient par factorisation du 2-isomorphisme

$$
\begin{array}{ccc}
\mathsf{X}_{V_0}/f_{V_0}^*(V_0 \times U) & \longrightarrow & \mathsf{X}_{V_0} \\
\downarrow & \nearrow & \downarrow \\
\mathsf{X}_{U_0}/f_{U_0}^*(U_0 \times U) & \longrightarrow & \mathsf{X}_{U_0}
\end{array}
$$

à travers $\mathsf{X}_U/f_U^*\,(U_0 \times U)$, en utilisant la propriété que le carré

$$
\begin{array}{ccc}
\mathsf{X}_U/f_{U_0}^*(U_0 \times U) \xrightarrow{\sim} \mathsf{X}_{U_0 \times U} \to \mathsf{X}_{U_0} \\
\downarrow \qquad\qquad \nearrow \qquad\qquad \downarrow \\
\mathsf{S}/U_0 \times U \longrightarrow \mathsf{S}/U_0
\end{array}
$$

est 2-cartésien.

Les conditions de compatibilité entre les γ_φ résultent alors aussitôt de l'unicité de ceux-ci.

Le théorème (4.3) est donc démontré.

Chapitre III

$\mathcal{U}$-topos annelés. $\mathcal{U}$-topos annelés en anneaux locaux et en anneaux strictement locaux

1. $\mathcal{U}$-topos annelés

Définition (1.1). On appelle *$\mathcal{U}$-topos annelé* un couple (X, A), formé d'un $\mathcal{U}$-topos X et d'un anneau A de X, commutatif et unitaire; (dans toute la suite, tous les anneaux rencontrés seront supposés commutatifs et unitaires). On peut considérer A comme un faisceau d'anneaux sur X. Le topos X est appelé *topos sous-jacent* et l'anneau A est appelé *faisceau structural* du topos annelé (X, A).

(1.2)   Un *morphisme*

(1.2.1) $$f : (\mathsf{Y}, B) \to (\mathsf{X}, A)$$

de $\mathcal{U}$-topos annelés consiste en un couple $f = (\varphi, \theta)$ formé d'un morphisme de $\mathcal{U}$-topos

$$\varphi : \mathsf{Y} \to \mathsf{X}$$

et d'un homomorphisme d'anneaux unitaires

$$\theta : \varphi^* A \to B .$$

(On remarquera que φ^* commutant aux limites projectives finies transforme tout anneau unitaire en un anneau unitaire.) On désigne par

(1.2.2) $$\theta. : A \to \varphi^* B$$

l'homomorphisme associé à θ par adjonction.

(1.3) Soient $f, g : (\mathsf{Y}, B) \to (\mathsf{X}, A)$ deux morphismes de $\mathcal{U}$-topos annelés, $f = (\varphi, \theta)$, $g = (\psi, \eta)$. Une 2-flèche u de f dans g consiste en la donnée d'un morphisme de foncteurs

$$u : \varphi^* \to \psi^*$$

tel que $\eta \circ u(A) = \theta$.

(1.4) On obtient de façon naturelle une 2-catégorie notée

(1.4.1) $$\mathfrak{Top\ an}$$

dont les objets sont les $\mathscr{U}$-topos annelés, dont les 1-flèches sont les morphismes de $\mathscr{U}$-topos annelés (1.2) et dont les 2-flèches sont celle définies en (1.3).

2. $\mathscr{U}$-topos annelés en anneaux locaux

Définition (2.1). Soit (X, A) un $\mathscr{U}$-topos annelé et soient $U \in \mathrm{Ob}\ \mathsf{X}$, $s \in A(U)$. On appelle *ouvert d'inversibilité* de s et on note

$$(2.1.1) \qquad\qquad U_s$$

le plus grand sous-objet de U sur lequel la restriction de s soit inversible.

Sorites (2.2). Soient (X, A) un $\mathscr{U}$-topos annelé, $\varphi : V \to U$ un morphisme de X, $s, t \in A(U)$; on a les propriétés :

$$(\mathrm{i}) \qquad\qquad U_{st} = U_s \cap U_t$$

en particulier $U_{s^n} = U_s$ pour tout entier $n > 0$,

(ii) la restriction s_φ de s à V est inversible si et seulement si on a

$$\mathrm{Im}\ \varphi \subset U_s ,$$

$$(\mathrm{iii}) \qquad\qquad V_{s_\varphi} = V \times_U U_s .$$

Définition (2.3). Un $\mathscr{U}$-topos annelé (X, A) est dit $\mathscr{U}$-topos *annelé en anneaux locaux* et l'anneau A est alors dit *anneau local* si les conditions équivalentes suivantes sont vérifiées

(i) pour tout $U \in \mathrm{Ob}\ \mathsf{X}$ et pour tout $s \in A(U)$, on a

$$U = U_s \cup U_{1-s} ,$$

(ii) pour tout $U \in \mathrm{Ob}\ \mathsf{X}$ et pour toute famille $\{s_i\}_{i \in I}$, $s_i \in A(U)$, qui engendre l'idéal unité de $A(U)$, on a

$$U = \bigcup_{i \in I} U_{s_i} .$$

L'implication (ii) $\Rightarrow$ (i) est évidente et on a immédiatement (i) $\Rightarrow$ (ii) par récurrence sur le nombre n des sections $\{s_i\}_{i=1,2,\dots,n}$ telles qu'il existe des sections $\{h_i\}_{i=1,2,\dots,n}$ $h_i \in A(U)$ avec $\sum_{i=1}^{n} h_i s_i = 1$.

Critère (2.4). Soient $E = (\mathsf{S}, J)$ un $\mathscr{U}$-site et A_0 un préfaisceau sur S. Considérons la propriété suivante :

(2.4.1) pour tout $U \in \mathrm{Ob}\ \mathsf{S}$, pour tout $s \in A_0(U)$, il existe une famille couvrante de E

$$\{U_i \to U\}_{i \in I}$$

telle que pour tout $i \in I$ on ait soit s/U_i, soit $(1 - s)/U_i$ inversible.

Si la propriété (2.4.1) est vérifiée, le faisceau A associé à A_0 est un faisceau d'anneaux locaux. Réciproquement si E est un site standard (II 1.3.2) et si l'anneau A est local, le préfaisceau A_0 vérifie la propriété (2.4.1).

Démonstration. Soit en effet X le $\mathcal{U}$-topos associé à E. L'hypothèse (2.4.1), entraine que, pour tout $U \in \mathrm{Ob}\ X$ et pour tout $s \in A(U)$, la famille $\{U_s,\ U_{1-s}\}$ est majorée par une famille qui couvre U et donc est couvrante. Réciproquement supposons l'anneau A local et le site E standard, le foncteur $h : S \to X$ est alors pleinement fidèle. Soient $U \in \mathrm{Ob}\ S$, $s \in A_0(U)$, et $s' \in A\big(h(U)\big)$ l'image de s. Il existe des familles épimorphiques de X du type

$$\{h(U_i) \to h(U)_{s'}\}\ , \qquad \{h(U_j) \to h(U)_{(1-s')}\}\ ,$$

telles que les restrictions $s/h(U_i)$ et $(1-s)/h(U_j)$ soient inversibles. En composant, on obtient une famille couvrante du type indiqué.

Exemple (2.5). Soit A un anneau de $\mathcal{U}$-**Ens**. Il résulte de la définition que A est un anneau local si et seulement si, pour tout $s \in A$, un au moins des deux éléments s ou $1 - s$ est inversible; on reconnaît là une caractérisation de la notion habituelle d'anneau local.

Proposition (2.6). Soient $\varphi : Y \to X$ un morphisme de $\mathcal{U}$-topos et A un anneau local de X. Alors $\varphi^* A$ est un anneau local de Y.

Démonstration. Rappelons la construction du faisceau $\varphi^* A$ [SGA 4 III 1.1]. Pour tout $V \in \mathrm{Ob}\ Y$, désignons par I_V la catégorie suivante : les objets de I_V sont les couples (U, m) où $U \in \mathrm{Ob}\ X$ et où $m : V \to \varphi^* U$ est une flèche de Y; soient (U, m) et (U', m') deux objets de I_V, une flèche $l : (U, m) \to (U', m')$ est une flèche $l : U \to U'$ de X telle que $\varphi^*(l) \circ m = m'$. Soit alors p le foncteur

$$p : I_V \to X\ , \qquad p(U, m) = U\ , \qquad p(l) = l\ ;$$

le faisceau $\varphi^* A$ est isomorphe au faisceau associé au préfaisceau

$$\varphi^{\cdot} A : V \mapsto \varinjlim_{I_V} A(p(.))\ .$$

Montrons alors que $\varphi^{\cdot} A$ satisfait au critère (2.4) : soient $V \in \mathrm{Ob}\ Y$, $s \in \varphi^{\cdot} A(V)$; s provient pour un $(U, m) \in \mathrm{Ob}\ I_V$ d'un $t \in A(U)$. D'autre part on a

$$U = U_t \cap U_{1-t}$$

donc aussi

$$\varphi^*(U) = \varphi^*(U_t) \cup \varphi^*(U_{1-t})\ .$$

Soient alors dans Y

$$V_1 = V \times_{\varphi^*(U)} \varphi^*(U_t)\ , \qquad V_2 = V \times_{*\varphi(U)} \varphi^*(U_{1-t})\ .$$

On a $V = V_1 \cup V_2$, et de plus s/V_1 et $(1 - s)/V_2$ sont inversibles. La propriété (2.4.1) est bien vérifiée.

Corollaire (2.7). Soit (X, A) un $\mathscr{U}$-topos annelé en anneaux locaux, alors pour tout foncteur fibre ξ de X (II 2.1.2), l'anneau A_ξ est un anneau local.

Corollaire (2.8). Soient X_0 un espace topologique et A un faiseceau d'anneaux sur X_0. Pour que A soit un anneau local il faut et il suffit que, pour tout $x \in X_0$, la fibre A_x soit un anneau local.

Démonstration. Si A est un anneau local, pour tout $x \in X_0$, A_x est un anneau local grâce à (2.7). Réciproquement, supposons que pour tout $x \in X_0$, A_x soit un anneau local. Le critère (2.4) est alors vérifié pour le site des ouverts de X_0 et le faisceau A. $\square$

Nous montrerons plus loin (3.10) que plus généralement, si X est un topos à fibres conservatrices (II 2.2), pour qu'un anneau A de X soit local, il faut et il suffit que pour tout foncteur fibre ξ de X, l'anneau A_ξ soit un anneau local.

Définition (2.9). Soit $f = (\varphi, \theta) : (\mathsf{Y}, B) \to (\mathsf{X}, A)$ un morphisme de $\mathscr{U}$-topos annelés. On dira que f est *admissible* si pour tout couple (U, s) où $U \in \mathrm{Ob}\, \mathsf{X}_2$ et $s \in A(U)$, le monomorphisme

$$\varphi^*(U_s) \hookrightarrow \varphi^*(U)_{\theta.(s)}$$

est un isomorphisme.

Remarque (2.10). Dans le cas où f est un morphisme de $\mathscr{U}$-topos annelés associé à un morphisme d'espaces annelés

$$f_0 = (\varphi_0, \theta) : (\mathsf{Y}_0, B) \to (\mathsf{X}_0, A) \, ,$$

il est facile de voir que f est admissible si et seulement si, pour tout $y \in \mathsf{Y}_0$, l'homomorphisme

$$\theta._y : A_{\varphi_0(y)} \to B_y$$

vérifie la propriété : «pour tout $s \in A_{\varphi_0(y)}$, $\theta._y(s)$ est inversible si et seulement si s l'est». En particulier si $A_{\varphi_0(y)}$ et B_y sont des anneaux locaux, ceci équivaut à dire que $\theta._y$ est un homomorphisme local.

Critère d'admissibilité (2.11). Soient $\varphi : \mathsf{Y} \to \mathsf{X}$ un morphisme de $\mathscr{U}$-topos, $\mathsf{E} = (\mathsf{S}, J)$, $h : \mathsf{S} \to \mathsf{X}$, un $\mathscr{U}$-site de définition de X, A_0 un préfaisceau d'anneaux sur S, B un anneau de Y. Désignons par $(\varphi_* B)_\mathsf{S}$ le aisceau sur E induit par $\varphi_* B$ grâce au foncteur h et soit $\theta_0 : A_0 \to f(\varphi_* B)_\mathsf{S}$ un homomorphisme de préfaisceaux d'anneaux. A la donnée de θ_0 correspond, par passage au faisceau A associé au préfaisceau A_0, puis par adjonction, un homomorphisme de faisceaux d'anneaux

$$\theta : \varphi^* A \to B \, .$$

Supposons alors vérifiée la propriété :

(2.11.1) Pour tout $U \in \mathrm{Ob}\ \mathsf{S}$ et pour tout $s \in A_0(U)$, il existe une famille de morphismes de S

$$\{U_\alpha \xrightarrow{\ \varphi_\alpha\ } U\}$$

telle que s_{φ_α} soit inversible dans $A_0(U_\alpha)$ et telle que la famille

$$\{\varphi^*(h(U_\alpha)) \to \varphi^*(h(U))_{\theta_0(s)}\}$$

soit épimorphique dans Y.

Alors le morphisme $f = (\varphi, \theta) : (\mathsf{Y}, B) \to (\mathsf{X}, A)$ est admissible.

Réciproquement si f est admissible et si E est un site standard (II 1.3.2) la propriété (2.11.1) est vérifiée.

Démonstration. Supposons la propriété (2.11.1) vérifiée. Soient $U \in \mathrm{Ob}\ \mathsf{X}$, $s \in A(U)$, il faut montrer que le morphisme

$$\varphi^*(U_s) \overset{=}{\longrightarrow} \varphi^*(U)_{\theta.(s)}$$

est un isomorphisme. Soit alors

$$\{h(U_i) \to U\}_{i \in I}$$

une famille couvrante de source des objets de S et telle que pour tout $i \in I$ la restriction de s à $h(U_i)$ provienne d'un $s_i \in A_0(U_i)$. On a

$$\varphi^*(U)_{\theta.(s)} \times_{\varphi^*(U)} \varphi^*(h(U_i)) \simeq \varphi^*(h(U_i))_{\theta_0(s_i)}$$

et

$$\varphi^*(U_s) \times_{\varphi^*(U)} \varphi^*(h(U_i)) \simeq \varphi^*(h(U_i)_{s_i}) \ .$$

Il suffit donc de montrer que, pour tout $i \in I$, le monomorphisme

$$\varphi^*(h(U_i)_{s_i}) \hookrightarrow \varphi^*(h(U_i))_{\theta_0(s_i)}$$

est un isomorphisme. On est donc ramené au cas où $U = h(U_0)$ et où s provient d'un élément $s_0 \in A_0(U_0)$. Mais d'après (2.11.1), il existe une famille

$$\left\{U_\alpha \xrightarrow{\ \varphi_\alpha\ } U_0\right\}$$

telle que $(s_0)_{\varphi_\alpha}$ soit inversible et que la famille

$$\{\varphi^*(h(U_\alpha)) \to \varphi^*(h(U_0)_{\theta_0(\alpha)})\}$$

soit épimorphique. La famille des $\varphi^*(h(U_\alpha))$ majore alors le monomorphisme

$$\varphi^*(h(U_0)_s) \longrightarrow \varphi^*(h(U_0))_{\theta_0(s_0)}$$

qui est donc un isomorphisme.

Réciproquement supposons que f soit admissible et que S soit un site standard. Soient $U \in \mathrm{Ob}\ S$, $s \in A_0(U)$ et s' l'image de s dans $A(U)$. Comme on a l'isomorphisme

$$\varphi^*\big(h(U_{s'})\big) \xrightarrow{\sim} \varphi^*\big(h(U)\big)_{\theta.(s)} ,$$

il suffit alors de choisir pour

$$\left\{ U_\alpha \xrightarrow{\ \varphi_\alpha\ } U \right\}$$

une famille de morphismes de S telle que la restriction de s à U_α soit inversible dans $A_0(U_\alpha)$ et que la famille

$$\{ h(U_\alpha) \to U_{s'} \}$$

soit couvrante. $\square$

Définition (2.12). On notera

(2.12.1) $\mathfrak{Top\ an\ loc}$

la 2-catégorie dont les objets sont les $\mathcal{U}$-topos annelés en anneaux locaux, dont les 1-flèches sont les morphismes admissibles et dont les 2-flèches sont celles induites par les 2-flèches de $\mathfrak{Top\ an}$. On a un 2-foncteur naturel d'inclusion

(2.12.2) $i : \mathfrak{Top\ an\ loc} \to \mathfrak{Top\ an}.$

3. Propriétés d'anneaux. L'anneau local universel. Anneaux strictement locaux

Définition de quelques sites (3.1). Soit S la catégorie des schémas affines de type fini sur $\mathrm{Spec}\ \mathbf{Z}$. On aura à considérer sur S les quatre topologies suivantes : la topologie *chaotique* τ_0, la topologie de *Zariski* τ_1, la topologie *étale* τ_2 et la topologie fppf (*fidèlement plate de présentation finie*) τ_3. Rappelons [*SGA 3* IV 6.3] quelles sont ces topologies. Elles sont associées à la prétopologie définie par les famille couvrantes

$$\{ \varphi_\alpha : X_\alpha \to X \}$$

telle que

(i) $X = \bigcup_\alpha \varphi_\alpha(X) ,$

(ii)   pour τ_0 les φ_α sont des *isomorphismes*,
          pour τ_1 les φ_α sont des *immersions ouvertes*,
          pour τ_2 les φ_α sont des *morphismes étales*,
          pour τ_3 les φ_α sont des *morphismes plats de présentation finie*.

Les topologies $(\tau_i)_{i=0,1,2,3}$ sont indiciées par ordre de finesse croissant et pour les $\mathcal{U}$-topos associés $(\mathcal{S}_i)_{i=0,1,2,3}$, on a donc des morphismes canoniques de $\mathcal{U}$-topos

$$(3.1.1) \qquad \mathscr{S}_3 \xrightarrow{\ \alpha\ } \mathscr{S}_2 \xrightarrow{\ \beta\ } \mathscr{S}_1 \xrightarrow{\ \gamma\ } \mathscr{S}_0 \,.$$

Remarquons que chacun des sites (S, τ_i) est un *site standard*. En effet il existe un objet Spec $\mathbf{Z}$, les produits fibrés sont représentables et pour tout $Y \in \mathrm{Ob}\ \mathsf{S}$ et pour toute famille couvrante de (S, τ_i)

$$\{X_\alpha \to X\}\,,$$

le diagramme

$$\mathrm{Hom}(X, Y) \to \prod_\alpha \mathrm{Hom}(X_\alpha, Y) \rightrightarrows \prod_{\alpha, \beta} \mathrm{Hom}(X_\alpha \times_X X_\beta, Y)$$

est exact (propriété de descente des morphismes considérés [*SGA r*, VIII 5.1]).

Sur chacun des $\mathcal{U}$-topos $\mathscr{S}_i$, on désignera par

$$(3.1.2) \qquad\qquad\qquad \mathcal{O}_i$$

le faisceau d'anneaux représentable dans S par Spec $\mathbf{Z}[t]$, c'est-à-dire le faisceau sur (S, τ_i) qui à tout schéma $X \in \mathrm{Ob}\ \mathsf{S}$ associe l'anneau des sections globales du faisceau structural de X. On a donc aussi des isomorphismes canoniques

$$(3.1.3) \qquad\qquad\qquad \mathcal{O}_1 \xrightarrow{\sim} \gamma^* \,\mathcal{O}_0 \,,$$
$$\mathcal{O}_2 \xrightarrow{\sim} \beta^* \,\mathcal{O}_1 \,,$$
$$\mathcal{O}_3 \xrightarrow{\sim} \alpha^* \,\mathcal{O}_2 \,.$$

Proposition (3.2). *L'anneau $\mathcal{O}_1$ (3.1.3) est un anneau local.*

Démonstration. Montrons que le critère (2.4) est vérifié pour le site (S, τ_1). Soient $X \in \mathrm{Ob}\ \mathsf{S}$, $s \in \mathcal{O}_1(X)$, les ouverts affines $D\,s$ et $D\,(1 - s)$ forment un recouvrement de X sur lequel le critère est vérifié.

Corollaire (3.3). Les anneaux $\mathcal{O}_2$ et $\mathcal{O}_3$ sont des anneaux locaux.

(3.4) Soit T un $\mathcal{U}$-topos. Comme (S, τ_0) est un site standard, on a un foncteur pleinement fidèle

$$h_0 : \mathsf{S} \to \mathscr{S}_0$$

et à tout morphisme de $\mathcal{U}$-topos

$$f : \mathsf{T} \to \mathscr{S}_0$$

est associé un morphisme de sites

$$(3.4.1) \qquad\qquad f_0^{\cdot} : (\mathsf{S}, \tau_0) \to \mathsf{T}$$

c'est-à-dire, puisqu'ici τ_0 est la topologie chaotique, un foncteur qui commute aux limites projectives finies ; la correspondance

$$f \mapsto f_0^{\cdot}$$

définit alors une équivalence des catégories

$$\mathrm{Hom}_{\mathfrak{Top}}(\mathsf{T}, \mathscr{S}) \to \mathrm{Hom}_{\mathfrak{Sites}}(\mathsf{S}, \mathsf{T}) \ .$$

Désignons par

(3.4.2) $\mathsf{An}(\mathsf{T})$

la catégorie des anneaux de T. On définit le foncteur

(3.4.3) $\Phi : \mathrm{Hom}_{\mathfrak{Top}}(\mathsf{T}, \mathscr{S}_0) \to \mathsf{An}(\mathsf{T})$

où Φ est défini sur les objets par $\Phi(f) = f^*(\mathcal{O}_0)$ et sur les flèches $\lambda : f \to g$ par $\Phi(\lambda) = \lambda(\mathcal{O}_0)$. On définit d'autre part le foncteur

(3.4.4) $\Psi : \mathsf{An}(\mathsf{T}) \to \mathrm{Hom}_{\mathfrak{Top}}(\mathsf{T}, \mathscr{S}_0)$

qui à tout anneau A de T fait correspondre le morphisme de topos

(3.4.5) $f_A : \mathsf{T} \to \mathscr{S}_0$

associé au morphisme de sites

(3.4.6) $f_{0A}^{\cdot} : \mathsf{S} \to \mathsf{T}$

défini comme suit : pour $X \in \mathrm{Ob}\ \mathsf{S}$, $f_{0A}^{\cdot}(X)$ représente le faisceau sur T

(3.4.7) $U \mapsto \mathrm{Hom}_{an}\big(\Gamma(X, O_X), A(U)\big) \ .$

Proposition (3.5). *Les foncteurs Φ (3.4.3) et Ψ (3.4.4) sont des équivalences quasi-inverses l'une de l'autre.*

Démonstration. Soit A un anneau de T; comme $\mathcal{O}_0$ est représentable par Spec $\mathbf{Z}[t]$, on a

$$\Phi \circ \Psi(A) = f_{0A}^{\cdot}\ (\mathrm{Spec}\ \mathbf{Z}[t]) \ ,$$

donc $\Phi \circ \Psi(A)$ est le faisceau

$$U \mapsto \mathrm{Hom}_{an}\big(\mathbf{Z}[t], A(U)\big) \simeq A(U) \ ,$$

et par suite $\Phi \circ \Psi$ est isomorphe au foncteur identité de $\mathsf{An}(\mathsf{T})$.

Soit d'autre part $f : \mathsf{T} \to \mathscr{S}_0$ un morphisme de $\mathscr{U}$-topos et soit $f' = \Psi \circ \Phi(f)$. D'après ce qui précède on a un isomorphisme naturel

$$\Phi(f') \xrightarrow{\sim} \Phi(f)$$

donc encore un isomorphisme

$$\varepsilon : f_0^{\cdot\cdot}(\mathrm{Spec}\ \mathbf{Z}[t]) \xrightarrow{\sim} f_0^{\cdot}\ (\mathrm{Spec}\ \mathbf{Z}[t]) \ .$$

Mais comme $f_0^{\cdot}$ et $f_0^{\cdot\cdot}$ commutent aux limites projectives finies, on en déduit que pour tout entier n on a aussi un isomorphisme naturel

$$\varepsilon_n : f_0^{\cdot\cdot}\ (\mathrm{Spec}\ \mathbf{Z}\ [t_1, \ldots, t_n]) \xrightarrow{\sim} f_0^{\cdot}\ (\mathrm{Spec}\ \mathbf{Z}\ [t_1, \ldots t_n]) \ .$$

D'autre part soit

$$u : \mathbf{Z}\,[t_1, \ldots, t_n] \to \mathbf{Z}\,[t_1, \ldots, t_p]$$

un homomorphisme d'anneaux. Un tel homomorphisme est défini par la donnée de n polynômes $P = (P_1, P_2, \ldots P_n)$ de $\mathbf{Z}\,[t_1, \ldots, t_p]$ et il lui est associé le morphisme (ensembliste) de faisceaux de $\mathcal{S}_0$

$$\tilde{u} : \mathcal{O}_0^p \to \mathcal{O}_0^n$$

défini pour $U \in \mathrm{Ob}\,\mathcal{S}_0$ et $s \in \mathcal{O}_0^p(U)$ par $\tilde{u}(s) = P(s)$. Or comme f_0' et f_0'' commutent aux limites projectives finies, ils transforment le morphisme u en un morphisme du même type défini par le même polynôme à coefficients entiers. Un tel morphisme s'exprime en effet uniquement à l'aide de diagrammes ne faisant intervenir que des produits finis de flèches du type

$$1 : e \to \mathcal{O}_0\,,$$
$$\sigma : \mathcal{O}_0 \to \mathcal{O}_0\,,$$
$$m, a : \mathcal{O}_0 \times \mathcal{O}_0 \to \mathcal{O}_0\,,$$
$$\delta_p : \mathcal{O}_0 \to \mathcal{O}_0 \times \cdots \times \mathcal{O}_0, \quad p = 1, 2, \ldots, m, \ldots$$

où e désigne l'objet final de $\mathcal{S}_0$, 1 l'élément unité de $\mathcal{O}_0$, σ le morphisme symétrie par rapport à l'addition, m et a les morphismes multiplication et addition et δ_p le morphisme diagonal.

Donc les restrictions de f_0' et f_0'' à la sous-catégorie pleine de S dont les objets sont les schémas affines du type Spec $(\mathbf{Z}\,[t_1, \ldots, t_n])$, $n \in N$, sont isomorphes. Comme tout objet de S est isomorphe à une limite projective finie de tels objets, on en déduit que f_0' et f_0'' sont isomorphes, ce qui achève la démonstration.

Corollaire (3.6). Le 2-foncteur

$$\mathsf{T} \mapsto \mathsf{An(T)}$$

de la 2-catégorie des $\mathcal{U}$-topos dans la 2-catégorie des $\mathcal{U}$-catégories est représentable (I 2.4) et le couple $(\mathcal{S}_0, \mathcal{O}_0)$ est une donnée de représentation de ce 2-foncteur.

(3.7) On dit encore que $\mathcal{O}_0$ est l'*Anneau universel*.

Proposition (3.8). *Soient $h : \mathsf{T}' \to \mathsf{T}$ un morphisme de $\mathcal{U}$-topos et A un anneau de* T. *Les deux morphismes de $\mathcal{U}$-topos $f_{h*(A)}$ et $f_A \circ h$ (3.4.5) (resp. les deux morphismes de $\mathcal{U}$-sites $f_{0\,h*(A)}$ et $h^* \circ f_{0A}$) sont isomorphes.*

Démonstration. Les anneaux $f_{h*(A)}^*(\mathcal{O}_0)$ et $h^* \circ f_A^*(\mathcal{O}_0)$ sont en effet isomorphes. On utilise alors la proposition (3.5).

Proposition (3.9). *Soit* T *un* $\mathcal{U}$*-topos et soit* A *un anneau de* T. *Pour que* A *soit un anneau local* (2.3) *il faut et il suffit que le morphisme*

$$(3.4.4) \qquad f_{0\,A}^{\cdot} = \Psi(A) : \mathsf{S} \to \mathsf{T}$$

soit continu pour la topologie de Zariski de S.

Démonstration. Supposons A local, soit $X = \operatorname{Spec} B$ un objet de S et soit

$$\{X_i \to X\}$$

une famille couvrante pour la topologie de Zariski de S. Il faut montrer que la famille

$$\{f_{0\,A}^{\cdot}(X_i) \to f_{0\,A}^{\cdot}(X)\}$$

est alors épimorphique. On peut remplacer la famille des X_i par une famille finie $(Ds_1, Ds_2, \ldots, Ds_p)$ d'ouverts spéciaux où $s_1, s_2, \ldots, s_p$ sont des éléments de B tels qu'il existe $h_1, h_2, \ldots, h_p \in B$ vérifiant

$$\sum_{i=1}^{p} h_i\, s_i = 1 \ .$$

Soient alors $U \in \operatorname{Ob} \mathsf{T}$ et $r \in \operatorname{Hom}_{an}(B, A(U))$; il faut montrer qu'il existe une famille couvrante

$$\{U_\alpha \to U\}$$

telle que la restriction r_α de r à U_α se factorise par un des Ds_i: ou, autrement dit, telle que $r_\alpha(s_i)$ soit inversible pour un s_i. Mais comme

$$\sum_{i=1}^{p} r(h_i)\, r(s_i) = 1$$

et que A est local, la famille $(U_{r(s_i)})_{i=1,\ldots,p}$ couvre U et a la propriété indiquée.

Réciproquement supposons que $f_0^{\cdot}$ soit continu pour la topologie τ_1. Soient alors $U \in \operatorname{Ob} \mathsf{T}$ et $s \in A(U)$. A la section $s \in A(U)$ est associé un homomorphisme

$$s' : \mathbf{Z}[t] \to A(U)$$

et la famille $Dt \cup D(1-t)$ couvrant $\operatorname{spec} \mathbf{Z}[t]$, il existe une famille couvrante

$$\{U_\alpha \to U\} \ ,$$

telle que la restriction s'_α de s' à U_α, définie par la restriction s_α de s à $A(U_\alpha)$, se factorise soit par $\Gamma(Dt)$ soit par $\Gamma(D(1-t))$, donc telle qu'une au moins des deux restrictions s/U_α ou $(1-s)/U_\alpha$ soit inversible. L'anneau A est donc local (critère 2.4.1).

Corollaire (3.10). Désignons par

$$(3.10.1) \qquad\qquad \text{An loc(T)}$$

la catégorie des anneaux locaux de T définie comme la sous-catégorie pleine de An(T) dont les objets sont les anneaux locaux. Le 2-foncteur

$$T \mapsto \text{An loc (T)}$$

de la 2-catégorie des $\mathcal{U}$-topos dans la 2-catégorie des $\mathcal{U}$-catégories est représentable et le couple $(\mathcal{S}_0, \mathcal{O}_0)$ est une donnée de représentation de ce 2-foncteur.

(3.10.2) Pour exprimer cette propriété, nous dirons que $\mathcal{O}_1$ est *l'Anneau local universel*.

Proposition (3.11). *Soit* T *un* $\mathcal{U}$-*topos ayant assez de foncteurs fibres et soit* A *un anneau de* T. *Pour que* A *soit un anneau local, il faut et il suffit que pour tout foncteur fibre* ξ *l'anneau* A_ξ *soit un anneau local.*

Démonstration. On sait déjà (2.7) que, si A est un anneau local, pour tout foncteur fibre ξ l'anneau A_ξ est local. Réciproquement supposons que pour tout foncteur fibre ξ l'anneau A_ξ soit local; il faut montrer que f_{0A} est continu pour la topologie de Zariski, autrement dit que, pour toute famille couvrante

$$\{X_i \to X\}$$

de S pour la topologie de Zariski, la famille

$$f_{0A}(X_i) \to f_{0A}(X)$$

est épimorphique. Or ceci se vérifie fibre par fibre et la conclusion résulte de l'isomorphisme des foncteurs

$$(f_{0A})_\xi \xrightarrow{\sim} f_{0A_\xi} \; (3.8) \; . \quad \square$$

Ces considérations nous permettent de définir une propriété pour un anneau d'un $\mathcal{U}$-topos plus fine que celle d'être un anneau local.

Définition (3.12). Soient T un $\mathcal{U}$-topos et A un anneau de T. On dit que A est un anneau *strictement local* (resp. (fppf)-local) si le foncteur

$$f_{0A} : S \to T$$

associé à A (3.4.6) *est continu pour la topologie étale* (resp. pour la topologie fidèlement plate de présentation finie) de S.

Il résulte alors aussitôt de cette définition que l'anneau $\mathcal{O}_2$ est strictement local, que l'anneau $\mathcal{O}_3$ est (fppf)-local et que le couple $(\mathcal{S}_i, \mathcal{O})_{i=2,3}$ a une propriété universelle analogue à celles de $(\mathcal{S}_0, \mathcal{O}_0)$ et $(\mathcal{S}_0, \mathcal{O}_1)$. On dira encore que $\mathcal{O}_2$ est l'anneau *strictement local universel* et que l'anneau $\mathcal{O}_3$ est l'*anneau* (fppf)-*local universel*.

Proposition (3.13). *Soient $h : \mathsf{T}' \to \mathsf{T}$ un morphisme de $\mathcal{U}$-topos et soit A un anneau strictement local (resp. (fppf)-local) de T. Alors l'anneau $h^* A$ est strictement local (resp. (fppf)-local).*

Démonstration. La proposition est une conséquence immédiate de la définition et de la proposition (3.8).

Proposition (3.14). *Dans le cas d'un anneau de $\mathcal{U}$-Ens, la définition d'anneau strictement local donnée ici est équivalente à celle donnée dans EGA IV, 18.8.2, à savoir : un anneau strictement local est un anneau local hensélien à corps résiduel séparablement clos.*

Démonstration. Soit A un anneau de $\mathcal{U}$-Ens. Nous utiliserons les caractérisations suivantes :

(C_1) : A est un anneau strictement local au sens défini en (3.12) si et seulement si, pour tout homomorphisme $\varphi : B \to A$ de source une $\mathbf{Z}$-algèbre de type fini, pour toute famille surjective

$$(F)\ \{X_{0i} = \operatorname{Spec} B_i \xrightarrow{f_{0i}} S_0 = \operatorname{Spec} B\}$$

de morphisme étales, il existe au moins un indice i et un morphisme

$$u_{0i} : S = \operatorname{Spec} A \to X_{0i}$$

au dessus de S_0. Si

$$\left\{ X_i \xrightarrow{f_i} S \right\}$$

désigne la famille déduite de (F) par changement de base, il revient au même de dire qu'un des f_i au moins admet une section.

(C_2) : Soit A un anneau local, A est un anneau hensélien à corps résiduel séparablement clos si et seulement si (EGA IV 18.8.1) pour tout morphisme étale

$$f : X \to S = \operatorname{Spec} A$$

et pour tout point $x \in X$ au-dessus du point fermé s de Spec A, il existe une section u de f telle que $u(s) = x$.

Soit alors A un anneau local hensélien à corps résiduel séparablement clos et soient $\{B, f_i\}_{i \in I}$ comme dans l'énoncé de (C_1). Comme la famille

$$\{f_i : X_i \to S\}_{i \in I}$$

est surjective, il existe au moins un indice i tel que $f_i^{-1}(s)$ soit non vide, f_i est alors surjectif (f_i est en effet un morphisme ouvert dont l'image contient s) et par suite admet une section.

Réciproquement, soit A un anneau strictement local au sens de (3.12), on sait déjà que A est un anneau local. Soit alors

$$f : X \to S = \operatorname{Spec} A$$

un morphisme étale surjectif et soit $x \in X$ un point de la fibre $f^{-1}(s)$. Comme x est isolé dans sa fibre on peut, en remplaçant X par un ouvert affine convenable supposer que x est l'unique point de X au dessus de s. D'autre part on sait [*EGA* IV 8.9.1 et 17.7.8] qu'il existe une **Z**-algèbre de type fini B, un homomorphisme $\varphi : B \to A$ et un schéma affine étale surjectif

$$f_0 : X_0 \to \operatorname{Spec} B$$

tel que f se déduise de f_0 par changement de base. La caractérisation (C_1) montre alors que f admet une section, ce qui achève la démonstration. $\square$

Corollaire (3.15). Soient T un $\mathcal{U}$-topos et A un anneau de T. On a alors les propriétés :

(i) Si A est un anneau strictement local, pour tout foncteur fibre ξ de T, l'anneau A_ξ est un anneau local hensélien à corps résiduel séparablement clos.

(ii) Si T a assez de foncteurs fibres (II 2.2), A est un anneau strictement local si et seulement si, pour tout foncteur fibre ξ, l'anneau A_ξ est un anneau local hensélien à corps résiduel séparablement clos.

Démonstration. L'assertion (i) résulte de (3.13) et de (3.14) et la démonstration de (ii) est calquée sur celle de (3.11).

Exemples (3.16.1). Le faisceau structural d'un espace analytique sur un corps valué complet algébriquement clos k, est strictement local puisque ses fibres sont des anneaux locaux henséliens de corps résiduel k ([17] exp 19.3 cor 2).

(3.16.2) Soit X le topos annelé associé à un schéma et soit X_{et} le topos étale de ce schéma [*SGA* 4, VII 1]. Alors $\mathcal{O}_{X_{et}}$ est un anneau strictement local. Nous montrerons plus loin que le couple formé de X_{et} et du morphisme admissible canonique

$$\pi : X_{et} \to X$$

est solution du 2-problème universel défini par X correspondant à la recherche des morphismes admissibles des $\mathcal{U}$-topos annelés en anneaux strictement locaux dans X. Nous verrons aussi que ce problème a encore une solution dans le cas où X est un $\mathcal{U}$-topos annelé en anneaux locaux, ce qui nous permettra de définir la nottion de topos étale associé à un topos annelé en anneaux locaux, comme généralisation de la notion de topos étale associé à un schéma.

4. Une autre caractérisation des anneaux strictement locaux (resp. fppf-locaux)

Nous allons maintenant donner une autre caractérisation d'un $\mathcal{U}$-topos annelé en anneaux strictement locaux (resp. fppf-locaux) et pour cela nous introduisons dans un $\mathcal{U}$-topos annelé $(\mathbf{X}, A)$ pour tout couple (U, P) formé d'un objet U de $\mathbf{X}$ et d'un schéma affine P sur $\mathrm{Spec}\, A(U)$; un objet universel U_P de $\mathbf{X}$-au-dessus de U qui joue un rôle analogue à celui de l'objet U_s $(s \in A(U))$ introduit précédemment (2.1.1).

(4.1) **Définition de l'objet** U_P. Soient $(\mathbf{X}, A)$ un $\mathcal{U}$-topos annelé, $U \in \mathrm{Ob}\, \mathbf{X}$ et P un schéma affine sur $Y = \mathrm{Spec}\, A(U)$. On désigne par $R(P)$ l'anneau de P.

Soit alors $\widetilde{U}_P$ le préfaisceau sur $\mathbf{X}/U$ qui à $\varphi : V \to U$ associe l'ensemble

$$\mathrm{Hom}_Y\left(\mathrm{Spec}\, A(V), P\right) \simeq \mathrm{Hom}_{A(U)}\left(R(P), A(V)\right).$$

C'est un faisceau. Il est donc représentable par un objet de $\mathbf{X}/U$, c'est-à-dire par un couple

$$\widetilde{U}_P = (U_P, \varphi_0 : U_P \to U)$$

où $U_P \in \mathrm{Ob}\, \mathbf{X}$. On peut décrire encore le faisceau U_P et la flèche φ_0 comme suit :

$$U_P(V) = \coprod_{\mathrm{Hom}(V,\, U)} \mathrm{Hom}_{A(U)}\left(R(P), A(V)\right)$$

et φ_0 est la projection naturelle sur $U(V) = \mathrm{Hom}\,(V, U)$.

Il résulte de la définition qu'il existe une section canonique au dessus de Y

$$l_0 : \mathrm{Spec}\, A(U_P) \to P$$

telle que, pour tout couple (φ, l)

$$\varphi : V \to U, \quad l \in \mathrm{Hom}_Y(\mathrm{Spec}\, A(V), P),$$

il existe une factorisation unique

$$\psi : V \to U_P$$

telle que $\varphi = \varphi_0 \circ \psi$ et $l = l_0 \circ \mathrm{Spec}\, A(\psi)$.

(4.2) *Construction de U_P dans le cas où P est un Y-schéma affine de présentation finie*

Dans le cas où P est de présentation finie, on sait (EGA IV 8.8) qu'il existe un morphisme de schémas

$$a : Y \to Y_0 = \mathrm{Spec}\, A_0$$

où A_0 est une $\mathbf{Z}$-algèbre de type fini et un schéma affine P_0 de présentation finie sur Y_0 tel que

$$P \xrightarrow{\sim} P_0 \times_{Y_0} Y \;.$$

D'autre part, à l'anneau A de $\mathbf{X}$ est associé (3.4.5) un foncteur $f_A^{\cdot}$ de la catégorie des $\mathbf{Z}$-schémas affines de type fini, dans le topos $\mathbf{X}$, défini par

$$f_A^{\cdot}(Z_0)(U) = \operatorname{Hom}_{an}\big(\Gamma(Z_0, O_{Z_0}),\, A(U)\big) \;.$$

En particulier au morphisme $a : Y \to Y_0$ est donc associé un élément $\bar{a}$ de $f_A^{\cdot}(Y_0)(U)$, que nous noterons plutôt

$$\bar{a} : U \to f_A^{\cdot}(Y_0) \;.$$

Définissons alors (U_P, φ_0, l_0) comme suit

$$(4.2.1) \qquad\qquad U_P = U \times_{f_A^{\cdot}(Y_0)} f_A^{\cdot}(P_0)$$

$$(4.2.2) \qquad\qquad \varphi_0 : U_P \to U$$

est défini par la première projection, et

$$(4.2.3) \qquad\qquad l_0 : R(P) \to A(U_P)$$

s'obtient en remarquant que

$$R(P) \simeq R(P_0) \otimes_{A_0} A(U)$$

et que le diagramme commutatif (et cartésien)

$$
\begin{array}{ccc}
U & \longrightarrow & f_A^{\cdot}(X_0) \\
\uparrow & & \uparrow \\
U_P & \longrightarrow & f_A^{\cdot}(P_0)
\end{array}
$$

donne par définition du foncteur $f_A^{\cdot}$ un diagramme commutatif d'homomorphismes d'anneaux

$$
\begin{array}{ccc}
A(U) & \longleftarrow & A_0 \\
\downarrow & & \downarrow \\
A(U_P) & \longleftarrow & R(P_0)
\end{array} \;.
$$

On remarque que le triple (U_P, l_0, φ_0) ne dépend pas (à isomorphisme près) du couple (Y_0, P_0) choisi, car si A_1 est un anneau de type fini sur $\mathbf{Z}$ et si

$$b : A_0 \to A_1 , \quad a_1 : A_1 \to A(U)$$

sont deux homomorphismes d'anneaux tels que $a_1 \circ b = a$. Soint $Y_1 = \operatorname{Spec} A_1$ et $P_1 = P_0 \times_{Y_0} Y_1$. Comme $f_A^{\cdot}$ commute aux produits fibrés on a alors :

$$U \times_{f_A(Y_1)} f_A(P_1) \simeq U \times_{f_A(Y_1)} \left(f_A(Y_1) \times_{f_A(Y_0)} f_A(P_0) \right) \simeq U \times_{f_A(Y_0)} f_A(P_0) \,.$$

D'autre part, pour voir que (U_P, l_0, φ_0) a la propriété universelle cherchée, il suffit de traduire la propriété universelle de U_P comme produit fibré en utilisant la définition du foncteur f_A.

Remarque (4.3). Soient $(\mathbf{X}, A)$ un $\mathcal{U}$-topos annelé, $U \in \mathrm{Ob}\ \mathbf{X}$ et $s \in A(U)$. Si on prend pour P l'ouvert affine D_s de $\mathrm{Spec}\ A(U)$, on voit aussitôt que U_P est un sous-objet de U qui coïncide avec le plus grand sousobjet U_s de U sur lequel la restriction de s devient inversible.

Nous sommes alors en mesure de donner une autre caractérisation des anneaux strictement locaux (resp. fppf locaux).

Proposition (4.4). *Soit* $(\mathbf{X}, A)$ *un* $\mathcal{U}$-*topos annelé. Pour que* A *soit strictement local (resp. (fppf)-local) il faut et il suffit que pour tout objet* U *de* $\mathbf{X}$ *et pour toute famille surjective*

$$\{P_i \to Y\}_{i \in I}$$

de schémas affines étales (resp. plats de présentation finie) sur Y
$= \mathrm{Spec}\ A(U)$, *la famille de flèches de* $\mathbf{X}$

$$\{U_{P_i} \to U\}_{i \in I}$$

soit épimorphique.

Démonstration. Supposons A strictement local (resp. fppf-local) et soit $\{P_i \to Y\}_{i \in I}$ famille comme dans l'énoncé. On peut alors (*EGA* IV 8.10, 11.2.7 et 17.7.9) supposer que la famille de morphismes de schémas affines

$$\{P_{0_i} \to Y_0\}_{i \in I}$$

qui intervient dans la construction des U_{P_i} (4.2) est surjective et formée de morphismes étales (resp. plats de présentation finie). Comme A est strictement local (resp. fppf-local) la famille

$$\{f_A(P_{0_i}) \to f_A(Y_0)\}$$

est épimorphique, d'où le résultat. $\square$

Réciproquement, supposons la condition de l'énoncé réalisée, et soit

$$\{P_{0_i} \to Y_0\}_{i \in I}$$

une famille surjective de morphismes étales (resp. plats) de schémas affines de type fini sur $\mathbf{Z}$. Soient $U = f_A(Y_0)$, $A_0 = \Gamma(Y_0, O_{Y_0})$, $a : A_0 \to A(U)$ l'homomorphisme associé à l'identité de $f_A(Y_0)(U)$, $Y = \mathrm{Spec}\ A(U)$ et $P_i = P_{0_i} \times_{Y_0} Y$. On a alors :

$$U_{P_i} \xrightarrow{\sim} f_A(P_{0_i})$$

et l'hypothèse implique donc que la famille

$$\{f_A^{\cdot}(P_{0_i}) \to f_A^{\cdot}(Y_0)\}$$

est épimorphique. Donc $f_A^{\cdot}$ est continue pour la topologie étale (resp. fppf) de S, et A est un anneau strictement local (resp. fppf-local).

5. Une propriété des morphismes admissibles de la 2-catégorie des $\mathscr{U}$-topos annelés en anneaux strictement locaux

(5.1) Soit $(g, \theta) : (\mathbf{Y}, B) \to (\mathbf{X}, A)$ un morphisme de $\mathscr{U}$-topos annelés, soient $U \in \mathrm{Ob}\ \mathbf{X}$ et P un $A(U)$-schéma affine. Désignons alors par $\overline{P}$ le $B\big(g^*(U)\big)$-schéma affine qui s'en déduit par le changement de base associé à $\theta(U)$. On a défini (4.1) le triple $\big(U_P, \varphi_0 : U_P \to U, l_0 : R(P) \to \;\to A(U_P)\big)$; on lui associe par fonctorialité

(5.1.1) $$g^*(\varphi_0) : g^*(U_P) \to g^*(U) \,,$$

$$\bar{l}_0 = l_0 \otimes_{A(U)} B\big(g^*(U)\big) : R(\overline{P}) \to B\big(g^*(U)\big)$$

on a donc une flèche naturelle

(5.1.2) $$\theta_{(U, P)} : g^*(U_P) \to g^*(U)_{\overline{P}} \,.$$

Proposition (5.2). *Soit $(g, \theta) : (\mathbf{Y}, B) \to (\mathbf{X}, A)$ un morphisme admissible de $\mathscr{U}$-topos annelés en anneaux locaux, alors pour tout $U \in \mathrm{Ob}\ \mathbf{X}$ et pour tout $A(U)$-schéma étale affine surjectif, la flèche $\theta_{(U, P)}$ (5.1.2) est un monomorphisme. Si on suppose de plus que A est strictement local, alors $\theta_{(U, P)}$ est un isomorphisme.*

Démonstration. Soient $A_0 \to A(U)$ un homomorphisme d'anneaux tel que A_0 soit une $\mathbf{Z}$-algèbre de type fini et P_0 un A_0-schéma affine étale surjectif tel que $P = P_0 \times_{A_0} A(U)$. Avec les notations de (4.2), on a :

$$U_P \simeq U \times_{f_A^{\cdot}(Y_0)} f_A^{\cdot}(P_0)$$

d'où :

$$g^*(U_P) \simeq g^*(U) \times_{f_{g^*A}^{\cdot}(Y_0)} f_{g^*A}^{\cdot}(P_0) \simeq g^*(U)_{\widetilde{P}}$$

avec $\widetilde{P} = P_0 \times_{A_0} g^*(A)\big(g^*(U)\big)$. On est donc ramené à démontrer la propriété dans le cas où $\mathbf{Y} = \mathbf{X}$, où g est l'identité et où $\theta : A \to B$ est un homomorphisme admissible. On a donc

$$\theta_{(U, P)} : U_P \to U_{\overline{P}} \,.$$

Soient alors $\{\lambda_i : V \to U, r_i : \mathrm{Spec}\ A(V) \to P\}_{i=1,2}$ deux éléments de $U_P(V)$. Dire qu'ils ont même image dans $U_{\overline{P}}(V)$, c'est dire que $\lambda_1 = \lambda_2$. Par un changement de base, on peut donc supposer que $U = V$.

D'autre part, les sections r_i' déduites des r_i par changement de base coïncident. Il faut alors montrer qu'il existe un recouvrement $\{U_\alpha \to U\}$ tel que $r_1|U_\alpha = r_2|U_\alpha$:

Or, sous les hypothèses faites, r_1 et r_2 sont des immersions ouvertes et le sous-ensemble des points de Spec $A(U)$ où elles coïncident est un ouvert u. Comme $r_1' = r_2'$, on en déduit que l'image réciproque de u sur Spec $B(U)$ est égale à Spec $B(U)$. Recouvrons alors u par des ouverts de la forme Ds_j, $j \in J$, $s_j \in A(U)$ et soit pour tout $j \in J$, s_j' l'image de s_j dans $B(U)$. Comme B est local, la famille

$$\{U_{s_j'} \to U\}_{j \in J}$$

est couvrante. D'autre part, d'après le choix des s_j, les restrictions de r_1 et r_2 aux U_{s_j} sont égales; d'où le résultat, puisque θ est admissible et qu'on a donc $U_{s_j} = U_{s_j'}$.

Supposons alors A strictement local et montrons que $\theta_{(U,P)}$ est un isomorphisme. On voit aussitôt qu'on est ramené à démontrer la propriété suivante: soit $\varrho : \text{Spec } B(U) \to P$ un $A(U)$-morphisme, il existe une famille couvrante

$$\{U_\alpha \to U\}$$

telle que ϱ/U_α se factorise par une section

$$r_\alpha : \text{Spec } A(U_\alpha) \to P .$$

Soit :

$$\widetilde{P} = P \times_{A(U)} A(U_{\bar{P}}) .$$

Comme A est strictement local, $U_P \to U$ et donc $U_{\bar{P}} \to U$ sont des épimorphismes. De même,

$$(U_{\bar{P}})_{\widetilde{P}} \to U_{\bar{P}}$$

est un épimorphisme et par suite :

$$(U_{\bar{P}})_{\widetilde{P}} \to U$$

est un épimorphisme. Or, nous allons montrer que $\varrho/(U_{\bar{P}})_{\widetilde{P}}$ se relève toujours.

Désignons comme précédemment par :

$$l_1 : \text{Spec } B(U_{\bar{P}}) \to P , \quad l_0 : \text{Spec } A(U_P) \to P$$

les $A(U)$-morphismes canoniques. Par définition de $\theta_{(U,P)}$ on a un carré commutatif

$$(5.2.1) \qquad \begin{array}{ccc} \text{Spec } B(U_{\bar{P}}) & \xrightarrow{\ l_1\ } & P \\ \uparrow & & \uparrow {\scriptstyle l_0} \\ \text{Spec } B(U_P) & \longrightarrow & \text{Spec } A(U_P) \end{array} .$$

De plus, par définition de $U_{\overline{P}}$, il existe $\alpha : U_{\overline{P}} \to U_{\overline{P}}$, tel que

$$\varrho/U_{\overline{P}} = l_1 \circ \operatorname{Spec} B(\alpha) .$$

Soit alors

$$\mu : (U_{\overline{P}})_{\widetilde{P}} \to U_P$$

la flèche naturellement de $U_{\overline{P}} \to U$, on peut compléter le diagramme (5.2.1) comme suit

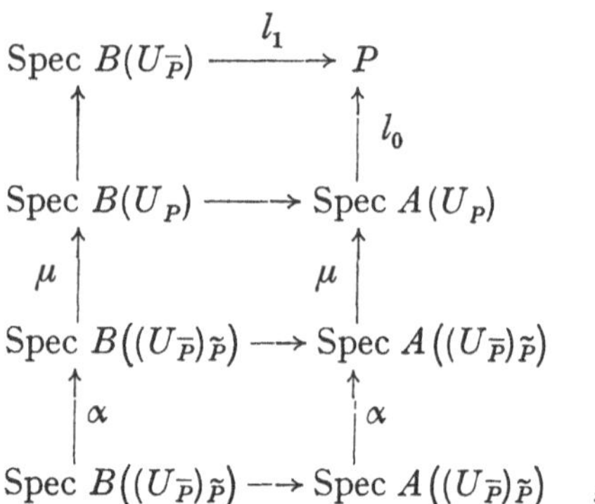

où on a désigné par les mêmes lettres α et μ les morphismes qui sont fonctoriellement associés à α et μ. Comme la composée des flèches verticales de gauche et de l_1 n'est autre que $\varrho/(U_{\overline{P}})_{\widetilde{P}}$, ceci fournit la factorisation cherchée. $\square$

Remarque (5.3). Si on remplace les hypothèses de la proposition (5.2) par celles que P est un $A(U)$-schéma affine fidèlement plat de présentation finie et que A est un anneau fppf-local, le même raisonnement ne s'applique plus car les sections ne sont plus en général des immersions ouvertes. Le morphisme $\theta_{(U, P)}$ n'est plus en général un monomorphisme comme le montre le contre-exemple suivant : X est le topos ponctuel, B est un corps k, $A = k[u]/u^2$ et $A \to B$ est l'homomorphisme $u \mapsto 0$. Prenons alors $R(P) = A[t]$ et les sections

$$r_1 : t \mapsto u , \quad r_2 : t \mapsto 0 .$$

On a bien $r'_1 = r'_2$ sans avoir $r_1 = r_2$. Par contre, la deuxième partie du raisonnement de la proposition (5.2) s'applique mot par mot, et on voit donc que $\theta_{(U, P)}$ est un *épimorphisme*.

6. Propriétés de recollement des topos annelés

Soit $(\mathsf{S}, \mathcal{O}_{\mathsf{S}})$ un $\mathcal{U}$-topos annelé. On définit la 2-catégorie fibrée sur S des $\mathcal{U}$-topos annelés variables sur $(\mathsf{S}, \mathcal{O}_{\mathsf{S}})$

$$(6.1) \qquad\qquad \{\mathfrak{Top}\ \mathfrak{an};\ (\mathsf{S},\ \mathcal{O}_{\mathsf{S}})\}$$

de manière analogue à celle de ($\{\mathfrak{Top}; S\}$ (II.4). L'ensemble des objets est donc défini par

$$(6.2) \qquad \mathrm{Ob}\,\{\mathfrak{Top}\ \mathrm{an};\ (S,\ \mathcal{O}_S)\} = \coprod_{U \in \mathrm{Ob}\ S} \mathrm{Ob}\,(\mathfrak{Top}\ \mathrm{an}/(S/U,\ \mathcal{O}_{S/U})),$$

pour $f : (X,\ \mathcal{O}_X) \to (S/U,\ \mathcal{O}_{S/U})$ et $g : (Y,\ \mathcal{O}_Y) \to (S/V,\ \mathcal{O}_{S/V})$, morphismes de topos annelés, on définit

$$(6.3) \qquad \mathrm{Hom}(f,\ g) = \coprod_{\varphi \in \mathrm{Hom}_S(U,\ V)} \mathrm{Hom}_\varphi(f,\ g)$$

les foncteurs d'accouplement sont ceux qu'on imagine, et le 2-foncteur

$$(6.4) \qquad\qquad p : \{\mathfrak{Top}\ \mathrm{an};\ (S,\ \mathcal{O}_S)\} \to S$$

est défini comme en (II 4.1.3), en «oubliant» la structure annelée. On vérifie comme en (II 4.1) que le 2-foncteur p est *fibrant* et que la 2-catégorie fibrée ainsi obtenue est *scindée* par le scindage naturel

$$(6.5) \qquad\qquad \Lambda_\varphi : \mathfrak{Top}\ \mathrm{an}/(S/U,\ \mathcal{O}_{S/U}) \to \mathfrak{Top}\ \mathrm{an}/(S/V,\ \mathcal{O}_{S/V})$$

analogue du scindage défini en (II 4.1.4).

On a encore un théorème de recollement :

Théorème (6.6). *La 2-catégorie fibrée scindée* $\{\mathfrak{Top}\ \mathrm{an};\ (S,\ \mathcal{O}_S)\}$ *est un 2-champ.*

Démonstration. Ici encore, on est ramené à montrer que, pour tout crible R de S couvrant l'objet final, le 2-foncteur canonique

$$\psi_R^{an} : \mathfrak{Top}\ \mathrm{an}/(S,\ \mathcal{O}_S) \to \varprojlim_R \{\mathfrak{Top}\ \mathrm{an};\ (S,\ \mathcal{O}_S)\}$$

est une 2-équivalence. La démonstration se décompose en deux parties.
(6.6.1) *Le 2-foncteur an ψ_R^{an} est* (2)-*fidèle* (I 1.8)

Soient $f = (\varphi,\ \theta) : (X,\ \mathcal{O}_X) \to (S,\ \mathcal{O}_S)$,

$g = (\psi,\ \eta) : (Y,\ \mathcal{O}_Y) \to (S,\ \mathcal{O}_S)$ deux objets de $\mathfrak{Top}\ \mathrm{an}/(S,\ \mathcal{O}_S)$. On est ramené à montrer que le foncteur canonique

$$\psi_R^{an} : \mathrm{Hom}_{\mathfrak{Top}\mathrm{an}/(S,\ \mathcal{O}_S)}(f,\ g) \to \varprojlim_R \mathrm{Hom}_{(S,\ \mathcal{O}_S)}(f,\ g),$$

où $\mathrm{Hom}_{(S,\ \mathcal{O}_S)}(f,\ g)$ est la catégorie fibrée scindée sur S associée à f et g (I 3.8) grâce au scindage canonique de $\{\mathfrak{Top}\ \mathrm{an};\ (S,\ \mathcal{O}_S)\}$ est une équivalence de catégories.

Or par «oubli» de la structure annelé, on obtient un foncteur

$$\psi_R : \mathrm{Hom}_{\mathfrak{Top}/S}(\varphi,\ \psi) \to \varprojlim_R \mathrm{Hom}_S(\varphi,\ \psi)$$

qui est une équivalence de catégories (II 4.2). Soit $\varkappa_R$ une équivalence quasi-inverse de ψ_R. Nous allons compléter $\varkappa_R$ en une équivalence $\varkappa_R^{an}$ quasi-inverse de ψ_R^{an}.

Un objet de $\varprojlim_{R} \mathsf{Hom}_{(S, O_S)}(f, g)$ consiste en la donnée (i) pour tout $U \in \mathrm{Ob}\,R$ de $(\lambda_U, \varepsilon_U) : f/U \to g/U$ (II 4.2 (i)) et d'un homomorphisme

$$\alpha_U : \lambda_U^*\,(O_{Y/U}) \to O_{X/U}$$

(où on écrit plus simplement X/U pour $\mathsf{X}/\varphi^* U$ et Y/U pour $\mathsf{Y}/\psi^* U$) rendant commutatif le diagramme

$$(6.6.1.1)$$

$$\begin{array}{ccc}
\lambda_U^* \psi_U^*\,(O_{S/U}) & \xrightarrow{\lambda_U^*\,(\eta_U)} \lambda_U^*(O_{Y/U}) \xrightarrow{\alpha_U} O_{X/U} \\
\Big\downarrow{\varepsilon_U(O_{S/U})} & \nearrow{\theta_U} \\
\varphi_U^*(O_{S/U}) &
\end{array}$$

(ii) pour toute flèche $r : V \to U$ de R, d'un isomorphisme $d_r : \lambda_V^* \to (\lambda_U^*)_r$ rendant commutatifs les diagrammes

$$(6.6.1.2)$$

$$\begin{array}{ccc}
\lambda_V^* \psi_V^* \xrightarrow{\varepsilon_V} \varphi_V^* & & \lambda_V^*(O_{Y/V}) \xrightarrow{\alpha_V} O_{X/V} \\
d_r\,\psi_V^* \Big\downarrow \nearrow (\varepsilon_U)_r & \text{et} \quad d_r(O_{Y/V}) \Big\downarrow \nearrow (\alpha_U)_r \\
(\lambda_U^*)_r\,\psi_V^* & & (\lambda_U^*)_r\,(O_{Y/V})
\end{array}$$

On définit alors λ^* et ε comme en (II 4.2) par

$$(\lambda^*, \varepsilon) = \chi_R(\{\lambda_U, \varepsilon_U, d_r\})\,.$$

D'autre part, toujours avec les notations de (II 4.2), soit

$$u_{X, R} : \varprojlim_{R} H_{X, R} \to X \quad (\text{resp. } u_{Y, R} : \varprojlim_{R} H_{Y, R} \to Y)$$

une équivalence quasi-inverse des foncteurs naturels

$$X \to \varprojlim_{R} H_{X, R}(\text{resp. } Y \to \varprojlim_{R} H_{Y, R})\,.$$

On a alors :

$$u_{X, R}\,(\{O_{X/U}\}) = O_X \ (\text{resp. } u_{Y, R}(\{O_{Y/U}\}) = O_Y)\,,$$

et, d'après la définition même de λ^*

$$u_{X, R}\,(\{\lambda_U^*(O_{Y/U})\}) = \lambda^*\,O_Y\,.$$

Les données $\{\alpha_U, d_r\}$ définissent une flèche de $\varprojlim_{R} H_{X, R}$, et $u_{X, R}(\{\alpha_U, d_r\})$ définit donc un homomorphisme $\alpha : \lambda^*\,O_Y \to O_X$. De plus la commutativité de (6.6.1.1) entraîne la commutativité du

diagramme

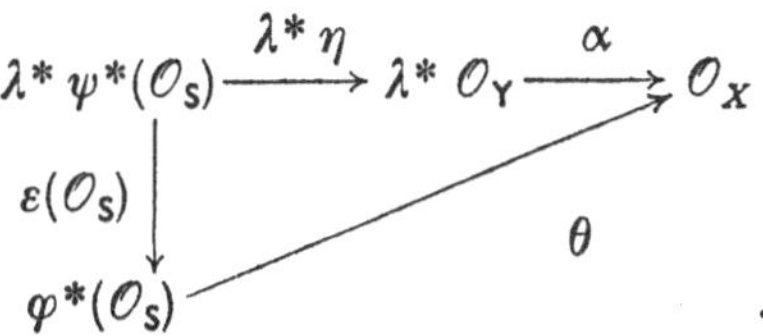

On obtient ainsi l'application sous-jacente à χ_R^{an} qu'on complète aisément en un foncteur quasi-inverse de ψ_R^{an}.

(6.6.2) *Le 2-foncteur ψ_R^{an} est surjectif à une équivalence près.*

Un objet Λ^{an} de $\underleftarrow{\mathrm{Lim}}_R \{\mathfrak{Top}\ \mathfrak{an};\ (S, \mathcal{O}_S)\}$ consiste en la donnée

(i) d'un objet Λ de $\underleftarrow{\mathrm{Lim}}_R \{\mathfrak{Top};\ S\}$ déduit de Λ^{an} par le 2-foncteur «topos sous-jacent». Or à un tel Λ, on a vu (II. 4.3.1) qu'on peut associer une catégorie fibrée Λ_R' et un foncteur $\widetilde{\varphi} : H_R \to \Lambda_R'$, auquel est associé un morphisme de topos $\varphi : X(\Lambda) \to S$,

(ii) d'une section cartésienne $\mathcal{O}_{X,R}$ de Λ_R' munie d'une structure d'anneau,

(iii) d'un homomorphisme d'anneaux $\theta_R : \widetilde{\varphi}\,\mathcal{O}_{S,R} \to \mathcal{O}_{X,R}$ où $\mathcal{O}_{S,R}$ est la section cartésienne de H_R définie par $\mathcal{O}_S$.

La donnée (ii) définit donc un faisceau d'anneau $\mathcal{O}_X$ de $X(\Lambda)$ et la donnée (iii) définit un homomorphisme $\theta : \varphi^*(\mathcal{O}_S) \to \mathcal{O}_X$. On obtient donc un morphisme $f = (\varphi, \theta)$ de $\mathcal{U}$-topos annelés, et on vérifie comme en (II 4.3) que $\psi_R^{an}(f)$ est équivalent à Λ^{an}.

Chapitre IV

Spectre d'un $\mathcal{U}$-topos annelé

1. Définition du spectre d'un $\mathcal{U}$-topos annelé

Le but de ce paragraphe est de montrer qu'à tout $\mathcal{U}$-topos annelé $(\mathbf{X}, A)$, on peut associer de *façon universelle* un couple formé d'un $\mathcal{U}$-topos annelé en anneaux locaux (III 2.3) $(\widetilde{\mathbf{X}}, \widetilde{A})$ et d'un morphisme de $\mathcal{U}$-topos annelés

$$\pi : (\widetilde{\mathbf{X}}, \widetilde{A}) \to (\mathbf{X}, A) \ .$$

Un tel couple, comme toute solution d'un 2-problème universel est défini avec l'unicité explicitée en (I 2.5); c'est-à-dire que $((\widetilde{\mathbf{X}}, \widetilde{A}), \pi)$ est défini à une équivalence près dans la 2-catégorie $(\mathfrak{Top}\,\mathfrak{an}/(\mathbf{X}, A))$, l'équivalence entre deux solutions étant elle-même définie à un 2-isomorphisme unique près. On peut encore exprimer ce qui précède par le théorème suivant :

Théorème (1.1). *Le 2-foncteur d'inclusion*

$$\mathsf{i} : \mathfrak{Top}\,\mathfrak{an}\,\mathfrak{loc} \to \mathfrak{Top}\,\mathfrak{an}$$

admet un 2-adjoint à droite (I 1.10).

Nous noterons

$$(1.1.1) \qquad\qquad \mathsf{Spec} : \mathfrak{Top}\,\mathfrak{an} \to \mathfrak{Top}\,\mathfrak{an}\,\mathfrak{loc}$$

le 2-foncteur adjoint à droite de i et

$$(1.1.2) \qquad\qquad \pi : \mathsf{i} \circ \mathsf{Spec} \to \mathsf{id}_{\mathfrak{Top}\,\mathfrak{an}}$$

le morphisme de 2-foncteurs qui permet d'exprimer l'adjonction de i et de **Spec**.

Nous allons décrire le 2-foncteur **Spec**. Soit $(\mathbf{X}, A)$ un $\mathcal{U}$-topos et soit $\mathsf{E} = (\mathsf{S}, J)$, où S est une $\mathcal{U}$-catégorie et où J est une $\mathcal{U}$-topologie sur S, un $\mathcal{U}$-site standard de définition de $\mathbf{X}$ (I 1.3.2). On définit $\widetilde{\mathbf{X}}$ comme le $\mathcal{U}$-topos assicié au $\mathcal{U}$-site $\widetilde{\mathsf{E}} = (\widetilde{\mathsf{S}}, \widetilde{J})$ suivant.

(1.2) *La catégorie* $\widetilde{\mathsf{S}}$

Les objets de $\widetilde{\mathsf{S}}$ sont les couples (U, s) formés d'un objet U de S et d'un élément s de $A(U)$. (Rappelons (II 1.3) que si $k : \mathsf{S} \to \mathbf{X}$

désigne le foncteur naturel, on utilise la notation $A(U)$ pour désigner $\mathrm{Hom}_{\mathsf{X}}(k(U), A)$. Une flèche $\varphi : (V, t) \to (U, s)$ de $\widetilde{\mathsf{S}}$ est une flèche $\varphi : V \to U$ telle que t appartienne au radical $\mathfrak{r}(s_\varphi)$ de l'idéal engendré par s_φ dans $A(V)$.

Dans $\widetilde{\mathsf{S}}$ les produits fibrés sont représentables, et si

$$(U_1, s_1) \to (U, s) , \quad (U_2, s_2) \to (U, s) ,$$

sont deux flèches de $\widetilde{\mathsf{S}}$, on a l'isomorphisme

$$(U_1, s_1) \times_{(U, s)} (U_2, s_2) \simeq (U_1 \times_U U_2, s_1 s_2) .$$

De plus si e est un objet final de S, $(e, 1)$ est un objet final de $\widetilde{\mathsf{S}}$.

(1.3) *La topologie $\widetilde{J}$*

On la définit à l'aide de familles couvrantes. On prend pour $\widetilde{J}$ la topologie la moins fine telle que

(i) pour toute famille couvrante

$$\{U_i \to U\}_{i \in I}$$

de S, la famille

$$\{(U_i, 1) \to (U, 1)\}_{i \in I}$$

soit couvrante.

(ii) pour tout $U \in \mathrm{Ob}\,\mathsf{S}$, pour toute famille $\{\{s_i\}_{i \in I}, s\}$ d'éléments de $A(U)$ telle que $s_i \in \mathfrak{r}(s)$ pour tout $i \in I$ et que $s \in \mathfrak{r}(\{s_i\}_{i \in I})$ (radical engendré par la famille des s_i dans $A(U)$), la famille

$$\{(U, s_i) \to (U, s)\}_{i \in I}$$

soit couvrante (en particulier si s est nilpotent, la famille vide couvre (U, s)).

Proposition (1.3.1). *Les familles de flèches de $\widetilde{\mathsf{S}}$ du type*

$$(1.3.2) \qquad \left\{(U_\lambda, s_{\lambda, i}) \xrightarrow{\varphi_\lambda} (U, s)\right\}_{i \in I_\lambda, \lambda \in L} ,$$

où

$$\left\{U_\lambda \xrightarrow{\varphi_\lambda} U\right\}_{\lambda \in L}$$

est une famille couvrante de S et où, pour tout $\lambda \in L$, $s_{\varphi_\lambda} \in \mathfrak{r}\left(\{s_{\lambda, i}\}_{i \in I_\lambda}\right)$, avec I_λ fini, forment une prétopologie qui définit la topologie $\widetilde{J}$.

En effet, pour un ensemble de familles de morphismes de même but, on vérifie que les axiomes qui caractérisent une prétopologie sont satisfaits : cet ensemble est stable par changement de base et par composition et pour tout $(U, s) \in \mathrm{Ob}\,\mathsf{S}$, $\{id(U, s)\}$ appartient à l'ensemble. $\square$

Remarque (1.3.3). Dès que la catégorie S n'est pas réduite à la catégorie ponctuelle, la topologie $\widetilde{J}$ n'est en général pas plus fine que la topologie canonique puisque si U est un objet non initial de S et si $s \in A(U)$ est nilpotent, l'objet (U, s) de $\widetilde{\mathsf{S}}$ est couvert par la famille vide sans être initial. *Le site $\widetilde{\mathsf{E}}$ n'est donc pas un site standard.*

(1.4) *Le faisceau $\widetilde{A}$*

Le faisceau $\widetilde{A}$ est le faisceau associé au préfaisceau $\bar{A}$ suivant sur $\widetilde{\mathsf{E}}$:

(i) $\bar{A}(U, s) = A(U)\left[\dfrac{1}{s}\right]$

(ii) soit $\varphi : (V, t) \to (U, s)$ une flèche de $\widetilde{\mathsf{S}}$, on définit $\bar{A}(\varphi)$ comme le composé de

$$A(\varphi) : \bar{A}(U, s) \to \bar{A}(V, s_\varphi) \, ,$$

et de l'homomorphisme «changement de partie multiplicative»

$$\bar{A}(V, s_\varphi) \to \bar{A}(V, t) \, .$$

Soit alors $\widetilde{\mathsf{X}}$ le $\mathcal{U}$-topos associé au $\mathcal{U}$-site $\widetilde{\mathsf{E}} = (\widetilde{\mathsf{S}}, \widetilde{J})$ on a ainsi défini un $\mathcal{U}$-topos annelé $(\widetilde{\mathsf{X}}, \widetilde{A})$.

Proposition (1.5). *Le $\mathcal{U}$-topos annelé $(\widetilde{\mathsf{X}}, \widetilde{A})$ est annelé en anneaux locaux.*

Démonstration. Il suffit de montrer que le préfaisceau $\bar{A}$ défini en (1.4) sur le site $\widetilde{\mathsf{E}}$ vérifie le critère (III 2.4.1). Or soient $(U, s) \in \mathrm{Ob}\, \widetilde{\mathsf{S}}$ et $\sigma \in \bar{A}(U, s)$, $\sigma = a/s^n$, $a \in A(U)$. Les restrictions de σ à $(U, a\,s)$ et de $1 - \sigma$ à $(U, s^{n+1} - a\,s)$ sont inversibles et la famille formée des deux morphismes $(U, a\,s) \to (U, s)$ et $(U, s^{n+1} - a\,s) \to (U, s)$ est couvrante; d'où le résultat. $\square$

(1.6) Le *morphisme* $\pi_{(\mathsf{X}, A)} : (\widetilde{\mathsf{X}}, \widetilde{A}) \to (\mathsf{X}, A)$.

Le foncteur $p : \mathsf{S} \to \widetilde{\mathsf{S}}$, défini par $p(U) = (U, 1)$, est un foncteur continu qui commute à la formation des produits fibrés et transforme objet final de S en objet final de $\widetilde{\mathsf{S}}$. C'est donc un morphisme de sites auquel est associé un morphisme de $\mathcal{U}$-topos

$$\pi : \widetilde{\mathsf{X}} \to \mathsf{X} \, .$$

Soit $p : \bar{A} \to \widetilde{A}$ le foncteur naturel du préfaisceau $\bar{A}$ dans le faisceau associé $\widetilde{A}$. Comme pour tout $U \in \mathrm{Ob}\,\mathsf{S}$, $\bar{A}(U, 1) = A(U)$, on a un homomorphisme de faisceaux d'anneaux

$$\varepsilon : A \to \pi_* \widetilde{A}$$

défini sur $\mathsf{E} = (\mathsf{S}, J)$ par $\varepsilon(U) = p(U)$. On en déduit par adjonction
l'homomorphisme

$$\varepsilon : \pi^* A \to \tilde{A} \; .$$

On définit alors $\pi_{(\mathsf{X}, A)}$ comme le morphisme de $\mathcal{U}$-topos annelé

$$\pi_{(\mathsf{X}, A)} = (\pi, \varepsilon) \; .$$

(1.7) *Factorisation d'un morphisme de source* $(\mathsf{Y}, B) \in \mathrm{Ob}\,\mathfrak{Top}\,\mathfrak{an}\,\mathfrak{loc}$
et de but (X, A).

Soit $f = (\varphi, \theta) : (\mathsf{Y}, B) \to (\mathsf{X}, A)$ un morphisme de $\mathcal{U}$-topos annelés, où B est un anneau local. Montrons qu'il existe une factorisation
$(\bar{f}, \alpha)$ où

$$\bar{f} = (\bar{\varphi}, \bar{\theta}) : (\mathsf{Y}, B) \to (\tilde{\mathsf{X}}, \tilde{A})$$

est un morphisme admissible (III 2.9) de $\mathcal{U}$-topos annelés et où $\alpha :$
$f \xrightarrow{\sim} \pi \circ \bar{f}$ est un 2-isomorphisme de $\mathfrak{Top}\,\mathfrak{an}$.

(1.7.1) Définissons $\bar{\varphi}_0 : \tilde{\mathsf{S}} \to \mathsf{Y}$ comme suit : pour $(U, s) \in \mathrm{Ob}\,\tilde{\mathsf{S}}$, $\bar{\varphi}_0(U, s)$
$= \varphi^{\cdot}(U)_{\theta.(s)}$, où $\varphi^{\cdot} : \mathsf{S} \to \mathsf{Y}$ est le composé du foncteur $k : \mathsf{S} \to \mathsf{X}$ et
de $\varphi^* : \mathsf{X} \to \mathsf{Y}$. Soit

$$\lambda : (V, t) \to (U, s)$$

une flèche de $\tilde{\mathsf{S}}$, c'est-à-dire une flèche $\lambda : V \to U$ de S telle que $t \in \mathfrak{r}(s_\lambda)$.
Alors la restriction de

$$\varphi^{\cdot}(\lambda) : \varphi^{\cdot}(V) \to \varphi^{\cdot}(U)$$

à $\varphi^{\cdot}(V)_{\theta.(t)}$ induit la flèche

$$\bar{\varphi}_0(\lambda) : \bar{\varphi}_0(V, t) \to \bar{\varphi}_0(U, s) \; .$$

Le morphisme $\bar{\varphi}_0$ transforme objet final de $\tilde{\mathsf{S}}$ en objet final de Y
et commute à la formation des produits fibrés. En effet si

$$(U_1, s_1) \to (U, s) \quad \text{et} \quad (U_2, s_2) \to (U, s)$$

sont deux flèches de $\tilde{\mathsf{S}}$, on a un isomorphisme naturel :

$$\varphi^{\cdot}(U_1)_{\theta.(s_1)} \times_{\varphi^{\cdot}(U)_{\theta.(s)}} \varphi_{\cdot}(U_2)_{\theta.(s_2)} \xrightarrow{\sim} [\varphi^{\cdot}(U_1) \times_{\varphi^{\cdot}(U)} \varphi_{\cdot}(U_2)]_{\theta.(s_1 s_2)} \; .$$

De plus $\bar{\varphi}_0$ est un foncteur continu. En effet, soit

$$\{(U_\lambda, s_{\lambda, i}) \xrightarrow{\;g_\lambda\;} (U\,s)\}_{i \in I_\lambda, \lambda \in L} \; ,$$

une famille de morphismes de $\tilde{\mathsf{S}}$ du type (1.3.2). Alors, la famille

$$\{\varphi^{\cdot}(U_\lambda) \to \varphi^{\cdot}(U)\}_{\lambda \in L}$$

est une famille épimorphique de Y, donc puisque on a l'isomorphisme

$$\varphi^{\cdot}(U_\lambda)_{\theta.(s_{g_\lambda})} \simeq \varphi^{\cdot}(U_\lambda) \times_{\varphi^{\cdot}(U)} \varphi^{\cdot}(U)_{\theta.(s)} \,,$$

la famille

$$\varphi^{\cdot}(U_\lambda)_{\theta.(s_{g_\lambda})} \to \varphi^{\cdot}(U)_{\theta.(s)}$$

est encore épimorphique. De plus comme B est un anneau local, de l'hypothèse

$$s_{g_\lambda} \in \mathfrak{r}(\{s_{\lambda,\,i}\}_{i \in I_\lambda}) \,,$$

l résulte que la famille

$$\left\{\varphi^{\cdot}(U_\lambda)_{\theta.(s_{g_\lambda})} \to \varphi^{\cdot}(U_\lambda)_{\theta.(^{s}g_\lambda)}\right\}$$

est épimorphique, donc que la famille composée

$$\left\{\varphi^{\cdot}(U_\lambda)_{\theta.(s_{g_\lambda})} \to \varphi^{\cdot}(U)_{\theta.(s)}\right\}$$

est aussi épimorphique.

Au morphisme de sites $\overline{\varphi}_0$, associons le morphisme

$$\overline{\varphi} : \mathsf{Y} \to \widetilde{\mathsf{X}}$$

de $\mathcal{U}$-topos. Le foncteur $\overline{\varphi}^* : \widetilde{\mathsf{X}} \to \mathsf{Y}$ est défini à un isomorphisme près, et comme on a l'égalité des foncteurs

$$\overline{\varphi}_0 \circ p = \varphi^{\cdot} \,,$$

il existe un isomorphisme des morphismes de $\mathcal{U}$-topos associés

(1.7.1.1) $$\qquad\qquad \alpha : \varphi^* \xrightarrow{\sim} \overline{\varphi}^* \circ \pi^* \,.$$

(1.7.2) Pour tout objet (U, s) de $\widetilde{\mathsf{S}}$, l'homomorphisme

$$A(U) \to B\big(\varphi^{\cdot}(U)_{\theta.(s)}\big)$$

obtenu en composant $\theta.(U)$ et la restriction

$$B\big(\varphi^{\cdot}(U)\big) \to B\big(\varphi^{\cdot}(U)_{\theta.(s)}\big)$$

se factorise de manière unique en

$$\theta_0(U, s) : \overline{A}(U, s) \to B\big(\varphi^{\cdot}(U)_{\theta.(s)}\big)$$

et définit de manière évidente un morphisme de préfaisceaux de $\widetilde{\mathsf{S}}$. Par passage aux faisceaux associés, on en déduit le morphisme

$$\overline{\theta}. : \widetilde{A} \to \overline{\varphi}^* B \,,$$

d'où par adjonction un morphisme

(1.7.2.1) $$\qquad\qquad \overline{\theta} : \overline{\varphi}^* \widetilde{A} \to B \,.$$

Nous avons ainsi défini un morphisme de $\mathcal{U}$-topos annelés

$$\bar{f} = (\bar{\varphi}, \bar{\theta}) : (\mathsf{Y}, B) \to (\tilde{\mathsf{X}}, \tilde{A}) .$$

Il reste alors à montrer que l'isomorphisme α (1.7.1.1) définit en réalité un 2-isomorphisme

$$\alpha : f \to \pi \circ \bar{f} \tag{1.7.2.2}$$

autrement dit que le diagramme

$$\begin{array}{ccc} \varphi^* A & \xrightarrow{\ \theta\ } & B \\ {\scriptstyle \alpha A}\downarrow & \nearrow{\scriptstyle \bar{\theta} \circ \bar{\varphi}^*(\varepsilon)} & \\ \bar{\varphi}^* \circ \pi^* A & & \end{array} \tag{1.7.2.3}$$

commute. Il revient au même, si $\alpha.$ désigne l'isomorphisme

$$\alpha. : \pi_* \circ \bar{\varphi}_* \to \varphi_*$$

naturellement associé à α de montrer que le diagramme

$$\begin{array}{ccc} & & \varphi_* B \\ & \nearrow & \uparrow{\scriptstyle \alpha. B} \\ A & \xrightarrow{\ \pi_*(\theta_.) \circ \varepsilon_.\ } & \pi_* \circ \bar{\varphi}_* B \end{array} \tag{1.7.2.4}$$

commute, ce qui résulte aussitôt de la définition des différents homomorphismes.

Proposition (1.8). *Le morphisme de $\mathcal{U}$-topos annelés*

$$\bar{f} = (\bar{\varphi}, \bar{\theta}) : (\mathsf{Y}, B) \to (\tilde{\mathsf{X}}, \tilde{A})$$

défini en (1.7) *est admissible.*

Démonstration. On utilise le critère (III 2.11). Soient $(U, s) \in \mathrm{Ob}\, \tilde{\mathsf{S}}$, $\sigma = (a, s^n) \in \bar{A}(U, s)$ où $a \in A(U)$ et

$$\alpha : (U, a\, s) \to (U, s)$$

la flèche de $\tilde{\mathsf{S}}$ induite par id_U. Alors s_α est inversible et de plus la flèche naturelle

$$\bar{\varphi}^{\cdot}(U, a\, s) \to (\bar{\varphi}^{\cdot}(U, s))_{\bar{\theta}.(\sigma)}$$

est un isomorphisme. Le critère est donc bien vérifié. □

Proposition (1.9). (*Unicité de la factorisation*). *Soient*

$$f, g : (\mathsf{Y}, B) \to (\mathsf{X}, A) , \qquad f = (\varphi, \theta) , \qquad g = (\psi, \eta) ,$$

deux morphismes de $\mathcal{U}$-topos annelés où (Y, B) est annelé en anneaux locaux et où $u : f \to g$ est une 2-flèche de $\mathfrak{Top}$ an. Soient $(\bar{f}, \alpha)$. $(\bar{g}, \beta)$ des factorisations comme en (1.7) où

$$\bar{f}, \bar{g} : (\mathsf{Y}, B) \to (\widetilde{\mathsf{X}}, \tilde{A})$$

sont des morphismes admissibles et où

$$\alpha : \pi \circ \bar{f} \xrightarrow{\sim} f, \qquad \beta : \pi \circ \bar{g} \to g$$

sont des isomorphismes. Alors il existe une 2-flèche unique

$$\bar{u} : \bar{f} \to \bar{g}$$

qui rende commutatif le diagramme

$$
\begin{array}{ccc}
\pi \circ \bar{f} & \xrightarrow{\ \alpha\ } & f \\
\downarrow{\scriptstyle \pi \circ \bar{u}} & & \downarrow{\scriptstyle u} \\
\pi \circ \bar{g} & \xrightarrow{\ \beta\ } & g
\end{array} \ .
$$

Démonstration. Pour tout $(U, s) \in \mathrm{Ob}\,\widetilde{\mathsf{S}}$, où $U \in \mathrm{Ob}\,\mathsf{S}$ et $s \in A(U)$, on désignera par $\overline{(U, s)}$ l'image de (U, s) dans $\widetilde{\mathsf{X}}$ et par $\bar{s}$ l'image de s dans $\tilde{A}(U, 1)$. Montrons d'abord que le monomorphisme $\overline{(U, s)} \hookleftarrow \overline{(U, 1)}_{\bar{s}}$ est un isomorphisme. Soit $\varphi : (V, t) \to (U, 1)$ un morphisme de $\widetilde{\mathsf{S}}$ tel que la restriction $\bar{s}_\varphi$ de s à $\tilde{A}(V, t)$ soit inversible. Il existe alors une famille couvrante $\{\psi_i : (V_i, t_i) \to (V, t)\}_{i \in I}$ telle que pour tout $i \in I$, la restriction $s_{\varphi \circ \psi_i}$ de s à $\bar{A}(V_i, t_i)$ soit inversible; c'est dire que

$$(V_i, t_i\, s_{\varphi \circ \psi_i}) \to (V_i, t_i)$$

est un isomorphisme. Par suite le monomorphisme

$$(V, t\, s_\varphi) \to (V, t)$$

est couvrant, ce qui prouve l'égalité $\overline{(U, s)} = \overline{(U, 1)}_{\bar{s}}$.

L'hypothèse que $\bar{f}$ est admissible montre, compte tenu de la commutativité du diagramme

$$
\begin{array}{ccc}
A(U) & \xrightarrow{\ \theta.(U)\ } & B(\varphi^*(U)) \\
\downarrow & & \downarrow \\
\tilde{A}(U, 1) & \xrightarrow{\ \bar{\theta}.(U, 1)\ } & B(\bar{\varphi}\cdot(U, 1))
\end{array}
$$

et de l'isomorphisme

$$\overline{\varphi}^*\overline{(U, s)} \xrightarrow{\sim} \left(\overline{\varphi}^*\overline{(U, 1)}\right)_{\overline{\theta}.\overline{(s)}}$$

que l'isomorphisme

$$\alpha(U) : \overline{\varphi}^*(U, 1) \to \varphi^*(U)$$

induit un isomorphisme bien déterminé

$$\alpha(U)_s : \overline{\varphi}^*(U, s) \xrightarrow{\sim} \varphi^*(U)_{\theta.(s)} \ .$$

De même pour $\overline{g} = (\overline{\psi}, \overline{\eta})$, β induit un isomorphisme uniquement
déterminé

$$\beta(U)_s : \overline{\psi}^*(U, s) \xrightarrow{\sim} \psi^*(U)_{\eta.(s)} \ .$$

D'autre part soit $u : \varphi^* \to \psi^*$ tel que pour tout $U \in \mathrm{Ob}\ \mathsf{S}$ le diagramme

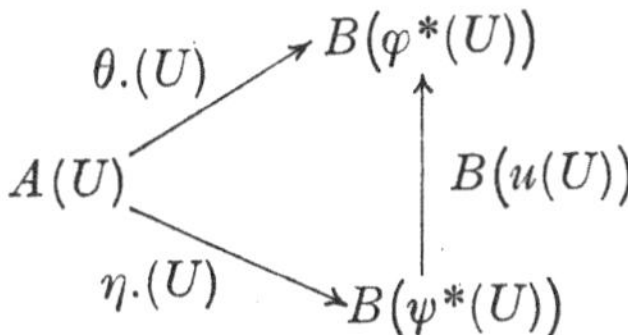

commute, $u(U)$ induit pour tout s un morphisme bien déterminé sur
les sous-objets

$$u(U)_s : \varphi^*(U)_{\theta.(s)} \to \psi^*(U)_{\eta.(s)} \ ;$$

en composant avec $\alpha(U)_s$ et $\left(\beta(U)_s\right)^{-1}$, on a donc pour tout objet (U, s)
de $\widetilde{\mathsf{S}}$ un morphisme uniquement déterminé

$$\widetilde{u}(U, s) : \overline{\varphi}^*(U, s) \to \overline{\psi}^*(U, s)$$

qui satisfasse aux conditions de commutativité voulues.

Corollaire (1.10). Avec les notations de (1.7), la composition avec π
induit une équivalence de catégories

$$\mathrm{Hom}_{\mathfrak{Top\ an\ loc}}\big((\mathsf{Y}, B), (\widetilde{\mathsf{X}}, \widetilde{A})\big) \to \mathrm{Hom}_{\mathfrak{Top\ an}}\big((\mathsf{Y}, B), (\mathsf{X}, A)\big) \ .$$

(1.11) *Fonctorialité*
Pour tout $(\mathsf{X}, A) \in \mathrm{Ob}\ \mathfrak{Top\ an}$, choisissons un couple

$$\{(\widetilde{\mathsf{X}}, \widetilde{A}), \pi_{(\mathsf{X}, A)} : (\widetilde{\mathsf{X}}, \widetilde{A}) \to (\mathsf{X}, A)\}$$

comme précédemment. A toute 1-flèche de $\mathfrak{Top\ an}$

$$h : (\mathsf{Y}, B) \to (\mathsf{X}, A)$$

est associé le couple $(\widetilde{h}, \varepsilon_h)$ où

$$\widetilde{h} : (\widetilde{\mathsf{Y}}, \widetilde{B}) \to (\widetilde{\mathsf{X}}, \widetilde{A})$$

est un morphisme admissible et où

$$\varepsilon_h : h \circ \pi_{(Y, B)} \xrightarrow{\sim} \pi_{(X, A)} \circ \widetilde{h}$$

est un 2-isomorphisme. Le couple $(\widetilde{h}, \varepsilon_h)$ est déterminé à un isomorphisme près.

Si pour toute 1-flèche h de $\mathfrak{Top\ an}$, nous choisissons le couple $(\widetilde{h}, \varepsilon_h)$, d'après la propriété d'unicité indiquée, pour tout couple de 1-flèches composables de $\mathfrak{Top\ an}$

$$h : (Y, B) \to (X, A) , \qquad k : (Z, C) \to (Y, B) ,$$

· il existe un isomorphisme unique

$$(1.11.1) \qquad\qquad \alpha_{h, k} : (h \circ k)^{\sim} \to \widetilde{h} \circ \widetilde{k}$$

compatible avec ε_h, ε_k, $\varepsilon_{h \circ k}$.

De plus à toute 2-flèche

$$u : h_1 \to h_2 , \qquad h_1, h_2 : (Y, B) \to (X, A)$$

est associée une 2-flèche unique

$$\widetilde{u} : \widetilde{h_1} \to \widetilde{h_2}$$

qui rende commutatif le diagramme

$$
\begin{array}{ccc}
\pi_{(X, A)} \circ \widetilde{h_1} & \xrightarrow{\ \pi_{(X, A)} \circ \widetilde{u}\ } & \pi_{(X, A)} \circ \widetilde{h_2} \\[2mm]
\Big\uparrow{\varepsilon\, h_1} & & \Big\uparrow{\varepsilon\, h_2} \\[2mm]
h_1 & \xrightarrow{\quad u \quad} & h_2
\end{array}
$$

Les applications

$$(1.11.2) \qquad\qquad
\begin{cases}
(X, A) \mapsto (\widetilde{X}, \widetilde{A}) \\[2mm]
\quad h \mapsto \widetilde{h} \\[2mm]
\quad u \mapsto \widetilde{u}
\end{cases}
$$

et les isomorphismes $\alpha_{h, k}$ (1.11.1) définissent un 2-foncteur

$$(1.11.3) \qquad\qquad \mathbf{Spec} : \mathfrak{Top\ an} \to \mathfrak{Top\ an\ loc} .$$

Par ailleurs les morphismes de projection

$$\pi_{(X, A)} : (\widetilde{X}, \widetilde{A}) \to (X, A)$$

et l'application

$$h \mapsto \varepsilon_h : h \circ \pi_{(Y, B)} \xrightarrow{\sim} \pi_{(X, A)} \circ \widetilde{h}$$

définissent un morphisme de 2-foncteurs

$$(1.11.4) \qquad \pi : \mathsf{i} \circ \mathsf{Spec} \to \mathsf{id}_{\mathfrak{Top\,an}} \,.$$

Le corollaire (1.10) exprime alors que le morphisme π fait du 2-foncteur Spec un 2-adjoint à droite de i, ce qui démontre le théorème (1.1). $\square$

2. Les points du spectre

Proposition (2.1). *Soient* (X, A) *un $\mathcal{U}$-topos annelé et* $(\widetilde{\mathsf{X}}, \widetilde{A})$ *son spectre ; soit x un point de X associé à un foncteur fibre ξ et soit $\widetilde{x}$ un point de $\widetilde{\mathsf{X}}$ au-dessus de x, associé au foncteur fibre $\overline{\xi}$. Alors $\widetilde{x}$ s'identifie de façon naturelle à un point $\mathfrak{p}$ de $\operatorname{Spec} A_\xi$ et l'anneau $\widetilde{A}_{\widetilde{x}}$ est isomorphe au localisé $(A_\xi)_{\mathfrak{p}}$.*

Démonstration. Il résulte de la définition du spectre que le morphisme

$$\widetilde{\xi} : (\mathsf{Ens}, \widetilde{A}_{\widetilde{x}}) \to (\widetilde{\mathsf{X}}, \widetilde{A})$$

se factorise par un morphisme admissible

$$\widetilde{\xi}' : (\mathsf{Ens}, \widetilde{A}_{\widetilde{x}}) \to \mathsf{Spec}(\mathsf{Ens}, A_\xi) \,.$$

On est donc ramené au cas où X est le $\mathcal{U}$-topos Ens et où A est un anneau de Ens. Mais on a alors le résultat :

Proposition (2.2). *Soit A un anneau de $\mathcal{U}$-Ens, le $\mathcal{U}$-topos annelé $\mathsf{Spec}(\mathsf{Ens}, A)$ est alors équivalent au $\mathcal{U}$-topos annelé associé au schéma affine* $(\operatorname{Spec} A, \widetilde{A})$.

Démonstration. On prend pour site de définition S de Ens le site de ses ouverts (réduit à deux éléments, un objet initial et un objet final) et le site S est alors isomorphe au site des ouverts affines spéciaux de $\operatorname{Spec} A$ de la forme Ds, où $s \in A$; d'où le résultat. $\square$

(2.3) On peut résoudre dans la catégorie des espaces annelés un problème universel analogue à celui posé au chapitre 1, c'est-à-dire à tout espace annelé (E, A) associer de façon universelle, un couple formé d'un espace annelé en anneaux locaux $(\widetilde{E}, \widetilde{A})$ et d'un morphisme d'-espaces annelés

$$p : (\widetilde{E}, \widetilde{A}) \to (E, A) \,.$$

Si X est le $\mathcal{U}$-topos associé à E, on devra ensuite comparer le $\mathcal{U}$-topos annelé associé à $(\widetilde{E}, \widetilde{A})$ et le spectre de (X, A). Nous laissons à titre d'exercice le détail des démonstrations des deux propositions suivantes :

Proposition (2.4). (C. Chevalley). *Le foncteur d'inclusion*

$$i : \text{top an loc} \to \text{top an}$$

adment un adjoint à droite.

Indication. Soit (E, A) un espace annelé. On prend pour $\widetilde{E}$ l'espace obtenu en munissant l'ensemble $\coprod_{x \in E} \operatorname{Spec} A_x$ de la topologie engendrée par les ouverts $\langle U, s \rangle$, où U est un ouvert de E et $s \in A(U)$, du type suivant : $\langle U, s \rangle = \{(x, \mathfrak{p}), \ x \in U, \ \mathfrak{p} \in \operatorname{Spec} A_x, \ s_x \notin \mathfrak{p}\}$. Le faisceau $\widetilde{A}$ est alors le faisceau associé au préfaisceau $\langle U, s \rangle \mapsto A(U) \, [1/s]$. $\quad\square$

Proposition (2.5). *Soit* spec *le foncteur adjoint à droite de i (2.4) et soit* t *le 2-foncteur «topos annelé associé à un espace annelé», le morphisme admissible naturel des 2-foncteurs*

$$\mathsf{t} \circ \text{spec} \to \mathsf{Spec} \circ \mathsf{t}$$

est une équivalence de 2-foncteurs.

Indication. Si on prend pour site S de définition de X le site des ouverts de E, le site $\widetilde{\mathsf{S}}$ de définition de $\widetilde{\mathsf{X}}$ est un site d'ouverts et le morphisme $\mathsf{t}\, \widetilde{E} \to \widetilde{\mathsf{X}}$ est induit par le morphisme de sites $(U, s) \mapsto \langle U, s \rangle$. Pour montrer que les deux sites de définition de $\mathsf{t}\, \widetilde{E}$ et de $\widetilde{\mathsf{X}}$ qui sont des sites d'ouverts, sont isomorphes il suffit de montrer que les points de $\widetilde{E}$ séparent les ouverts de $\widetilde{\mathsf{X}}$ qui sont de la forme (U, s).

Remarque (2.6). Il est intéressant de se demander quand on a résolu un problème universel dans la 2-catégorie $\mathfrak{Top}$ an si on ne peut pas en déduire un résultat analogue dans la catégorie **top an** par application d'un 2-foncteur «esp-an» (espace annelé associé) qui vérifierait une propriété d'adjonction analogue à celle du 2-foncteur esp (II 2.6.4) et si par exemple on ne pourrait pas déduire la proposition (2.4) de (1.1). Or soient

$$f = (\varphi, \theta) \, , \qquad g = (\psi, \eta) : (\mathsf{Y}, B) \to (\mathsf{X}, A)$$

deux morphismes de $\mathfrak{Top}$ an et soit $u : f \to g$ un isomorphisme, défini par $u^* : \varphi^* \to \psi^*$ tel que $\eta = \theta \circ u^* A$. Soient $\varphi_0 = \text{esp } \varphi$, $\psi_0 = \text{esp } \psi$. On a bien $\varphi_0 = \psi_0$ mais si $u^* A$ n'est pas l'identité on n'a pas en général $\eta = \theta$. On peut donc en réalité définir seulement un foncteur

$$\text{esp-an} : (\mathfrak{Top} \text{ an})' \to (\text{top an})' \, ,$$

où $(\text{top an})'$ se déduit de la catégorie **top an** par passage aux classes d'isomorphismes sur les faisceaux structuraux. Et à toute solution de problème universel dans $\mathfrak{Top}$ an est donc associée une solution d'un problème universel analogue dans $(\text{top an})'$. Le résultat (2.4) est donc plus fort que ce qu'on obtiendrait par application d'une telle méthode.

(2.7) Soit A un anneau de $\mathcal{U}$-**Ens**, on notera plus simplement

$$(2.7.1) \qquad\qquad \textbf{Spec } A$$

le $\mathcal{U}$-topos annelé **Spec**(**Ens**, A), équivalent au $\mathcal{U}$-topos annelé associé au schéma affine Spec A.

Soit $(\mathbf{X}, \mathcal{O}_\mathbf{X})$ un $\mathcal{U}$-topos annelé en anneaux locaux. Le morphisme canonique

$$(\mathbf{X}, \mathcal{O}_\mathbf{X}) \to \big(\textbf{Ens}, \Gamma(\mathcal{O}_\mathbf{X})\big)$$

se factorise par un morphisme admissible

$$(2.7.2) \qquad\qquad (\mathbf{X}, \mathcal{O}_\mathbf{X}) \to \textbf{Spec } \Gamma(\mathcal{O}_\mathbf{X}) \ .$$

En particulier si $(\mathbf{X}, A)$ est un $\mathcal{U}$-topos annelé, on a un morphisme admissible naturel de $\mathcal{U}$-topos annelés

$$(2.7.3) \qquad\qquad \textbf{Spec}(\mathbf{X}, A) \to \textbf{Spec } \Gamma(A) \ .$$

3. Localisation

(3.1) Soit $(\mathbf{X}, A)$ un $\mathcal{U}$-topos annelé et soit $\mathbf{E} = (\mathbf{S}, J)$ un site standard de définition de $\mathbf{X}$. Alors $\widetilde{\mathbf{E}} = (\widetilde{\mathbf{S}}, \widetilde{J})$ est un site de définition de **Spec** $(\mathbf{X}, A)$. Désignons alors pour $(U, s) \in \mathrm{Ob}\ \widetilde{\mathbf{S}}$ par

$$(3.1.1) \qquad\qquad A_{(U, s)}$$

le faisceau d'anneaux sur $\mathbf{X}/U$ associé au préfaisceau sur $\mathbf{S}/U$ qui, à $\varphi : V \to U$, fait correspondre l'anneau $\bar{A}(V, s_\varphi)$. Le faisceau $A_{(U, s)}$ est le *localisé par rapport à s de la restriction A_U de A à $\mathbf{X}/U$.*

Par ailleurs, la restriction du morphisme $\pi_{(\mathbf{X}, A)}$

$$(3.1.2) \qquad \pi_{(\mathbf{X}, A)}/(U, s) : \big(\widetilde{\mathbf{X}}/(U, s), \widetilde{A}/(U, s)\big) \to (\mathbf{X}/U, A/U)$$

se factorise en un morphisme

$$(3.1.3) \qquad \varrho_{(U, s)} : \big(\widetilde{\mathbf{X}}/(U, s), \widetilde{A}/(U, s)\big) \to (\mathbf{X}/U, A(U, s))$$

et définit donc un morphisme admissible

$$(3.1.4) \qquad \widetilde{\varrho}_{(U, s)} : \big(\widetilde{\mathbf{X}}/(U, s), \widetilde{A}(U, s)\big) \to \textbf{Spec}(\mathbf{X}/U, A_{(U, s)}) \ .$$

Proposition (3.2). *Le morphisme $\widetilde{\varrho}_{(U, s)}$ de (3.1.4) est une équivalence de $\mathcal{U}$-topos annelés.*

Démonstration. Il résulte aussitôt de la définition de $\widetilde{\mathbf{S}}$ qu'on a un isomorphisme naturel

$$\widetilde{\mathbf{S}}/(U, 1) \to (\mathbf{S}/U)^\sim$$

et par suite que

$$\tilde{\varrho}_{(U,\,1)} : \left(\widetilde{\mathsf{X}}/(U,\,1),\ \tilde{A}/(U,\,1)\right) \to \mathsf{Spec}(\mathsf{X}/U,\,A/U)$$

est une équivalence de $\mathcal{U}$-topos annelés. On est donc ramené au cas où U est un objet final. Par composition avec $\pi_{(\mathsf{X}/U,\,A/U)}$, on en déduit donc, pour tout $\mathcal{U}$-topos annelé en anneaux locaux $(\mathsf{T},\,\mathcal{O}_\mathsf{T})$, une équivalence de catégories

$$\alpha_\pi : \mathsf{Hom}_{\mathfrak{Top\ an\ loc}}\left((\mathsf{T},\,\mathcal{O}_\mathsf{T}),\ \left(\widetilde{\mathsf{X}}/(U,\,1),\ \tilde{A}/(U,\,1)\right)\right) \to$$

$$\to \mathsf{Hom}_{\mathfrak{Top\ an}}\left((\mathsf{T},\,\mathcal{O}_\mathsf{T}),\ (\mathsf{X}/U,\,A/U)\right)$$

Mais α_π induit une équivalence de la sous-catégorie pleine $\widetilde{\mathsf{C}}(\mathsf{T},\,s)$ de la première catégorie dont les objets sont les morphismes

$$g = (\psi,\,\eta) : (\mathsf{T},\,\mathcal{O}_\mathsf{T}) \to \left(\widetilde{\mathsf{X}}/(U,\,1),\ \tilde{A}/(U,\,1)\right)$$

pour lesquels $\eta(U,\,1)\,(s)$ est inversible dans $\Gamma(\mathsf{T},\,\mathcal{O}_\mathsf{T})$ dans la sous-catégorie pleine $\mathsf{C}(\mathsf{T},\,s)$ de la deuxième dont les objets sont les morphismes

$$f = (\varphi,\,\theta) : (\mathsf{T},\,\mathcal{O}_\mathsf{T}) \to (\mathsf{X}/U,\,A/U)$$

pour lesquels $\theta(U)\,(s)$ est inversible dans $\Gamma(\mathsf{T},\,\mathcal{O}_\mathsf{T})$. Or il est immédiat que $\widetilde{\mathsf{C}}(\mathsf{T},\,s)$ et $\mathsf{C}(\mathsf{T},\,s)$ sont respectivement équivalentes à

$$\mathsf{Hom}_{\mathfrak{Top\ an\ loc}}\left((\mathsf{T},\,\mathcal{O}_\mathsf{T}),\ (\widetilde{X}/(U,\,s),\ \tilde{A}/(U,\,s))\right) \ \text{et}$$

$\mathsf{Hom}_{\mathfrak{Top\ an}}\left((\mathsf{T},\,\mathcal{O}_\mathsf{T}),\ (\mathsf{X}/U,\,A_{(U,\,s)})\right)$, la restriction de α_π à $\widetilde{\mathsf{C}}(\mathsf{T},\,s)$ étant

alors identifiée au foncteur de composition avec le morphisme naturel

$$\pi_{(U,\,s)} : \left(\widetilde{\mathsf{X}}/(U,\,s),\ \tilde{A}(U,\,s)\right) \to (\mathsf{X}/U,\,A_{(U,\,s)})\,,$$

d'où le résultat. $\square$

Proposition (3.3). *Soient $f : (\mathsf{X}',\,\mathcal{O}_{\mathsf{X}'}) \to (\mathsf{X},\,\mathcal{O}_\mathsf{X})$ un morphisme de $\mathcal{U}$-topos annelés, A une $\mathcal{O}_\mathsf{X}$-algèbre et A' la $\mathcal{O}_{\mathsf{X}'}$-algèbre image réciproque de A par f. Le diagramme*

$$
\begin{array}{ccc}
\mathsf{Spec}(\mathsf{X}',\,A') & \to & \mathsf{Spec}(\mathsf{X},\,A) \\
\downarrow & \nearrow & \downarrow \\
\mathsf{Spec}(\mathsf{X}',\,\mathcal{O}_{\mathsf{X}'}) & \to & \mathsf{Spec}(\mathsf{X},\,\mathcal{O}_\mathsf{X})
\end{array}
$$

est alors 2-cartésien dans $\mathfrak{Top\ an\ loc}$.

Démonstration. La propriété résulte de ce que le diagramme

$$
\begin{array}{ccc}
(\mathbf{X'}, A') & \longrightarrow & (\mathbf{X}, A) \\
\downarrow & & \downarrow \\
(\mathbf{X'}, \mathcal{O}_{\mathbf{X'}}) & \longrightarrow & (\mathbf{X}, \mathcal{O}_{\mathbf{X}})
\end{array}
$$

est 2-cartésien dans $\mathfrak{Top}$ $\mathfrak{an}$ et de ce que le 2-foncteur **Spec** est un 2-adjoint à droite.

Corollaire (3.4). Soient $(\mathbf{X}, \mathcal{O}_{\mathbf{X}})$ un $\mathcal{U}$-topos annelé, A une $\mathcal{O}_{\mathbf{X}}$-algèbre et $U \in \mathrm{Ob}\ \mathbf{X}$. Soit $f : \mathbf{Spec}(\mathbf{X}, A) \to (\mathbf{X}, \mathcal{O}_{\mathbf{X}})$ le morphisme canonique alors le diagramme

$$
\begin{array}{ccc}
\mathbf{Spec}(\mathbf{X}, A)/f^*(U) & \longrightarrow & \mathbf{Spec}(\mathbf{X}, A) \\
\downarrow & & \downarrow \\
\mathbf{Spec}(\mathbf{X}/U, \mathcal{O}_{\mathbf{X}/U}) & \longrightarrow & \mathbf{Spec}(\mathbf{X}, \mathcal{O}_{\mathbf{X}})
\end{array}
$$

est 2-cartésien dans $\mathfrak{Top}$ $\mathfrak{an}$ $\mathfrak{loc}$.

4. Image réciproque d'un A-module sur Spec $(\mathbf{X}, A)$

(4.1) Soit $(\mathbf{X}, A)$ un $\mathcal{U}$-topos annelé et soit M un A-module. On désigne par $\widetilde{M}$ le $\widetilde{A}$-module image réciproque de M par $\pi_{(\mathbf{X}, A)}$ (1.6)

$$(4.1.1) \qquad\qquad \widetilde{M} = M \otimes_A \widetilde{A} \ .$$

Soit $\mathbf{E} = (\mathbf{S}, J)$ un site de définition de $\mathbf{X}$. Le faisceau $\widetilde{M}$ est alors isomorphe au faisceau associé au préfaisceau $\overline{M}$ sur $\widetilde{\mathbf{E}} = (\widetilde{\mathbf{S}}, \widetilde{J})$ défini par

$$(4.1.2) \qquad\qquad \overline{M}(U, s) = M(U) \otimes_{A(U)} A(U, s) \ .$$

Proposition (4.2). *Le foncteur $M \mapsto \widetilde{M}$ commute aus $\mathcal{U}$-limites inductives, à la formation des produits tensoriels et aux limites projectives finies.*

Démonstration. En effet, la propriété de commuter aux limites projectives finies est vérifiée séparément par les foncteurs $M \mapsto \overline{M}$ où $\overline{M}$ est le préfaisceau (4.1.2) et par le foncteur faisceau associé. Les autres propriétés citées résultent des propriétés des foncteurs image réciproque de modules. $\square$

Corollaire (4.3). Soit $u : M \to N$ un homomorphisme de A-modules. On a les isomorphismes

$$\mathrm{Ker}\ \widetilde{u} \xrightarrow{\sim} (\mathrm{Ker}\ u)^{\sim}\ , \qquad \mathrm{Coker}\ \widetilde{u} \xrightarrow{\sim} (\mathrm{Coker}\ u)^{\sim}\ , \qquad \mathrm{Im}\ \widetilde{u} \xrightarrow{\sim} (\mathrm{Im}\ u)^{\sim}\ .$$

Si M est un A-module quasi-cohérent (*EGA* 0.5.1), $\widetilde{M}$ est un $\widetilde{A}$-module quasi-cohérent.

(4.4) *Définition du préfaisceau M^+ sur $\widetilde{\mathsf{S}}$*

Soient (X, A) un $\mathcal{U}$-topos annelé, M un A-module, $\mathsf{E} = (\mathsf{S}, J)$ un site standard de définition de X. Pour tout $(U, s) \in \mathrm{Ob}\,\mathsf{S}$, soit

$$j_U : \mathsf{X}/U \to \mathsf{X}$$

le morphisme canonique de topos, on désigne par $M_{(U,s)}$ le faisceau sur X/U

$$(4.4.1) \qquad M_{(U,s)} = j_U^*(M) \otimes_{j_U^* A} A_{(U,s)}$$

où $A_{(U,s)}$ est le faisceau d'anneaux défini en (3.1.1). On définit alors un nouveau préfaisceau M^+ sur $\widetilde{\mathsf{E}} = (\widetilde{\mathsf{S}}, \widetilde{J})$

$$(4.4.2) \qquad (U, s) \mapsto M^+(U, s) = \Gamma(M_{(U,s)}) \, .$$

Désignons par

$$(4.4.3) \qquad \alpha : \overline{M} \to M^+$$

l'homomorphisme naturel. Comme pour tout $(U, s) \in \mathrm{Ob}\,\widetilde{\mathsf{S}}$ le préfaisceau sur S/U

$$(4.4.4) \qquad \left(V \xrightarrow{\varphi} U \right) \mapsto M^+(V, s_\varphi)$$

est un faisceau, l'homomorphisme

$$(4.4.5) \qquad \beta : \overline{M} \to \widetilde{M}$$

du préfaisceau dans le faisceau associé se factorise de manière unique par α en un homomorphisme

$$(4.4.6) \qquad \lambda : M^+ \to \widetilde{M} \, .$$

Proposition (4.5). *Pour tout A-module M, le préfaisceau M^+ défini en (4.4.2) est un faisceau et l'homomorphisme λ (4.4.6) est un isomorphisme.*

Démonstration. Supposons prouvé que M^+ est un faisceau, il résulte alors de la propriété de factorisation indiquée en (4.4.5) que M^+ est un faisceau associé à $\overline{M}$ et que λ est un isomorphisme.

Montrons que M^+ est un faisceau. Soit $(U, s) \in \mathrm{Ob}\,\widetilde{\mathsf{S}}$ et soit

$$(4.5.1) \qquad \left\{ (U_\alpha, s_{\alpha,i}) \xrightarrow{\varphi_\alpha} (U, s) \right\}_{i \in I,\, \alpha \in L}$$

une famille de morphismes de S telle que

$$\{ \varphi_\alpha : U_\alpha \to U \}_{\alpha \in L}$$

soit une famille couvrante de S et que, pour tout $\alpha \in L$, I_α soit fini (peut-être vide) et tel que

$$s_{\varphi_\alpha} \in \mathfrak{r}(\{s_{\alpha,i}\}_{i \in I_\alpha}) \ .$$

Comme l'ensemble des familles de ce type est cofinal dans l'ensemble des familles couvrantes de $\widetilde{S}$ il suffit de montrer que l'homomorphisme h

(4.5.2)
$$h : M^+(U, s) \to \mathrm{Ker} \{ \textstyle\prod M^+(U_\alpha, s_{\alpha,i}) \rightrightarrows \prod M^+(U_{\alpha \times_U} U_\beta, s_{\alpha,i} s_{\beta,j}) \}$$

est un isomorphisme.

Montrons d'abord que le préfaisceau M^+ est séparé, c'est-à-dire que h est injectif, ou encore que l'homomorphisme

$$\pi : M^+(U, s) \to \prod_{\alpha, i} M^+(U_\alpha, s_{\alpha,i})$$

est injectif. Or soit $\xi \in M^+(U, s)$ tel que $\pi(\xi) = 0$. Il est équivalent de montrer que $\xi = 0$ ou que sa rectriction ξ_α à $M^+(U_\alpha, s_{\alpha,i})$ est nulle pour tout $\alpha \in L$. On est donc ramené à montrer que

$$\pi : M^+(U, s) \to \prod_{i \in I} M^+(U, s_i)$$

est injectif dans le cas où I est fini et où $s \in \mathfrak{r}(\{s_i\}_{i \in I})$. Si I est vide, s est nilpotent et $M^+(U, s) = 0$. Si $I \neq \emptyset$, soit $\xi \in M^+(U, s)$ tel que $\pi(\xi) = 0$. Quitte à remplacer U par un recouvrement assez fin, on peut supposer que ξ provient d'un élément $\xi_0 \in M(U, s)$ sont la restriction à $M(U, s_i)$ est nulle pour tout $i \in I$. On en déduit qu'il existe un entier n tel que $s_i^n \xi_0 = 0$ pour tout $i \in I$ et donc comme $s \in \mathfrak{r}(\{s_i\})$ qu'il existe un entier m teil que $s^m . \xi_0 = 0$, ξ_0 est donc nul et donc aussi $\xi = 0$.

Montrons alors que h (4.5.2) est un épimorphisme. Soit $(\xi_{\alpha,i}) \in \prod M^+(U_\alpha, s_{\alpha,i})$ un élément du noyau

$$\mathrm{Ker} \{ \textstyle\prod M^+(U_\alpha, s_{\alpha,i}) \rightrightarrows \prod M^+(U_{\alpha \times_U} U_\beta, s_{\alpha,i} s_{\beta,j}) \}$$

l'hypothèse entraine en particulier que les restrictions de ξ_{α,i_1} et ξ_{α,i_2} à $M^+(U_\alpha, s_{\alpha,i_1} s_{\alpha,i_2})$ sont égales pour tout couple $(i_1, i_2) \in I_\alpha \times I_\alpha$. Quitte à remplacer, pour chaque $\alpha \in L$, U_α par un recouvrement convenable et les $s_{\alpha,i}$ par leur restriction on peut supposer que $\xi_{\alpha,i} \in \overline{M}(U_\alpha, s_{\alpha,i})$ et que les restrictions de ξ_{α,i_1} et ξ_{α,i_2} à $\overline{M}(U_\alpha, s_{\alpha,i_1} s_{\alpha,i_2})$ coïncident pour tout $(i_1, i_2) \in I_\alpha \times I_\alpha$. Dans ces conditions on sait qu'il existe un unique élément $\xi_\alpha \in \overline{M}(U_\alpha, s_{\varphi_\alpha})$ dont la restriction coïncide avec $\xi_{\alpha,i}$ pour tout $i \in I$ (cf. *EGA* I 1.3.7). On obtient alors une famille

$$\{\xi_\alpha\}_{\alpha \in L}, \qquad \xi_\alpha \in \overline{M}(U_\alpha, s_{\varphi_\alpha}),$$

qui vérifie de plus pour tout $(\alpha, \beta) \in L \times L$

$$\xi_\alpha | U_{\alpha \times_U} U_\beta = \xi_\beta | U_{\alpha \times_U} U_\beta$$

comme il résulte de la commutativité du diagramme

$$\begin{array}{ccc}
\overline{M}(U_\alpha, s_{\varphi_\alpha}) & \longrightarrow & \overline{M}(U_\alpha, s_{\alpha, i}) \\
\downarrow & & \downarrow \\
M^+(U_{\alpha \times_U} U_\beta, s_{\varphi_\alpha \beta}) & \longrightarrow & M^+(U_{\alpha \times_U} U_\beta, s_{\alpha, i} s_{\beta, j}) \\
\uparrow & & \uparrow \\
\overline{M}(U_\beta, s_{\varphi_\beta}) & \longrightarrow & \overline{M}(U_\beta, s_{\beta, j}) \, ,
\end{array}$$

du fait que le préfaisceau M^+ est séparé et que la famille

$$\{(U_{\alpha \times_U} U_\beta, s_{\alpha, i} s_{\beta, j}) \to (U_{\alpha \times_U} U_\beta, s_{\varphi_\alpha \beta})\}_{i \in I_\alpha, \, j \in I_\beta}$$

est couvrante.

Comme $M_{(U, s)}$ est un faisceau, les sections ξ_α se recollent en une section ξ de $M^+(U, s) = \Gamma(M_{(U, s)})$, d'où le résultat. $\square$

Corollaire (4.6). Pour tout A-module M, l'homomorphisme canonique

$$\gamma : M \to \pi_* \widetilde{M}$$

est un isomorphisme.

Corollaire (4.7). Le foncteur $M \mapsto \widetilde{M}$ est un foncteur pleinement fidèle de la catégorie des A-modules dans la catégorie des $\widetilde{A}$-modules.

Démonstration. Pour tout $U \in \mathrm{Ob}\, S$ le faisceau $M_{(U, 1)}$ est isomorphe au faisceau $j_U^*(M)$ et par suite

$$\lambda(U) : M(U) \to M^+(U, 1)$$

est un isomorphisme, ce qui démontre (4.6). Le corollaire (4.7) en est une conséquence immédiate puisque π_* est un foncteur quasi-inverse à gauche du foncteur $M \mapsto \widetilde{M}$. $\square$

Corollaire (4.8). La catégorie des $\widetilde{A}$-modules qui sont isomorphes à l'image réciproque par $\pi_{(X, A)}$ d'un A-module est une sous-catégorie de la catégorie des $\widetilde{A}$-modules, stable par noyaux, conoyaux et images (donc abélienne), équivalente par les foncteurs quasi-inverses $M \mapsto \widetilde{M}$ et π_* à la catégorie des A-modules.

Corollaire (4.9). Soit $\mathbf{X}$ un $\mathcal{U}$-topos et soit $\mathsf{An}\, \mathbf{X}$ la catégorie des anneaux de $\mathbf{X}$. Le 2-foncteur

$$\mathsf{An}\, \mathbf{X} \to \mathfrak{Top}\, \mathfrak{an}\, \mathfrak{loc}/(\mathbf{X}, \mathbf{Z})$$

où $\mathfrak{Top}$ $\mathfrak{an}$ $\mathfrak{loc}/(\mathsf{X}, \mathbf{Z})$ désigne la 2-catégorie des $\mathcal{U}$-topos annelés en anneaux locaux $(\mathsf{T}, \mathcal{O}_\mathsf{T})$, munis d'un morphisme de $\mathcal{U}$-topos annelés $\pi : (\mathsf{T}, \mathcal{O}_\mathsf{T}) \to (\mathsf{X}, \mathbf{Z})$, défini par

$$A \mapsto \{\pi : \mathsf{Spec}\,(\mathsf{X}, A) \to (\mathsf{X}, \mathbf{Z})\}\,,$$

admet un 2-foncteur quasi-inverse à gauche

$$\{\pi : (\mathsf{T}, \mathcal{O}_\mathsf{T}) \to (\mathsf{X}, \mathbf{Z})\} \mapsto \pi_* \,\mathcal{O}_\mathsf{T}\,;$$

c'est donc un 2-foncteur 2-fidèle, c'est-à-dire que pour tout couple A, B d'anneaux de X le foncteur naturel

$$\mathsf{Cat}(\mathrm{Hom}_{\mathsf{An}\,\mathsf{X}}(A, B)) \to \mathsf{Hom}_{\mathfrak{Top}\,\mathfrak{an}\,\mathfrak{loc}/(\mathsf{X}, \mathbf{Z})}\,(\mathsf{Spec}(\mathsf{X}, B), \mathsf{Spec}(\mathsf{X}, A))$$

est une équivalence de catégories.

Corollaire (4.10). Soient X un $\mathcal{U}$-topos, $\theta : A \to B$ un homomorphisme de faisceaux d'anneaux de X auquel est associé le morphisme admissible

$$f = (\overline{\varphi}, \overline{\theta}) : \mathsf{Spec}(\mathsf{X}, B) \to \mathsf{Spec}(\mathsf{X}, A)\,.$$

Soit de plus M un B-module. On désigne par $\widetilde{M}_B$ (resp $\widetilde{M}_A$) l'image réciproque du B-module M (resp. du A-module $M_{[\theta]}$) sur $\mathsf{Spec}(\mathsf{X}, B)$ (resp. sur $\mathsf{Spec}(\mathsf{X}, A)$). Il existe alors un isomorphisme canonique

$$\mu : \widetilde{M}_A \xrightarrow{\sim} f_* \,\widetilde{M}_B\,.$$

Démonstration. Par définition du A-module $M_{[\theta]}$, pour tout $(U, s) \in$ $\in \mathrm{Ob}\,\mathsf{S}$, on a $\overline{M}_{[\theta]}(U, s) = \overline{M}(U, \theta(s))$, on en déduit un homomorphisme $\mu : \widetilde{M}_A \to f_* \,\widetilde{M}_B$. Mais les deux faisceaux de A/U-modules $(M_{[\theta]})_{(U, s)}$ et $M_{(U, \theta(s))}$ (4.4.1) sont isomorphes et l'homomorphisme naturel

$$\mu^+(U, s) : M^+_{[\theta]}(U, s) \to M^+\big(U, \theta(s)\big)$$

est un isomorphisme; en utilisant (4.5) on voit que μ est un isomorphisme.

Proposition (4.11). *Soit* (X, A) *un $\mathcal{U}$-topos annelé et soit $\mathcal{M}$ un $\widetilde{A}$-module. Soit* $\mathsf{E} = (\mathsf{S}, J)$ *un site standard de définition de* X. *Pour tout* $(U, s) \in$ $\in \mathrm{Ob}\,\mathsf{S}$, *on a* (3.1.4) *un morphisme*

$$\varrho_{(U, s)} : (\widetilde{\mathsf{X}}, \widetilde{A})/(U, s) \to (\mathsf{X}\,/U, A_{(U, s)})\,.$$

Les propriétés suivantes sont alors équivalentes.

i) *Il existe un A-module M tel que $\mathcal{M}$ soit isomorphe à $\widetilde{M}$.*

ii) *Pour tout* $(U, s) \in \mathrm{Ob}\,\mathsf{S}$, *il existe un $A_{(U, s)}$-module $M_{(U, s)}$ tel que $\mathcal{M}_{(U, s)}$ soit isomorphe à* $M_{(U, s)} \otimes_{A(U, s)} \widetilde{A}_{(U, s)}$.

iii) *Il existe une famille* $\{(U_i, s_i)\}_{i \in I}$ *d'objets de* S *couvrant l'objet final et pour tout* i, *il existe un* $A_{(U_i, s_i)}$-*module* M_i *tel que* $\mathcal{M}/(U_i, s_i)$ *soit isomorphe à* $M_i \otimes_{A_{(U_i, s_i)}} A_{(U_i, s_i)}$.

Démonstration. On a évidemment les implications (i) $\Rightarrow$ (ii) $\Rightarrow$ (iii). Montrons que (iii) $\Rightarrow$ (i). On peut supposer que la famille couvrante de (iii) est du type $(U_\alpha, s_{\alpha, i})_{i \in I_\alpha, \alpha \in L}$ où la famille $(U_\alpha)_{\alpha \in L}$ couvre l'objet final de S et où pour tout α, I_α est fini et l'idéal engendré par les $s_{\alpha, i}$, $i \in I_\alpha$, est $A(U_\alpha)$.

Il faut prouver que l'homomorphisme naturel

$$(\pi_* \, \mathcal{M})^\sim \to \mathcal{M}$$

est un isomorphisme. La question étant locale sur X on est ramené à montrer que (iii) implique (i) dans le cas où la famille couvrante qui intervient dans (iii) est une famille du type

$$\{(e, s_i) \to (e, 1)\}_{i \in I}$$

où e est un objet final de S, où I est fini et où l'idéal engendré par les s_i est l'anneau $\Gamma(A)$. Soient alors pour tout $i \in I$ (resp. pour tout $(i, j) \in$ $\in I \times I$)

$$f_i : (\widetilde{\mathsf{X}}, \tilde{A})/(e, s_i) \to (\widetilde{\mathsf{X}}, \tilde{A}) \ (\text{resp.} f_{ij} : \ (\widetilde{\mathsf{X}}, \tilde{A})/(e, s_i s_j) \to (\widetilde{\mathsf{X}}, \tilde{A}))$$

les morphismes de restriction, et soient

$$\pi_i = \pi_{(\mathsf{X}, A)} \circ f_i \qquad (\text{resp. } \pi_{ij} = \pi_{(\mathsf{X}, A)} \circ f_{ij}) \, ,$$
$$M_i = \pi_{i*} f_i^* \, \mathcal{M} \qquad (\text{resp. } M_{ij} = \pi_{ij*} f_{ij}^* \mathcal{M}) \, .$$

Considérons alors M_i (resp. M_{ij}) comme un A-module et soit $\widetilde{M}_i = M_i \otimes_A \tilde{A}$ (resp. $\widetilde{M}_{ij} = M_{ij} \otimes_A \tilde{A}$); il résulte du corollaire (4.10) qu'on a l'isomorphisme

$$\widetilde{M}_i \to f_{i*} f_i^*$$
$$(\text{resp. } \widetilde{M}_{ij} \to f_{ij*} f_{ij}^* \mathcal{M}) \, .$$

Par ailleurs il est immédiat qu'on a l'isomorphisme

$$\mathcal{M} \xrightarrow{\sim} \mathrm{Ker} \left\{ \prod_{i \in I} f_{i*} f_i^* \, \mathcal{M} \rightrightarrows \prod_{i, j} f_{ij*} f_{ij}^* \mathcal{M} \right\}$$

et donc $\mathcal{M}$ est isomorphe à $M \otimes_A \tilde{A}$ où M est le A-module

$$M \xrightarrow{\sim} \mathrm{Ker} \left\{ \prod_{I \in i} M_i \rightrightarrows \prod_{(i, j)} M_{ij} \right\} \, .$$

Corollaire (4.12). Tout $\tilde{A}$-module quasi-cohérent (*EGA* O 5.1) est isomorphe à l'image réciproque d'un A-module.

Démonstration. Soit $\mathcal{M}$ un $\tilde{A}$-module quasi-cohérent. Il existe une famille couvrant l'objet final de $\tilde{S}$

$$\{(U_i, s_i) \to (e_\mathsf{S}, 1)\}_{i \in I} \, ,$$

et si pour tout i, on désigne par

$$f_i : (\tilde{\mathsf{X}}, \tilde{A})/(U_i, s_i) \to (\tilde{\mathsf{X}}, \tilde{A}) \, ,$$

$$\pi_i : (\mathsf{X}, \tilde{A})/(U_i, s_i) \to (\mathsf{X}/U_i, A_{(U_i, s_i)})$$

les morphismes canoniques, une suite exacte

$$(f_i^* \, \tilde{A})^{(J_1)} \xrightarrow{\ h_i\ } (f_i^* \, \tilde{A})^{(J_2)} \to f_i^* \, \mathcal{M}) \to 0 \, .$$

Mais comme le foncteur $\sim$ est exact et que pour tout i on a les isomorphismes

$$(f_i^* \, \tilde{A})^{(J_1)} \xrightarrow{\sim} f_i^*(\tilde{A}^{(J_1)})$$

et

$$\pi_{i*}(f_i^* \, \tilde{A}^{(J_1)}) \simeq (A_{(U_i, s_i)})^{(J_1)} \, ,$$

soit M_i le $A_{(U_i, s_i)}$-module

$$M_i = \operatorname{Coker} \{ \pi_{i*}(h_i) : A_{(U_i, s_i)}{}^{(J_1)} \to A_{(U_i, s_i)}{}^{(J_2)} \}$$

la restriction $f_i^* \, \mathcal{M}$ de $\mathcal{M}$ à $(\tilde{X}, \tilde{A})/(U_i, s_i)$ est isomorphe à $M_i \otimes_{A_{(U_i, s_i)}} \times\, \times f_i^* \, \tilde{A}$, d'où le résultat.

Remarque (4.13). Si X est le $\mathcal{U}$-topos final **Ens** et si A est un anneau de **Ens**, comme tout A-module est quasi-cohérent, soit $\mathcal{M}$ un $\tilde{A}$-module, il y a équivalence entre les propriétés

    i) $\mathcal{M}$ est quasi-cohérent,

    ii) $\mathcal{M}$ est isomorphe à $(\pi_* \, \mathcal{M})^\sim$.

Dans le cas où (X, A) est un $\mathcal{U}$-topos annelé quelconque, la deuxième propriété est plus forte que la première.

5. Le topos étale d'un topos annelé

Une construction analogue à celle du Spectre permet d'associer à tout $\mathcal{U}$-topos annelé (resp. à tout $\mathcal{U}$-topos annelé en anneaux locaux) (X, A), un $\mathcal{U}$-topos *annelé en anneaux strictement locaux universel* au-dessus de (X, A), que nous appellerons le *topos étale* (resp. le *topos étale strict*) de (X, A). Plus précisément, désignons par

$$\mathfrak{Top\ an\ s\ loc}$$

la sous 2-catégorie pleine de $\mathfrak{Top\ an\ loc}$ dont les objets sont les $\mathcal{U}$-topos annelés en anneaux strictement locaux. On a alors

Théorème (5.1). *Chacun des 2-foncteurs d'inclusion*

$$\mathsf{F}_1 : \mathfrak{Top\ an} \hookrightarrow \mathfrak{Top\ an\ s\ loc}$$

et

$$\tilde{\mathsf{F}}_1 : \mathfrak{Top\ an\ loc} \hookrightarrow \mathfrak{Top\ an\ s\ loc}$$

admet un 2-adoint à droite.

Nous appelons *topos étale* l'adjoint de F_1 et *topos étale strict* l'adjoint de $\tilde{\mathsf{F}}_1$. Nous démontrons le théorème en (5.4).

(5.2) *La catégorie* C_1

Soit (X, A) un $\mathscr{U}$-topos annelé et soit $\mathsf{E} = (\mathsf{C}, J)$ un $\mathscr{U}$-site standard de définition de X. A ces données nous allons associer une nouvelle catégorie C_1 qui est l'analogue de la catégorie $\tilde{\mathsf{C}}$ utilisée pour la construction de $\mathsf{Spec}(\mathsf{X}, A)$ (1.2).

Les objets de C_1 sont les couples (U, P) formés d'un objet U de C et d'un schéma affine étale sur $\mathrm{Spec}\, A(U)$.

Une flèche

$$\varphi : (V, Q) \to (U, P)$$

de C_1 est un couple $\varphi = (u, r)$ formé d'une flèche de C

$$u : V \to U$$

et d'un morphisme de schémas

$$r : Q \to P$$

rendant commutatif le diagramme

$$
\begin{array}{ccc}
Q & \xrightarrow{\ \ r\ \ } & P \\
\downarrow & & \downarrow \\
\mathrm{Spec}\, A(V) & \xrightarrow[\ \ \bar{u}\ \ ]{} & \mathrm{Spec}\, A(U)
\end{array}
$$

où $\bar{u}$ est le morphisme de schémas associé à u.

La catégorie C_1 a des produits fibrés : en effet si $(U_1, P_1) \to (U, P)$, $(U_2, P_2) \to (U, P)$ sont deux flèches de C_1 de même but, désignons par P', P'_1, P'_2 respectivement les images réciproques de P, P_1, P_2 sur $\mathrm{Spec}\, A(U_1 \times_U U_2)$, on a l'isomorphisme

$$(U_1, P_1) \times_{(U, P)} (U_2, P_2) \simeq (U_1 \times_U U_2, P'_1 \times_{P'} P'_2) \ .$$

De plus si e est un objet final de C, l'objet $(e, \Gamma(A))$ est un objet final de C_1.

Lemme (5.3). Soit $f = (\varphi, \theta) : (\mathsf{Y}, B) \to (\mathsf{X}, A)$ un morphisme admissible de $\mathscr{U}$-topos annelés en anneaux locaux. Soit (U, P) un couple formé de $U \in \mathrm{Ob}\ \mathbf{X}$ et d'un $A(U)$-schéma affine de présentation finie P. On suppose que P se factorise par le sous-schéma ouvert $v = \bigcup_{i \in I} D\, s_i$, $s_i \in A(U)$ de $\mathrm{Spec}\ A(U)$. Alors si $P_i = P \otimes_{A(U)} A(U_{s_i})$, la famille

$$\left\{ \varphi^*(U_{s_i}) \xrightarrow{\ \mu_i\ } \varphi^*(U)_{\overline{P}} \right\}_{i \in I}$$

est une famille épimorphique de $\mathbf{Y}$.

Démonstration du lemme. Pour montrer que la famille $\{\mu_i\}$ est une famille épimorphique de $\mathbf{Y}$, il suffit de montrer que pour toute flèche

$$\lambda : V \to \varphi^*(U)_{\overline{P}}$$

de $\mathbf{Y}$, il existe une famille épimorphique

$$\{ V_i \to V \}_{i \in I}$$

telle que pour tout $i \in I$, la restriction λ/V_i se factorise par μ_i. La donnée de λ équivaut à celle d'un couple (l, r) où $l : V \to \varphi^*(U)$ est une flèche de $\mathbf{Y}$ et où r est une section du schéma $\overline{P}$ au-dessus de $\mathrm{Spec}\ B(V)$

$$\mathrm{Spec}\ B(V) \to \mathrm{Spec}\ B\big(\varphi^*(U)\big) \to \mathrm{Spec}\ A(U)\,.$$

L'existence d'une telle section montre que le morphisme de schémas $\mathrm{Spec}\ B(V) \to \mathrm{Spec}\ A(U)$ se factorise aussi par v. Donc si pour tout i, $\overline{s}_i$ désigne l'image de s_i dans $B(V)$, la famille $\{\overline{s}_i\}_{i \in I}$ engendre l'idéal unité de $B(V)$. Comme l'anneau B est local la famille

$$\{ V_{\overline{s}_i} \to V \}_{i \in I}$$

est épimorphique. De plus comme f est admissible, on a

$$\varphi^*(U_{s_i}) \simeq \varphi^*(U)_{\theta.(s_i)}\,,$$

D'où $V_{\overline{s}_i} \to \varphi^*(U)$ se factorise par $\varphi^*(U_{s_i})$, d'où $\lambda|V_{\overline{s}_i}$ se factorise par $\varphi^*(U_{s_i})_{\overline{P}_i}$. $\square$

(5.4) *Démonstration du théorème* (5.1)
Soit $(\mathbf{X}, A)$ un $\mathcal{U}$-topos annelé (resp. annelé en anneaux locaux), nous allons construire un $\mathcal{U}$-topos annelé en anneaux strictement locaux au-dessus de $(\mathbf{X}, A)$

$$\pi_1 : (\mathbf{X}_1, A_1) \to (\mathbf{X}, A)$$

$$(\text{resp.} \quad \widetilde{\pi}_1 : (\widetilde{\mathbf{X}}_1, \widetilde{A}_1) \to (\mathbf{X}, A)$$

avec $\widetilde{\pi}_1$ admissible), *universel.*

(5.4.1) Soit $\mathsf{E} = (\mathsf{C}, J)$ un site standard de définition de X où C est une $\mathscr{U}$-catégorie et où J est une $\mathscr{U}$-topologie sur C, on définit le $\mathscr{U}$-topos X_1 (resp. $\widetilde{\mathsf{X}}_1$) comme associé au $\mathscr{U}$-site $\mathsf{E}_1 = (\mathsf{C}_1, J_1)$ (resp. $\widetilde{\mathsf{E}}_1 = (\mathsf{C}_1, \widetilde{J}_1)$) décrit ci-dessous.

La *catégorie* C_1 est la catégorie définie en (5.2).

La *topologie* J_1 (resp. $\widetilde{J}_1$) : on la définit comme la topologie la moins fine telle que

i) si $\{U_\lambda \to U\}$ est une famille couvrante de C, la famille

$$\{(U_\lambda, \operatorname{Spec} A(U_\lambda)) \to (U, \operatorname{Spec} A(U))\}$$

soit couvrante.

ii) Si $\{P_i \to P\}$ est une famille épimorphique de morphisme de $A(U)$-schémas étales, la famille

$$\{(U, P_i) \to (U, P)\}$$

soit couvrante.

iii) Rien (resp. pour tout $A(U)$-schéma affine étale P qui se factorise par l'ouvert $v = \bigcup_{i \in I} D\, s_i,\ s_i \in A(U)$ de $\operatorname{Spec} A(U)$, la famille

$$\{(U_{s_i}, P_i) \to (U, P)\}_{i \in I}$$

où $P_i = P \otimes_{A(U)} A(U_{s_i})$, soit couvrante).

Remarque (5.4.2). La condition (iii) de (5.4.1) montre qu'on obtient un site équivalent au site $\widetilde{\mathsf{E}}_1$ en remplaçant la catégorie C_1 par la sous-catégorie pleine $\widetilde{\mathsf{C}}_1$ de C_1 dont les objets sont les couples (U, P) où $P \to \operatorname{Spec} A(U)$ est de plus *surjectif*.

(5.4.3) *L'anneau* $\widetilde{A}_1$ (resp. A_1) est l'anneau du $\mathscr{U}$-topos X_1 (resp. $\widetilde{\mathsf{X}}_1$) associé au préfaisceau

$$\bar{A}_1 : (U, P) \mapsto R(P)$$

où $R(P)$ désigne l'anneau structural du schéma affine P.

Proposition (5.4.4). *L'anneau* A_1 *(resp.* $\widetilde{A}_1$*) est un anneau strictement local.*

Démonstration. Comme on passe de E_1 à $\widetilde{\mathsf{E}}_1$ en remplaçant la topologie J_1 par une topologie plus fine, il suffit de montrer que A_1 est strictement local. Il faut pour cela montrer que le foncteur

$$f_{A_1} : \mathsf{S} \to \mathsf{X}_1$$

où S est la catégorie des schémas affines de type fini sur $\mathbf{Z}$ et où $A^{\cdot}_{A_1}$ est le foncteur défini en (III 3.4.5) est continu pour la topologie étale de S. C'est-à-dire, soit

$$\{P_{0_i} \to Y_0\}_{i \in I}$$

une famille finie surjective de morphismes étales de S : notons comme précédemment B_0 et $R(P_{0_i})$ les anneaux respectifs de Y_0 et $R(P_{0_i})$ il faut montrer que

$$\{f^{\cdot}_{A_1}(P_{0_i}) \to f^{\cdot}_{A_1}(Y_0)\}_{i \in I}$$

est une famille épimorphique de $\mathsf{X_1}$. Ou encore soit $(U, P) \in \mathrm{Ob}\, \mathsf{S_1}$ et soit

$$\varphi : B_0 \to A_1(U, P)$$

il faut montrer qu'il existe une famille couvrante de $\mathsf{C_1}$

$$\{(U_\lambda, P_\lambda) \to (U, P)\}_{\lambda \in L}$$

telle que pour tout $\lambda \in L$, la restriction

$$\varphi_\lambda : B_0 \to A_1(U_\lambda, P_\lambda)$$

se factorise par un des $R(P_{0_i})$. Or comme B_0 est de type fini sur $\mathbf{Z}$, on peut, quitte à remplacer (U, P) par les objets d'un recouvrement supposer que φ provient d'un homomorphisme

$$\varphi_0 : B_0 \to R(P) \, .$$

Mais la famille

$$\{(U, P \times_{Y_0} P_{0_i}) \to (U, P)\}_{i \in I}$$

est alors une famille couvrante de $\mathsf{C_1}$ et la restriction de φ_0

$$\varphi_{0_i} : B_0 \to R(P \times_{Y_0} P_{0_i})$$

se factorise par $R(P_{0_i})$, d'où le résultat. $\square$

(5.4.5) *Le morphisme π_1 (resp. $\widetilde{\pi}_1$).*
Soit alors

$$P_{0_1} : \mathsf{E} \to \mathsf{E_1} \quad (\text{resp.}\ \widetilde{p}_{0_1} : \mathsf{E} \to \widetilde{\mathsf{E}}_1)$$

le morphisme de sites défini par

$$p_{0_1}(U) = (U, \mathrm{Spec}\, A(U))$$

$$(\text{resp.}\ \widetilde{p}_{0_1}(U) = (U, \mathrm{Spec}\, A(U)) \, .$$

Il lui est associé le morphisme de $\mathscr{U}$-topos

$$p_1 : \mathsf{X_1} \to \mathsf{X} \quad (\text{resp.}\ \widetilde{p}_1 : \widetilde{\mathsf{X}}_1 \to \mathsf{X}) \, .$$

D'autre par, on a un homomorphisme naturel

$$\varepsilon_1 : A \to p_{1*} A_1 \ (\text{resp. } \tilde{\varepsilon}_1 : A \to \tilde{p}_{1*} \tilde{A}_1)$$

obtenu à partir de l'homomorphisme du préfaisceau $\bar{A}_1$ (5.4.3) dans le faisceau associé en remarquant que

$$\bar{A}_1(U, \operatorname{Spec} A(U)) = A(U) \, .$$

On note alors

$$\pi_1 = (p_1, \varepsilon_1) : (\mathsf{X}_1, A_1) \to (\mathsf{X}, A)$$

$$(\text{resp. } \quad \tilde{\pi}_1 = (\tilde{p}_1, \tilde{\varepsilon}_1) : (\tilde{\mathsf{X}}_1, \tilde{A}_1) \to (\mathsf{X}, A))$$

le morphisme de $\mathscr{U}$-topos annelés correspondant.

Proposition (5.4.6). *Le morphisme $\tilde{\pi}_1$ (5.4.5) est admissible.*

Démonstration. Soient $U \in \mathrm{Ob}\ \mathsf{C}$, $s \in A(U)$, on a alors

$$\tilde{p}_1^*(U_s) \simeq (U_s, \operatorname{Spec} A(U_s)) \, ,$$

$$\tilde{p}_1^*(U)_{\bar{s}} \simeq \left(U, \operatorname{Spec} A(U)\left[\frac{1}{s}\right] \right) ,$$

mais il résulte alors de la condition (5.4.1) (iii) que le monomorphisme

$$\tilde{p}_1^*(U_s) \to \tilde{p}_1^*(U)_{\bar{s}}$$

est un isomorphisme. $\square$

Montrons alors que π_1 (resp. $\tilde{\pi}_1$) donne bien la solution du problème universel.

(5.4.7) *Factorisation d'un morphisme de source un $\mathscr{U}$-topos annelé en anneaux strictement locaux*

Soit

$$f = (\varphi, \theta) : (\mathsf{Y}, B) \to (\mathsf{X}, A)$$

un morphisme de $\mathfrak{Top\ an}$ (resp. de $\mathfrak{Top\ an\ loc}$) de source un $\mathscr{U}$-topos annelé en anneaux strictement locaux. On définit une factorisation (f_1, α) (resp. $(\tilde{f}_1, \tilde{\alpha})$) où

$$f_1 = (\varphi_1, \theta_1) : (\mathsf{Y}, B) \to (\mathsf{X}_1, A_1)$$

$$(\text{resp. } \quad \tilde{f}_1 = (\tilde{\varphi}_1, \tilde{\theta}_1) : (\mathsf{Y}, B) \to (\tilde{\mathsf{X}}_1, \tilde{A}_1))$$

est un morphisme admissible et où

$$\alpha : f \to \pi_1 \circ f_1 \qquad (\text{resp. } \tilde{\alpha} : f \to \tilde{\pi}_1 \circ \tilde{f}_1)$$

est un isomorphisme, comme suit :

Soit $\mathsf{E} = (\mathsf{C}, J)$ un $\mathscr{U}$-site standard de définition de X, alors

$$\varphi_1^* : \mathsf{X}_1 \to \mathsf{Y} \qquad (\text{resp. } \tilde{\varphi}_1^*)$$

est le morphisme de $\mathscr{U}$-topos associé au morphisme de sites

$$\varphi_1^{\cdot} : C_1 \to Y \qquad (\text{resp. } \widetilde{\varphi}_1^{\cdot}) \,,$$

$$(U, P) \mapsto \varphi_1^{\cdot}(U, P) = \varphi^*(U)_{\bar{P}} \qquad (\text{resp. } \widetilde{\varphi}_1^{\cdot}(U, P) = \varphi^*(U)_{\bar{P}}) \,.$$

Comme B est strictement local, le morphisme $\varphi_1^{\cdot}$ est bien un morphisme de sites (resp. grâce au lemme (5.3), on vérifie que $\widetilde{\varphi}_1^{\cdot}$ est bien un morphisme de sites).

D'autre part, on définit

$$\theta_1. : A_1 \to \varphi_{1*} B \qquad (\text{resp. } \widetilde{\theta}_1.)$$

comme l'homomorphisme de faisceaux associé à l'homomorphisme de préfaisceaux

$$(U, P) \mapsto l(U, P) : R(P) \to B\big(\varphi^*(U)_{\bar{P}}\big),$$

et l'isomorphisme

$$\alpha : \varphi^* \to \varphi_1^* \circ \pi_1 \qquad (\text{resp. } \widetilde{\alpha} : \varphi^* \to \widetilde{\varphi}_1^* \circ \widetilde{\pi}_1^*)$$

s'obtient à partir de l'égalité des foncteurs

$$\varphi^{\cdot} = \varphi_1^{\cdot} \circ p_1^{\cdot} \qquad (\text{resp. } \varphi^{\cdot} = \widetilde{\varphi}_1 \circ \widetilde{p}_1^{\cdot}) \,.$$

La propriété que f_1 (resp. $\widetilde{f}_1$) soit admissible résulte du fait, qu'on vérifie facilement, que, avec les notations précédentes, pour tout $s \in R(P)$, si P_s désigne l'ouvert affine de P où s est inversible, (U, P_s) s'identifie avec le plus grand sous-objet de (U, P) sur lequel s est inversible, et on a l'isomorphisme

$$\varphi^*(U)_{\bar{P}_s} \simeq \big(\varphi^*(U)_{\bar{P}}\big)_{\bar{s}} \,.$$

Proposition (5.4.8). (*Unicité de la factorisation*). *Sous les hypothèses de* (5.4.7) *le couple* (f_1, α) *est défini à un 2-isomorphisme unique près.*

Démonstration. Il résulte en effet de la proposition (III 5.2) que pour tout $(U, P) \in \mathrm{Ob}\ C_1$, si on désigne par

$$\varrho_1(U, P) : \varphi_1^*(U, P) \to \varphi^*(U)$$

le morphisme obtenu en composant

$$\varepsilon(U) : \varphi_1^*\big(U, \mathrm{Spec}\, A(U)\big) \to \varphi^*(U)$$

et le morphisme naturel

$$\varphi_1^*(U, P) \to \varphi_1^*\big(U, \mathrm{Spec}\, A(U)\big) \,,$$

et par

$$l_1(U, P) : R(P) \to B\big(\varphi_1^*(U, P)\big)$$

le composé de $\theta_1(U, P)$ et de l'homomorphisme naturel

$$R(P) \to A_1(U, P)\,,$$

au couple $\big(\varrho_1(U, P), l_1(U, P)\big)$ est associé un unique isomorphisme

$$\varphi_1^*(U, P) \to \varphi^*(U)_{\bar{P}}$$

compatible avec $l_1(U, P)$ et $l(U, P)$. D'où le résultat. $\square$

Chapitre V

Schémas relatifs et quasi-schémas relatifs

1. Schémas relatifs sur un $\mathscr{U}$-topos annelé

(1.1) Soit $(\mathsf{S}, \mathscr{O}_\mathsf{S})$ un $\mathscr{U}$-topos annelé. Notons

(1.1.1) $$\Sigma : \mathsf{S} \to \mathfrak{Cat}$$

le 2-foncteur défini par

(1.1.2) $$\Sigma(U) = \mathsf{Sch}_{\Gamma(U,\mathscr{O}_\mathsf{S})}$$

pour $U \in \mathrm{Ob}\,\mathsf{S}$, où $\mathsf{Sch}_{\Gamma(U,\mathscr{O}_\mathsf{S})}$ désigne la catégorie des schémas sur $\mathrm{Spec}\,\Gamma(U, \mathscr{O}_\mathsf{S})$ et pour $\varphi : V \to U$, $\varphi \in \mathrm{Fl}\,\mathsf{S}$

(1.1.3) $$\Sigma(\varphi) : X \mapsto X \otimes_{\Gamma(U,\mathscr{O}_\mathsf{S})} \Gamma(V, \mathscr{O}_\mathsf{S})\,.$$

A ce 2-foncteur est associée une catégorie fibrée sur S qu'on note

(1.1.4) $$\{\Sigma\,;\,(\mathsf{S}, \mathscr{O}_\mathsf{S})\}\,.$$

On désigne alors par

(1.1.5) $$\{\mathsf{Sch}\,;\,(\mathsf{S}, \mathscr{O}_\mathsf{S})\}$$

le champ associé ([8] I 4.1.2) à cette catégorie fibrée.

Définition (1.2). Soit $(\mathsf{S}, \mathscr{O}_\mathsf{S})$ un $\mathscr{U}$-topos annelé et soit e_S l'objet final de S. On appelle *schéma relatif* sur $(\mathsf{S}, \mathscr{O}_\mathsf{S})$ ou $(\mathsf{S}, \mathscr{O}_\mathsf{S})$-*schéma* ou S-*schéma* s'il n'y a pas d'ambiguité, (resp. *morphisme de* $(\mathsf{S}, \mathscr{O}_\mathsf{S})$-*schémas*) un objet (resp. une flèche) de la catégorie fibre du champ $\{\mathsf{Sch}\,;\,(\mathsf{S}, \mathscr{O}_\mathsf{S})\}$ au-dessus de e_S. Une telle catégorie n'est donc définie qu'à équivalence près, nous supposerons que nous en avons choisi une pour tout topos annelé $(\mathsf{S}, \mathscr{O}_\mathsf{S})$, et nous la noterons

(1.2.1) $$\mathsf{Sch}_{(\mathsf{S}, \mathscr{O}_\mathsf{S})} \text{ ou } \mathsf{Sch}_\mathsf{S}\,.$$

Un schéma relatif X sur $(\mathsf{S}, \mathscr{O}_\mathsf{S})$ est donc défini par

(a) une famille $\{U_i\}_{i \in I}$ d'objets de S qui couvre l'objet final de S,

(b) pour tout $i \in I$, un $\Gamma(U_i, \mathscr{O}_\mathsf{S})$-schéma X_i,

(c) pour tout couple $(i, j) \in I \times I$, des isomorphismes des retrictions de X_i et X_j à un recouvrement assez fin de $U_i \times U_j$, ces isomorphismes vérifiant une condition de transitivité sur un recouvrement assez fin de $U_i \times U_j \times U_k$.

Proposition (1.3). *Pour tout $\mathcal{U}$-topos annelé* (S, $\mathcal{O}_\mathsf{S}$), *les limites projectives finies et les sommes directes finies sont représentables dans la catégorie des S-schémas.*

Démonstration. En effet, comme il s'agit de limites projectives et de sommes directes *finies*, par localisation on est ramené à démontrer la proposition dans le cas des schémas ordinaires. $\square$

Exemples (1.4). Nous allons décrire la catégorie $\mathsf{Sch_S}$ dans quelques cas simples.

(1.4.1). (S, $\mathcal{O}_\mathsf{S}$) = (e, A) où e est le $\mathcal{U}$-topos final (e = $\mathcal{U}$-**Ens** muni de la topologie canonique) et A est un anneau de $\mathcal{U}$-**Ens** : la catégorie $\mathsf{Sch_S}$ est alors équivalente à la catégorie Sch_A des schémas sur Spec A.

(1.4.2) (S, $\mathcal{O}_\mathsf{S}$) est le $\mathcal{U}$-topos annelé associé à un préschéma ordinaire $(S_0, \mathcal{O}_{S_0})$ la catégorie $\mathsf{Sch_S}$ est alors équivalente à la catégorie des schémas au-dessus de S_0.

(1.4.3) (S, $\mathcal{O}_\mathsf{S}$) = $\bigl(\mathsf{Top}\,G, (A, \Pi)\bigr)$ où $\mathsf{Top}\,G$ est le $\mathcal{U}$-topos des $\mathcal{U}$-ensembles sur lequel un $\mathcal{U}$-groupe G opère, A est un $\mathcal{U}$-anneau et $\pi : G \to$ $\to$ Aut A est un homomorphisme de groupes : la catégorie $\mathsf{Sch_S}$ est alors équivalente à la catégorie des schémas sur Spec A sur lesquels le groupe G opère de façon compatible avec π.

(1.4.4) (S, $\mathcal{O}_\mathsf{S}$) est le $\mathcal{U}$-topos annelé associé à une topologie τ sur un schéma ordinaire X comprise entre la topologie de Zariski et la topologie fpqc; outre les topologies précédentes on peut prendre pour τ par exemple la topologie fppf et la topologie étale. La catégorie $\mathsf{Sch_S}$ est alors équivalente à la catégorie des foncteurs

$$F : \mathsf{Sch}_X^0 \to \mathsf{Ens}$$

où Sch_X désigne la catégorie des schémas ordinaires sur X, qui vérifient

(a) F est un faisceau pour la topologie τ de Sch_X,

(b) il existe une famille de morphismes de schémas couvrante pour τ telle que, pour tout i, la restriction de F à Sch_{X_i} soit représentable.

On dit encore que F est, localement pour τ, représentable par un schéma ordinaire.

L'équivalence ci-dessus résulte aussitôt de la théorie de la descente [SGA 1 VIII th 5.2] des morphismes de schémas par un morphisme fidèlement plat quasi-compact, qui se traduit ici par la propriété que la 2-catégorie fibrée $\{\Sigma, (\mathsf{S}, \mathcal{O}_\mathsf{S})\}$ *est un 2-préchamp.*

(1.4.5) Soient (S, $\mathcal{O}_\mathsf{S}$) un $\mathcal{U}$-topos annelé, E un $\mathcal{O}_\mathsf{S}$-module localement libre de rang $r + 1$. On sait associer à E une classe de cohomologie

$$\xi_E \in H^1\,(\mathsf{S}, Gl\,(r + 1))$$

où $Gl\,(r+1)$ est le faisceau sur S

$$U \mapsto \mathrm{Aut}_{\Gamma(U,\mathscr{O}_{\mathsf{S}})}\left(\Gamma(U,\mathscr{O}_{\mathsf{S}})^{r+1}\right).$$

Une telle classe ξ_E définie sur un recouvrement $(U_i)_{i\in I}$ de e_{S} permet de recoller dans le champ $\{\mathsf{Sch}\,;\,(\mathsf{S},\,\mathscr{O}_{\mathsf{S}})\}$ les $\Gamma(U_i,\,\mathscr{O}_{\mathsf{S}})$-schémas $\mathbf{P}^r_{\Gamma(U_i,\,\mathscr{O}_{\mathsf{S}})}$ (espace projectif de dimension r), et définit donc à isomorphisme près, un schéma relatif sur S qu'on désigne par $\mathbf{P}(E)$. Nous montrerons au Ch. VII comment on peut généraliser cette construction au cas où E est un $\mathscr{O}_{\mathsf{S}}$-module de présentation finie.

Définition (1.5). Soit $(\mathsf{S},\,\mathscr{O}_S)$ un $\mathscr{U}$-topos annelé et pour tout $U \in \mathrm{Ob}\,\mathsf{S}$ soit

(1.5.1) $$\lambda_U : \mathsf{Sch}_{\Gamma(U,\,\mathscr{O}_{\overline{\mathsf{S}}})} \to \mathsf{Sch}_{(\mathsf{S}/U,\,\mathscr{O}_{\mathsf{S}/U})}$$

le foncteur « restriction à la fibre en U » du foncteur naturel

(1.5.2) $$\lambda : \{\Sigma,\,(\mathsf{S},\,\mathscr{O}_{\mathsf{S}})\} \to \{\mathsf{Sch},\,(\mathsf{S},\,\mathscr{O}_{\mathsf{S}})\}\,.$$

Nous dirons qu'un S/U-schéma X (resp. un morphisme de S/U-schémas f) est associé au $\Gamma(U,\,\mathscr{O}_{\mathsf{S}})$-schéma X_0 (resp. au morphisme f_0 de $\Gamma(U,\,\mathscr{O}_{\mathsf{S}})$-schémas) si X (resp. f) est isomorphe à l'image de X_0 (resp. de f_0) par le foncteur λ_U.

2. Propriétés de morphismes de S-schémas

(2.1) Soit (P) une propriété de morphismes de schémas ordinaires telle que la proposition suivante soit vraie :

Proposition (2.1.1). Soit S un schéma et soit $f : X \to Y$ un morphisme de S-schémas. Alors

(i) si f a la propriété (P), $f_{(S')} : X_{(S')} \to Y_{(S')}$ a la propriété (P) pour toute extension $\varphi : S' \to S$ du schéma de base.

(ii) Soit $(U_i)_{i\in I}$ une famille couvrante d'ouverts de S, pour que f ait la propriété (P) il suffit que, pour tout $i \in I$, la restriction

$$f_{U_i} : X_{U_i} \to Y_{U_i}$$

de f au-dessus de U_i ait la propriété (P).

(2.1.2) On pourra prendre par exemple pour (P) la propriété d'être

(i) une immersion (resp. une immersion ouverte, resp. une immersion fermée),

(ii) quasi-compact.

(iii) quasi-séparé (resp. séparé).

(iv) localement de type fini (resp. localement de présentation finie, resp. de type fini, resp. de présentation finie).

(v) affine.

(vi) propre.

(vii) surjectif.

etc. . .

Remarque (2.1.3). Soit S un schéma. La propriété pour un morphisme de S-schémas d'être quasi-projectif (resp. i projectif) (cf [*EGA* ChII 5.3.1 et 5.5.1]) ne vérifie pas la condition (ii) de (2.1.1). On dira que le morphisme de S-schémas

$$f : X \to Y$$

est *localement quasi-projectif* (resp. *localement projectif*), s'il existe un recouvrement $(U_i)_{i \in I}$ de S tel que la restriction

$$f_{U_i} : X_{U_i} \to Y_{U_i}$$

soit un morphisme quasi-projectif (resp. projectif) pour tout $i \in I$. Pour cette propriété la proposition (2.1.1) est vérifiée.

Définition (2.1.4). Soit $(S, \mathcal{O}_S)$ un $\mathcal{U}$-topos annelé et soit $f : X \to Y$ un morphisme de **S**-schémas. On dit que f *a la propriété* (P), où (P) est une propriété de morphisme de schémas vérifiant (2.1.1) s'il existe une famille couvrante $(U_i)_{i \in I}$ de **S** telle que, pour tout $i \in I$, la restriction à la fibre en U_i

$$f_{U_i} : X_{U_i} \to Y_{U_i}$$

soit associée (1.5) à un morphisme de $\Gamma(U_i, \mathcal{O}_S)$-schémas ayant la propriété (P).

Définition (2.2). Soient $(S, \mathcal{O}_S)$ un $\mathcal{U}$-topos annelé et X un **S**-schéma. Nous dirons de même que X *a la propriété* (P) où (P) est l'une des propriété d'être quasi-compact (resp. quasi-séparé, resp. affine, resp. localement de type fini, etc. . .), si le morphisme naturel de X dans l'objet final de **Sch**$_S$ a la propriété (P).

3. Le 2-foncteur $F_{(S, \mathcal{O}_S)}$

(3.1) Soit $(S, \mathcal{O}_S)$ un $\mathcal{U}$-topos annelé. A tout **S**-schéma, nous allons associer un $\mathcal{U}$-topos annelé en anneaux locaux sur $(S, \mathcal{O}_S)$. Plus précisément, nous allons définir un *2-foncteur cartésien*

$$(3.1.1) \qquad F_{(S, \mathcal{O}_S)} : \{\mathbf{Sch}; (S, \mathcal{O}_S)\} \to \{\mathfrak{Top\ an\ loc}; (S, \mathcal{O}_S)\}$$

qui ne sera pas (1)-*fidèle en général*, mais donc *la restriction au champ des* (S, $\mathcal{O}_S$)-*schémas de présentation finie sera* (2)-*fidèle*, ce qui nous permettra de représenter un S-schéma de présentation finie par un $\mathcal{U}$-topos annelé en anneaux locaux.

(3.2) *Définition de* $F_{(S, \mathcal{O}_S)}$

Pour définir $F_{(S, \mathcal{O}_S)}$ il suffit (I.4.4) de définir un 2-foncteur cartésien

$$(3.2.1) \qquad F'_{(S, \mathcal{O}_S)} : \{\Sigma; (S, \mathcal{O}_S)\} \to \{\mathfrak{Top}\ \mathfrak{an}\ \mathfrak{loc};\ (S, \mathcal{O}_S)\}$$

Soit $U \in$ Ob S, on définit

$$(3.2.2) \qquad F'_U : \mathrm{Sch}_{\Gamma(U, \mathcal{O}_S)} \to \mathfrak{Top}\ \mathfrak{an}\ \mathfrak{loc}/(S/U, \mathcal{O}_{S/U})$$

par le 2-produit fibré

$$(3.2.3) \qquad X_0 \to X_0 \times_{\mathsf{Spec}_{\Gamma(U, \mathcal{O}_S)}} \mathsf{Spec}(S/U, \mathcal{O}_{S/U})$$

où X_0 désigne le $\mathcal{U}$-topos annelé associé à X_0. Il résulte de IV (3.3) que lorsque $X_0 = \mathrm{Spec}\ A$, soit $\mathcal{A} = A \otimes_{\Gamma(U, \mathcal{O}_S)} \mathcal{O}_{S/U}$, on a

$$F'_U (X_0) \simeq \mathsf{Spec}\ (S/U, \mathcal{A})$$

ce qui permet en recouvrant un schéma quelconque par des ouverts affines d'avoir une bonne description de son image.

On complète aussitôt les F'_U en un foncteur fibrant; d'où on déduit le 2-foncteur $F_{(S, \mathcal{O}_S)}$ en passant au champ associé.

Montrons alors les propriétés de fidèlité de $F_{(S, \mathcal{O}_S)}$.

Proposition (3.3). La restriction du 2-foncteur $F_{(S, \mathcal{O}_S)}$ au champ des S-schémas de type fini et quasi-séparés (2.2) est (1)-fidèle.

Démonstration. Il suffit de prouver que, pour tout $U \in$ Ob S et pour tout couple $f : X \to \mathrm{Spec}\ \Gamma(U, \mathcal{O}_S)$, $g : Y \to \mathrm{Spec}\ \Gamma(U, \mathcal{O}_S)$ de $\Gamma(U, \mathcal{O}_S)$-schémas de type fini et quasi-séparés, si on désigne par (X, f'), (Y, g') respectivement les $\mathcal{U}$-topos annelés en anneaux locaux sur $(S/U, \mathcal{O}_{S/U})$ associés à f et g par $F_{(S, \mathcal{O}_S)}$, le foncteur induit par $F_{(S, \mathcal{O}_S)}$

$$(3.3.1) \qquad \varphi : \mathrm{Hom}_{\mathsf{Sch}_{S/U}}(f, g) \to \mathrm{Hom}_{\mathfrak{Top}\ \mathfrak{an}\ \mathfrak{loc}/S/U}(f', g')$$

$$u \mapsto (\widetilde{u}, \varepsilon_U)$$

est (1)-fidèle. Plus généralement, on va montrer que si X est quasi-compact et si Y est un $\Gamma(U, \mathcal{O}_S)$-schéma de type fini et quasi-séparé, φ est (1)-fidèle.

Soient u et $v \in \mathrm{Hom}_{\mathsf{Sch}_{S/U}}(f, g)$ et soient $(\widetilde{u}, \varepsilon_u)$ $(\widetilde{v}, \varepsilon_v)$ leurs images par φ, il faut prouver que, s'il existe une 2-flèche $\varrho : (\widetilde{u}, \varepsilon_u) \to (\widetilde{v}, \varepsilon_v)$, alors on a nécessairement $u = v$ et $\varrho = id_{(\widetilde{u}, \varepsilon_u)}$. La question étant de nature locale sur S, on peut supposer que U est l'objet final de S et que u et v sont des morphismes de $\Gamma(\mathcal{O}_S)$-schémas. Les hypothèses entrainent (*EGA*, IV 1.2.4) que u et v sont des morphismes quasi-compacts.

On va prouver d'abord que la propriété est vraie dans le cas où $X = \operatorname{Spec} A$ et où $Y = \operatorname{Spec} B$ et où B est une $\Gamma(\mathcal{O}_S)$-algèbre de type fini. Soient alors $u_0, v_0 : B \rightrightarrows A$ les homomorphismes de $\Gamma(\mathcal{O}_S)$-algèbres associés à u, v. Soient $\mathcal{A} = A \otimes_{\Gamma(\mathcal{O}_S)} \mathcal{O}_S$ et $\mathcal{B} = B \otimes_{\Gamma(\mathcal{O}_S)} \mathcal{O}_S$ et u', $v' : \mathcal{B} \rightrightarrows \mathcal{A}$ les homomorphismes associés à u, v. Il résulte alors de (IV 4.9) que s'il existe une 2-flèche $\varrho : (\widetilde{u}, \varepsilon_u) \to (\widetilde{v}, \varepsilon_v)$, on a nésessai-rement $u' = v'$ et $\varrho = id_{\widetilde{u}, \varepsilon_u}$. Il suffit alors de voir que $u' = v'$ entraine que $u = v$ dans Sch_S. Ce dernier résultat est une conséquence du lemme suivant :

Lemme (3.3.2). Soient A et B des $\Gamma(\mathcal{O}_S)$-algèbres, et $\mathcal{A}$ et $\mathcal{B}$ les $\mathcal{O}_S$-algèbres qui leurs sont respectivement associés, l'application naturelle

$$\gamma : \operatorname{Hom}_{\mathsf{Sch}_S} (\operatorname{Spec} A, \ \operatorname{Spec} B) \to \operatorname{Hom}_{\mathcal{O}_S-\mathrm{alg}} (\mathcal{B}, \mathcal{A})$$

est *injective* si B est une $\Gamma(\mathcal{O}_S)$-algèbre *de type fini* et *bijective* si B est une $\Gamma(\mathcal{O}_S)$-algèbre *de présentation finie*.

Démonstration du lemme. Notons pour $U \in \operatorname{Ob} \mathsf{S}$ et pour C une $\Gamma(\mathcal{O}_S)$-algèbre, $C(U) = C \otimes_{\Gamma(\mathcal{O}_S)} \Gamma(U, \mathcal{O}_S)$. On a les isomorphismes :

$$\operatorname{Hom}_{\mathcal{O}_{S/U}-\mathrm{alg}} (\mathcal{B}/U, \mathcal{A}/U) \simeq \operatorname{Hom}_{\Gamma(U, \mathcal{O}_S)}\big(B(U), \mathcal{A}(U)\big)$$
$$\simeq \operatorname{Hom}_{\Gamma(U, \mathcal{O}_S)}\big(B, \mathcal{A}(U)\big).$$

D'autre part, $\operatorname{Hom}_{\mathsf{Sch}_S} (\operatorname{Spec} A, \operatorname{Spec} B)$ est isomorphe à la valeur en l'objet final e_S du faisceau associé au-préfaisceau

$$U \mapsto \operatorname{Hom}_{\Gamma(U, \mathcal{O}_S)}\big(B(U), \ A(U)\big) \simeq \operatorname{Hom}_{\Gamma(\mathcal{O}_S)}\big(B, A(U)\big) \, ,$$

et γ s'obtient en passant au faisceau associé dans le morphisme de préfaisceaux

$$c : \operatorname{Hom}_{\Gamma(\mathcal{O}_S)}\big(B, A(.)\big) \to \operatorname{Hom}_{\Gamma(\mathcal{O}_S)}\big(B, \mathcal{A}(.)\big) \, .$$

On en déduit aussitôt (*EGA*, IV 8.8.21) que γ est un monomorphisme (resp. un isomorphisme) si B est une $\Gamma(\mathcal{O}_S)$-algèbre de type fini (resp. de présentation finie).

Montrons alors la proposition (3.3) dans le cas général. Les notations et les hypothèses étant les mêmes que précédemment, on suppose donnée une 2-flèche $\varrho : (\widetilde{u}, \varepsilon_u) \to (\widetilde{v}. \varepsilon_v)$, c'est-à-dire un morphisme de foncteurs $\widetilde{\varphi}^* : \widetilde{u}^* \to \widetilde{v}^*$ qui rende commutatif le diagramme

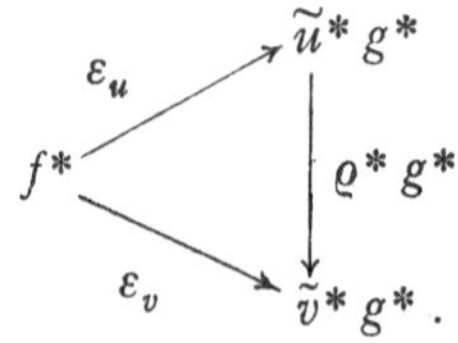

Remarquons qu'on peut supposer X affine. En effet, X est quasi-compact, donc réunion finie d'ouverts affines $(X_i)_{i=1,\dots,n}$. Si pour chaque i, on sait démontrer la propriété pour la restriction de u et v à X_i, on en déduit qu'elle est vraie pour u et v. On supposera donc que $X = \operatorname{Spec} A$.

Soit Y_0 un ouvert affine de type fini de Y et soit $\widetilde{Y}_0$ son image dans Y. Soient $U = u^{-1}(Y_0)$, $V = v^{-1}(Y_0)$. U et V sont des ouverts quasi-compacts de X. Donc il existe des familles finies $\{s_i\}_{i \in I}$, $\{t_j\}_{j \in J}$ d'éléments de A tels que $U = \bigcup_{i \in I} D_{s_i}$, $V = \bigcup_{j \in J} Dt_j$.

Soient $U = \widetilde{u}^* \, \widetilde{Y}_0$, $\widetilde{V} = v^* \, \widetilde{Y}_0,$; $\widetilde{j} = \varrho^*(\widetilde{Y}_0) : \widetilde{U} \to \widetilde{V}$ est nécessairement un monomorphisme. On va prouver qu'il existe une famille $\{S_\alpha\}$ d'objets de S couvrant l'objet final, telle que pour tout α, $\widetilde{j}_{s_\alpha}$ provienne d'une inclusion

$$j_\alpha : U_{S_\alpha} \hookrightarrow V_{S_\alpha}$$

et que $v_{S_\alpha} \circ j_\alpha = u_{S_\alpha}/U_{S_\alpha}$, ce qui montrera que sur S_α, on a $(u/U)_{S_\alpha} = (v/U)_{S_\alpha}$. Recouvrant alors Y qui est quasi-compact par un nombre fini d'ouverts affines, on en déduira que sur un recouvrement (S_α) assez fin de e_S on a $u_{S_\alpha} = v_{S_\alpha}$ et par suite $u = v$ dans Sch_S.

L'hypothèse $\widetilde{U} \subset \widetilde{V}$ montre que pour tout $i \in I$, la famille

$$\{(e_\mathsf{S}, t_j \, s_i) \to (e_\mathsf{S}, s_i)\}_{j \in J}$$

est couvrante dans $\mathsf{Spec}(\mathsf{S}, \mathcal{A})$. Par suite il existe une famille couvrante de S, $\{S_\alpha\}$, telle que

$$s_i/S_\alpha \in \mathfrak{r} \left(\{s_i \, t_j/S_\alpha\}_{j \in J} \right)$$

où $\mathfrak{r}$ désigne le radical dans $\mathcal{A}(S_\alpha)$. Mais comme J est fini, on peut supposer, en remplaçant le recouvrement $\{S_\alpha\}$ par un recouvrement plus fin, que s_i/S_α appartient au radical des $\{s_i \, t_j/S_\alpha\}_{j \in J}$ dans $A(S_\alpha)$. Mais cela signifie que dans X_{S_α} on a l'inclusion $D(s_i/S_\alpha) \subset V_{S_\alpha}$. Comme I est fini, on peut trouver un recouvrement assez fin pour que, pour tout α, on ait $U_{S_\alpha} \subset V_{S_\alpha}$. On peut donc remplacer u et v par leurs restrictions à U, et pour montrer que $u = v$ et que $\widetilde{\varrho} = id_{(\widetilde{u}, \varepsilon_u)}$ on est ramené à le démontrer pour les restrictions $u_i, v_i : Ds_i \to Y_0$ et la restriction $\widetilde{\varrho}_i$ de $\widetilde{\varrho}$ à $\mathsf{X}/(e_\mathsf{S}, s_i)$. On applique alors le lemme (3.3.2).

Proposition (3.4). *La restriction du 2-foncteur* $F_{(S, \mathcal{O}_S)}$ *au champ des S-schémas de présentation finie est (2)-fidèle.*

Démonstration. Avec les notations de (3.3), il faut prouver que le foncteur φ (3.3.1) est (2)-fidèle si f et g sont des morphismes de présentation finie. On va montrer que φ est (2)-fidèle dès que f est quasi-compact et quasi-séparé et que g est de présentation finie. On sait déjà que φ est (1)-fidèle. On va montrer qu'il est essentiellement surjectif. Soit donc $(\mathcal{U}, \eta) : f \to g$, on va prouver qu'il existe un morphisme $u : f \to g$ tel que $(\mathcal{U}, \eta)$ soit isomorphe à $(\widetilde{u}, \varepsilon_u)$. Dans le cas où X et Y sont affines et où l'anneau B de Y est une $\Gamma(\mathcal{O}_S)$-algèbre de présentation finie, la proposition est une conséquence du lemme (3.3.2). On va donc se ramener au cas affine.

D'abord comme X est quasi-compact et quasi-séparé, on peut se ramener au cas où X est affine. En effet, X est réunion finie d'ouverts affines X_i; si on sait montrer que pour tout i, il existe un morphisme $u_i : X_i \to Y$ de Sch_S tel que la restriction $(\mathcal{U}_i, \eta_i)$ de $(\mathcal{U}, \eta)$ à X/X_i' (X_i' désignant encore l'image de X_i dans X) soit isomorphe à $(\widetilde{u}_i, \varepsilon_{u_i})$; pour deux indices distincts, u_{i_1} et u_{i_2} se recollent sur $X_{i_1} \cap X_{i_2}$ qui est quasi-compact (on utilise la proposition (3.3)) et définissent donc un morphisme $u : X \to Y$ de Sch_S tel que $g \circ u = f$. D'autre part, toujours grâce à (3.3), les isomorphismes $(\mathcal{U}_i, \eta_i) \to (\widetilde{u}_i, \varepsilon_{u_i})$ se recollent nécessairement et définissent un isomorphisme $\varrho : (\mathcal{U}, \eta) \to (\widetilde{u}, \varepsilon_u)$.

On peut donc supposer que $X = \operatorname{Spec} A$, où A est une $\Gamma(\mathcal{O}_S)$-algèbre. Soit alors $Y = \bigcup_{j \in J} Y_j$ un recouvrement fini de Y par des ouverts affines dont les anneaux B_j soient des $\Gamma(\mathcal{O}_S)$-algèbres de présentation finie. On désigne par Y_j' l'image de Y_j dans Y et soit $X_j' = U^* Y_j'$. Les X_j' forment un recouvrement ouvert fini de $\mathsf{X} = \mathsf{Spec}(\mathsf{S}, \mathcal{A})$.

D'autre part, chaque X_j' est recouvert par une famille

$$\{(U_{\alpha, j}, s_{\alpha, j}) \to X_j'\}_{\alpha \in I_j}$$

où $U_{\alpha, j} \in \mathrm{Ob}\, \mathsf{S}$ et $s_{\alpha, j} \in \mathcal{A}(U_{\alpha, j})$ et on peut même supposer (en remplaçant $U_{\alpha, j}$ par un recouvrement plus fin) que $s_{\alpha, j} \in A(U_{\alpha, j})$. La famille composée $\{(U_{\alpha, j}, s_{\alpha, j})\}_{\alpha \in I_j,\, j \in J}$ couvre l'objet final de X. On en déduit que la famille $\{U_{\alpha, j}\}_{\alpha \in I_j,\, j \in J}$ couvre e_{S} et qu'il existe un recouvrement plus fin $\{U_\lambda\}_{\lambda \in L}$ tel que si

$$K_\lambda = \coprod_{\alpha, j} \operatorname{Hom}_{\mathsf{S}}(U_\lambda, U_{\alpha, j})$$

l'unité 1_{U_λ} de $\mathcal{A}(U_\lambda)$ appartienne à l'idéal de cet anneau engendré par la famille $\{(s_{\alpha, j})_\varphi\}_{\varphi \in K}$. On en déduit qu'il existe un sous-ensemble fini $K_{0_\lambda} \subset K_\lambda$ et une famille $\{a_\varphi\}_{\varphi \in K_0}$ d'éléments de $\mathcal{A}(U)$ tels que $\sum_{\in K_0} a_\varphi (s_{\alpha, j})_\varphi = 1$. En remplaçant encore $\{U_\lambda\}_{\lambda \in L}$ par un recouvrement plus fin on peut encore supposer que $a_\varphi \in A(U)$ et que l'égalité $\sum_{\varphi \in K_0} a_\varphi (s_{\alpha, j})_\varphi = 1$ a lieu dans $A(U_\lambda)$. La restriction X_{U_λ} de X à S/U_λ est par suite réunion finie des ouverts affines $D(s_{\alpha, j})_\varphi$, $\varphi \in K_0$. Par restriction de $(\mathscr{U}, \eta)$ on obtient $(\mathscr{U}_{\lambda, \varphi}, \eta_{\lambda, \varphi})_{\varphi \in K_0, \lambda \in L}$

$$\mathsf{X}_{U_\lambda}/D(\tilde{s}_{\alpha, j})_\varphi \xrightarrow{\;\;\mathscr{U}_{\lambda, \varphi}\;\;} \mathsf{Y}_{U_\lambda}/(\tilde{Y})_{U_\lambda}$$

$$\underset{\eta_{\lambda, \varphi}}{\searrow} \quad \nearrow \quad \swarrow$$

$$\mathsf{Spec}(\mathsf{S}/U, \mathscr{A}/U_\lambda) \,.$$

On est alors ramené au cas affine et on sait qu'il existe $u_{\lambda, \varphi} : D(s_{\alpha, j})_\varphi \to$
$\to (Y_j)_{U_\lambda}$ de $\mathsf{Sch}_{\mathsf{S}/U_\lambda}$ tel que $(\mathscr{U}_{\lambda, \varphi}, \eta_{\lambda, \varphi})$ soit isomorphe à $(\tilde{u}_{\lambda, \varphi}, \varepsilon_{U_{\lambda, \varphi}})$.
On en déduit en recollant d'abord à j et λ fixés, c'est-à-dire en faisant
varier $\varphi \in K_0$, puis en faisant varier $j \in J$ qui est fini, qu'il existe un
morphisme $u : X \to Y$ de Sch_S tel que $(\mathscr{U}, \eta)$ soit isomorphe à $(\tilde{u}, \varepsilon_u)$.

(3.5) *Nécessité des conditions de finitude*
L'étude de divers schémas sur le même site annelé que nous allons
décrire ci-dessous va nous fournir trois contre-exemples illustrant la
nécessité des conditions suivantes :

1^0) Nécessité dans le lemme (3.3.2) de l'hypothèse que B soit une
$\Gamma(\mathscr{O}_\mathsf{S})$-algèbre de type fini (resp. de présentation finie).

2^0) Nécessité, pour que φ (3.3.1) soit (2)-fidèle, de l'hypothèse que X
soit quasi-compact.

(3.5.1) *Description du topos annelé* $(\mathsf{S}, \mathscr{A})$
On désigne par $\mathbf{N}$ l'ensemble des entiers naturels et par $\overline{\mathbf{N}}$ l'ensemble
$\mathbf{N} \cup \{\infty\}$. Soit $l = (l_1, l_2, \ldots, l_p, \ldots)$ une suite infinie de nombres
premiers distincts. On définit S comme le $\mathscr{U}$-topos associé au site $\mathscr{s}$
suivant :

a) Les objets de $\mathscr{s}$ sont les suites infinies $U = (n_1, n_2, \ldots, n_p, \ldots)$
d'éléments de $\overline{\mathbf{N}}$ dont un nombre fini de termes seulement appartient
à $\mathbf{N}$ (c'est-à-dire $n_p \neq \infty$).

b) $\mathscr{s}$ est muni de la relation d'ordre produit, c'est-à-dire $U = (n_1,$
$n_2, \ldots, n_p, \ldots) < U' = (n'_1, n'_2, \ldots, n'_p, \ldots)$ si $n_p < n'_p$ pour tout p.
$\mathscr{s}$ a un plus grand élément $\omega = (\infty, \infty, \ldots, \infty, \ldots)$, a des bornes
supérieures quelconques et des bornes inférieures finies.

c) la famille $\{U_\lambda < U\}_{\lambda \in L}$ est couvrante si $U = \underset{\lambda}{\mathrm{Sup}}\, U_\lambda$.

Il est d'ailleurs immédiat que $\mathscr{s}$ n'est alors autre que le site des
ouverts non vides de l'espace topologique $(\mathbf{N})^\mathbf{N}$ muni de la topologie
produit des topologies sur chaque facteur $\mathbf{N}$ définies par les ouverts
$u_n = \{k \in \mathbf{N};\ k \leq n\}$, $n \in \mathbf{N}$.

Sur $\mathscr{s}$ on définit le préfaisceau $\mathscr{A}$ suivant :

$$\mathscr{A} : U = (n_1, n_2, \ldots, n_p, \ldots) \mapsto \mathscr{A}(U) = \prod_{p \in \mathbf{N}} \mathbf{Z}/l_p^{n_p}\, \mathbf{Z}$$

avec la convention $\mathbf{Z}/l_p^\infty\,\mathbf{Z} = \mathbf{Z}_{l_p}$. La restriction $\mathcal{A}(U) \to \mathcal{A}(U')$ pour $U' < U$ est définie de manière évidente et il est clair que $\mathcal{A}$ est un faisceau.

(3.5.2) *Nécessité des conditions de finitude dans le lemme* (3.3.2)

1^0) Soient $B = \mathcal{A}(\omega)[t_i]_{i\in\mathbf{N}} = \left(\prod_{p\in\mathbf{N}} \mathbf{Z}_{l_p}\right)[t_i]_{p\in\mathbf{N}}$, et $C = \prod_{p\in\mathbf{N}} \mathbf{Q}_{l_p}$. Ce sont deux $\mathcal{A}(\omega)$-algèbres. Nous allons montrer que

$$\gamma : \mathrm{Hom}_{\mathbf{Sch}_S}(\mathrm{Spec}\ C,\ \mathrm{Spec}\ B) \to \mathrm{Hom}_{\mathcal{A}}(\mathcal{B},\ \mathcal{C})$$

n'est pas injectif.

En effet, $\mathrm{Hom}_{\mathbf{Sch}_S}(\mathrm{Spec}\ C,\ \mathrm{Spec}\ B)$ est isomorphe à la valeur en ω du faisceau associé au préfaisceau $U \mapsto \big(C(U)\big)^{\mathbf{N}}$, désignons par $\mathcal{D}$ ce faisceau; et $\mathrm{Hom}_{\mathcal{A}}(\mathcal{B},\ \mathcal{C})$ est isomorphe à $\mathcal{C}(\omega)^{\mathbf{N}}$. Il faut donc montrer que $\mathcal{D}(\omega) \to \mathcal{C}(\omega)^{\mathbf{N}}$ n'est pas injectif. Nous allons montrer que $\mathcal{D}(U) \to \mathcal{C}(U)^{\mathbf{N}}$ n'est injectif pour aucun $U \in \mathrm{Ob}\ \mathfrak{s}$. En effet soit $e = (e_p)_{p\in\mathbf{N}} \in C(\omega)^{\mathbf{N}}$ où $e_p = (0, 0, \ldots 0, 1_p, 0, \ldots)$ (1_p désigne l'unité dans le $p^{\text{ème}}$ facteur). Il est alors facile de voir que la restriction e_U de e à $C(U)^{\mathbf{N}}$ est toujours différente de 0 tandis que son image $\bar{e}_U$ dans $\mathcal{C}(U)^{\mathbf{N}}$ est toujours nulle. Vérifions le :

dire que $\bar{e}_U = 0$ signifie que pour tout p, l'image $\bar{e}_{pU}$ de e_p dans $\mathcal{C}(U)$ est nulle, ce qui résulte immédiatement du fait qu'on peut écrire $U = \mathrm{Sup}_{\alpha}\ U_\alpha$, avec, pour tout α, $n_{p_\alpha} < \infty$ et que dans

$$C \otimes_{\mathcal{A}(\omega)} \mathcal{A}(U_\alpha),\ \text{on a}\ e_{pU_\alpha} \otimes 1 = (0, 0, \ldots, e\,\overset{-n_{p_\alpha}}{p_p}, \ldots 0) \otimes 0 = 0\,.$$

Mais pas définition du site $\mathfrak{s}$, pour tout $U = (n_1, n_2, \ldots, n_p, \ldots)$ il existe une infinité de p tels que $n_p = \infty$, donc pour lesquels $e_{pU} \neq 0$ et donc $e_U \neq 0$.

Nous avons ainsi prouvé la nécessité de faire l'hypothèse «B de type fini» pour démontrer que γ est injectif. Prouvons maintenant la nécessité de faire l'hypothèse «B de présentation finie» pour démontrer que γ est bijectif.

2^0) On définit cette fois $B = \mathcal{A}(\omega)/(\{e_p\}_{p\in\mathbf{N}})$ avec $e_p = (0, \ldots 0, 1_p, 0, \ldots)$ et C comme en 1^0).

L'anneau B est le conoyau de l'homomorphisme de $\mathcal{A}(\omega)$-algèbres

$$\lambda : \mathcal{A}(\omega)\,[t_i]_{i\in\mathbf{N}} \to \mathcal{A}(\omega)$$

défini par $\lambda(t_p) = e_p$. On en déduit aussitôt avec les notations de 1^0) que $\mathrm{Hom}_{\mathbf{Sch}_S}(\mathrm{Spec}\ C,\ \mathrm{Spec}\ B)$ est isomorphe au noyau de l'homomorphisme de $\mathcal{C}(\omega)$-modules

$$\mu : \mathcal{C}(\omega) \to \mathcal{D}(\omega)$$

défini par $\mu(1) = (e_1, e_2, \ldots, e_p, \ldots)$ tandis que $\mathrm{Hom}_{\mathcal{A}}(\mathcal{B}, \mathcal{C})$ est isomorphe au noyau de l'homomorphisme de $\mathcal{C}(\omega)$-modules

$$\mu' : \mathcal{C}(\omega) \to \mathcal{C}(\omega)^{\mathbf{N}}$$

défini par $\mu'(1) = (\bar{e}_1, \bar{e}_2, \ldots, \bar{e}_p, \ldots)$. Or l'étude faite en 1°) montre que μ' est le morphisme nul (donc $\mathrm{Hom}_{\mathcal{A}}(\mathcal{B}, \mathcal{C}) \simeq \mathcal{C}(\omega)$) et par contre que $\mu(1) \neq 0$. L'homomorphisme γ est donc injectif, mais n'est pas surjectif.

(3.5.3) *Nécessité de faire l'hypothèse »X quasi-compact« pour démontrer que φ (3.3.1) est (2)-fidèle.* Soit pour tout $p \in \mathbf{N}$, $B_p = \mathbf{Q}_{l_p}$ muni de la structure de $\mathcal{A}(\omega)$-algèbre définie par projection de $\mathcal{A}(\omega)$ sur le $p^{\text{ème}}$ facteur. On prend X et Y

$$X = \coprod_{p\in\mathbf{N}} X_p, \quad X_p = \mathrm{Spec}\, B_p, \quad Y = \mathrm{Spec}\, \mathcal{A}(\omega) .$$

On a alors : pour tout $p \in \mathbf{N}$, le faisceau $\mathcal{B}_p$ associé à B_p est nul, en effet tout $U \in \mathrm{Ob}\, \mathfrak{s}$ est de la forme $\mathrm{Sup}\, U_\alpha$ avec $n_{\alpha, p} < \infty$ et dans $B_p \otimes_{\mathcal{A}(\omega)} \mathcal{A}(U_\alpha)$, $1 \otimes 1 = e^{-n}\alpha$, $p \otimes (0, \ldots, 0, e_p^{n_p}, 0 \ldots 0) = 0$. Par suite X est le topos initial et $\mathrm{Hom}_{\mathsf{Spec(S,\mathcal{A})}}(\mathsf{X}, \mathsf{Y}) = \{0\}$. Par contre $\Gamma(\mathsf{X}, \mathcal{O}_{\mathsf{X}}) = \prod_{p\in\mathbf{N}} B_p = \prod_{p\in\mathbf{N}} \mathbf{Q}_{l_p} = C$ et $\mathrm{Hom}_{\mathsf{Sch_S}}(X, Y)$ est isomorphe à la valeur en ω du faisceau associé au préfaisceau $U \to \mathrm{Hom}_{\mathcal{A}(\omega)}\left(\mathcal{A}(\omega), C(U)\right) = C(U)$, c'est-à-dire à $\mathcal{C}(\omega) \neq 0$.

4. Changement de base

(4.1) Soit $f = (\varphi, \theta) : (\mathsf{Y}, \mathcal{O}_{\mathsf{Y}}) \to (\mathsf{X}, \mathcal{O}_{\mathsf{X}})$ un morphisme de $\mathcal{U}$-topos annelés. Pour $U \in \mathrm{Ob}\, \mathsf{X}$, $\theta(U) : \Gamma(U, \mathcal{O}_{\mathsf{X}}) \to \Gamma(\varphi^*(U), \mathcal{O}_{\mathsf{Y}})$ permet de définir par produits fibrés un foncteur

$$f'_U : \mathsf{Sch}_{\mathrm{Spec}\, \Gamma(U, \mathcal{O}_{\mathsf{X}})} \to \mathsf{Sch}_{\mathrm{Spec}\, \Gamma(\varphi^*(U), \mathcal{O}_{\mathsf{Y}})}$$

qui commute aux restrictions $U' \to U$ de morphismes de X. On en déduit un foncteur fibrant

(4.1.1) $\qquad \{\mathsf{Sch}; f\} : \{\mathsf{Sch}; (\mathsf{X}, \mathcal{O}_{\mathsf{X}})\} \to \{\mathsf{Sch}; (\mathsf{Y}, \mathcal{O}_{\mathsf{Y}})\}$

d'où un foncteur de changement de base défini à isomorphisme unique près

(4.1.2) $\qquad \mathsf{Sch}\, f : \mathsf{Sch}_{(\mathsf{X}, \mathcal{O}_{\mathsf{X}})} \to \mathsf{Sch}_{(\mathsf{Y}, \mathcal{O}_{\mathsf{Y}})}$

(4.2) *Sorites*

(4.2.1) Soient f, g deux morphismes de $\mathcal{U}$-topos annelés tels que source $(f) = $ but (g), il existe un isomorphisme unique

$$\varepsilon_{f, g} : \mathsf{Sch}\, (f \circ g) \xrightarrow{\sim} \mathsf{Sch}\, g \circ \mathsf{Sch}\, f$$

(4.2.2) Si f est le morphisme de restriction $(\mathbf{X}/U, \mathcal{O}_{\mathbf{X}/U}) \to (\mathbf{X}, \mathcal{O}_{\mathbf{X}})$, où $U \in \mathrm{Ob}\,\mathbf{X}$, $\mathrm{Sch}\,f$ est isomorphe au changement de base dans la catégorie fibrée $\{\mathbf{Sch};\,(\mathbf{X}, \mathcal{O}_{\mathbf{X}})\}$.

(4.2.3) $\mathrm{Sch}\,f$ transforme $(\mathbf{X}, \mathcal{O}_{\mathbf{X}})$-schémas ayant une propriété (P) vérifiant la proposition (2.1.1) en $(\mathbf{Y}, \mathcal{O}_{\mathbf{Y}})$-schémas ayant la propriété (P).

5. Schémas relatifs sur un site muni d'un préfaisceau d'anneaux

(On aurait pu donner directement la définition qui suit, mais les notions introduites dans ce paragraphe seront uniquement utilisées dans le paragraphe 6 à titre d'intermédiaires techniques.)

(5.1) Soient $\mathfrak{s}$ un $\mathcal{U}$-site qui a un objet final et $\mathcal{A}_0$ un préfaisceau d'anneaux sur $\mathfrak{s}$. On définit le champ $\{\mathbf{Sch};\,(\mathfrak{s}, \mathcal{A}_0)\}$ et la catégorie $\mathbf{Sch}_{(\mathfrak{s},\,\mathcal{A}_0)}$, fibre du champ $\{\mathbf{Sch};\,(\mathfrak{s}, \mathcal{A}_0)\}$ en l'objet final de $\mathfrak{s}$ en remplaçant dans les définitions données en (1.1) le $\mathcal{U}$-topos annelé $(\mathbf{S}, \mathcal{O}_{\mathbf{S}})$ par le site annelé $(\mathfrak{s}, \mathcal{A}_0)$.

De même soient $(\mathfrak{s}_i)_{i=1,2}$ deux $\mathcal{U}$-sites ayant un objet final et pour chaque i, $\mathcal{A}_i$ un préfaisceau d'anneaux sur $\mathfrak{s}_i$. Soit $f : (\varphi^{\cdot}, \theta) : (\mathfrak{s}_1, \mathcal{A}_1) \to (\mathfrak{s}_2, \mathcal{A}_2)$ un morphisme de sites annelés en préfaisceaux, c'est-à-dire un couple formé d'un morphisme de sites $\varphi^{\cdot} : \mathfrak{s}_2 \to \mathfrak{s}_1$ qui transforme objet final de $\mathfrak{s}_1$ en objet final de $\mathfrak{s}_2$ et d'un homomorphisme de préfaisceaux $\theta : \mathcal{A}_2 \to \varphi.\mathcal{A}_1$. On définit alors comme en (4.1.2) un foncteur de changement de base

$$(5.1.1) \qquad\qquad \mathrm{Sch}\,f : \mathbf{Sch}_{(\mathfrak{s}_2, \mathcal{A}_2)} \to \mathbf{Sch}_{(\mathfrak{s}_1, \mathcal{A}_1)}$$

qui vérifie les propriétés (4.2.1), (4.2.2) et (4.2.3).

(5.2) *Passage au faisceau associé*

Soient $\mathfrak{s}$ un $\mathcal{U}$-site qui a un objet final et soit $\mathcal{A}$ un préfaisceau d'anneau sur $\mathfrak{s}$, $\tilde{\mathcal{A}}$ le faisceau d'anneau associé à $\mathcal{A}$ et $\lambda : \mathcal{A} \to \tilde{\mathcal{A}}$ l'homomorphisme canonique. Le morphisme $\mu = (id, \lambda) : (\mathfrak{s}, \tilde{\mathcal{A}}) \to (\mathfrak{s}, \mathcal{A})$ induit un foncteur

$$(5.2.1) \qquad\qquad \mathrm{Sch}\,\mu : \mathbf{Sch}_{(\mathfrak{s}, \mathcal{A})} \to \mathbf{Sch}_{(\mathfrak{s}, \tilde{\mathcal{A}})}$$

Ce foncteur *n'est en général pas une équivalence de catégories*. On a cependant le résultat

Proposition (5.2.2). *La restriction du foncteur* $\mathrm{Sch}\,\mu$ *(5.2.1) à la catégorie des* $(\mathfrak{s}, \mathcal{A})$-*schémas de type fini et quasi-séparés est* (1)-*fidèle. De plus* $\mathrm{Sch}\,\mu$ *induit une équivalence de la catégorie des* $(\mathfrak{s}, \mathcal{A})$-*schémas de présentation finie dans la catégorie des* $(\mathfrak{s}, \tilde{\mathcal{A}})$-*schémas de présentation finie.*

Démonstration. Notons pour simplifier $A = \Gamma(\mathcal{A})$, $\tilde{A} = \Gamma(\tilde{\mathcal{A}})$. Une partie de la proposition (5.2.2) est conséquence du lemme suivant:

Lemme (5.2.3). Soient X un A-schéma quasi-compact (resp. quasi-compact et quasi-séparé) et Y un A-schéma de type fini et quasi-séparé (resp. de présentation finie). Soient $\tilde{X} = \tilde{X} x_A \tilde{A}$, $\tilde{Y} = Y x_A \tilde{A}$. L'application

$$\text{Sch } \mu(X, Y) : \text{Hom}_{\text{Sch}_{(\mathfrak{s}, \mathcal{A})}} (X, Y) \to \text{Hom}_{\text{Sch}_{(\mathfrak{s}, \tilde{\mathcal{A}})}}(\tilde{X}, \tilde{Y})$$

est *injective* (resp. *bijective*).

Démonstration du lemme. Comme la démonstration ressemble beaucoup à celle des propositions (3.3) et (3.4) nous en abrégeons un peu la rédaction.

Supposons d'abord X quasi-compact et Y de type fini et quasi-séparé. Comme la question posée est de nature locale sur $\mathfrak{s}$, tout revient à démontrer que si $\alpha, \beta : X \rightrightarrows Y$ sont deux morphismes de A-schémas tels que leurs images $\tilde{\alpha}$ et $\tilde{\beta}$ soient des morphismes égaux de $\tilde{A}$-schémas localement sur $\mathfrak{s}$, on a $\alpha = \beta$. Comme X est quasi-compact, on est aussitôt ramené au cas où X est affine. Soit alors Y_0 un ouvert affine de Y et soient $U = \alpha^{-1}(Y_0)$, $V = \beta^{-1}(Y_0)$. Il suffit de montrer qu'il existe un recouvrement $\{S_\lambda\}_{\lambda \in L}$ de l'objet final de $\mathfrak{s}$ tel que, pour tout $\lambda \in L$, on ait $U_{s_\lambda} \subset V_{s_\lambda}$ et $\alpha/U_{s_\lambda} = \varrho/U_{s_\lambda}$. Recouvrant Y par un nombre fini d'ouverts affines, on en déduira le résultat. Notons alors $\tilde{U}, \tilde{V}, \tilde{Y_0}$ les images respectives de U, V, Y_0 dans $\tilde{X}$ et dans $\tilde{Y}$. On a $\tilde{U} = \tilde{V} = \tilde{\alpha}^{-1}(\tilde{Y_0})$.

Les hypothèses faites impliquent que α et β, donc aussi $\tilde{\alpha}$, sont des morphismes quasi-compacts. Si $B = \Gamma(X, O_X)$, il existe un nombre fini de sections $\{s_i\}_{i \in I}$, $\{t_j\}_{j \in J}$, s_i, $t_j \in B$ telles que $U = \bigcup_{i \in I} Ds_i$, $V = \bigcup_{j \in J} Dt_j$. En désignant par s_i et t_j les images de $\tilde{s_i}$ et $\tilde{t_j}$ dans $B \otimes_A \tilde{A}$, on a aussi $\tilde{U} = \bigcup_{i \in I} D\tilde{s_i} = \bigcup_{j \in J} D\tilde{t_j}$. On en déduit que pour tout $i \in I$, $\tilde{s_i}$ appartient au radical dans $B \otimes_A \tilde{A}$ de l'idéal engendré par $\{\tilde{s_i} \tilde{t_j}\}_{j \in J}$. Il existe donc un recouvrement $\{S_\lambda\}$ de l'objet final de $\mathfrak{s}$ tel que la restriction s_i/S_λ appartienne au radical de l'idéal engendré par $\{s_i t_j\}_{j \in J}$ dans $B \otimes_A \mathcal{A}(S_\lambda)$. On a donc $D(s_i/S) \subset V_{s_\lambda}$ et pour un recouvrement assez fin $U_{s_\lambda} \subset V_{s_\lambda}$. Il reste à montrer que $\alpha/U_{s_\lambda} = \beta/U_{s_\lambda}$ au moins pour un recouverment assez fin. Mais il suffit de montrer que localement $\alpha/D(s_i/S_\lambda) = \beta/D(s_i/S_\lambda)$ et on est ramené au cas où X et Y sont affines. Soit $C = \Gamma(Y, O_Y)$, où C est une A-algèbre de type fini. Par hypothèse, on a un épimorphisme de A-algèbres

$$A [t_1, t_2, \ldots, t_n] \to C \to O,$$

d'où le diagramme commutatif de morphismes de préfaisceaux d'anneaux, dont les deux lignes sont exactes

$$0 \to \mathrm{Hom}_A\left(C, B \otimes_A \mathcal{A}(.)\right) \to \left(B \otimes_A \mathcal{A}(.)\right)^n$$
$$\downarrow \qquad\qquad\qquad\qquad \downarrow$$
$$0 \to \mathrm{Hom}_A\left(C, B \otimes_A \tilde{\mathcal{A}}(.)\right) \to \left(B \otimes_A \tilde{\mathcal{A}}).)\right)^n .$$

le morphisme $\left(B \otimes_A \mathcal{A}(.)\right)^n \to \left(B \otimes_A \mathcal{A}(.)\right)^n$ induisant un isomorphisme sur les faisceaux associés, le morphisme

$$\mathrm{Hom}_A\left(C, B \otimes_A \mathcal{A}(.)\right) \to \mathrm{Hom}_A\left(C, B \otimes_A \tilde{\mathcal{A}}(.)\right)$$

induit un homomorphisme sur les faisceaux associes. $\square$

Remarquons que si on supprime l'hypothèse que Y est de type fini le lemme devient *faux* même avec X et Y affines. Il suffit de prendre $C = A[t_i]_{i\in\mathbf{N}}$ et $B = A$. On a alors $\mathrm{Hom}_A\left(C, B \otimes_A \mathcal{A}(.)\right) \simeq (\mathcal{A}(.))^{\mathbf{N}}$ et $\mathrm{Hom}_A\left(C, B \otimes_A \tilde{\mathcal{A}}(.)\right) \simeq (\tilde{\mathcal{A}}(.))^{\mathbf{N}}$. On a déjà montré des exemples (3.5.2) de préfaisceaux $\mathcal{A}$ pour lesquels il est faux que $(\mathcal{A}(.))^{\mathbf{N}} \to (\tilde{\mathcal{A}}(.))_{\mathbf{N}}$ induise un monomorphisme sur les faisceaux associés.

Supposons maintenant que X soit un A-schéma quasi-compact et quasi-séparé et que Y soit un $\tilde{A}$-schéma de présentation finie. Soit $\tilde{\alpha} : \tilde{X} \to \tilde{Y}$ un morphisme de $\tilde{A}$-schémas. Il faut montrer que, localement sur $\mathfrak{o}$, $\tilde{\alpha}$ se relève en un morphisme $\alpha : X \to Y$. Le schéma X est réunion finie d'ouverts affines $(X_i)_{i\in I}$. Si on sait montrer que pour tout $i \in I$, la restriction $\tilde{\alpha}_i$ à $\tilde{X}_i$ se relève localement en α_i, comme pour $i, i' \in I \times I$, $X_i \cap X_{i'}$ est quasi-compact, il résulte de la première partie de la démonstration que les restrictions de α_i et $\alpha_{i'}$ à $X_i \cap X_{i'}$ coïncident localement. On pourra donc recoller les α_i sur un recouvrement assez fin de $\mathfrak{o}$. On peut donc se remaner au cas où X est affine. Soit $X = \mathrm{Spec}\, B$. Y est réunion finie d'ouverts affines, $Y = \bigcup_{j\in J} Y_j$. Soient $\tilde{Y}_j$ l'image de Y_j dans $\tilde{Y}$ et $\tilde{U}_j = \tilde{\alpha}^{-1}(\tilde{Y}_j)$. L'ouvert $\tilde{U}_j$ est réunion finie d'ouverts $\{D\tilde{s}_{j,\lambda}\}_{\lambda\in L_j}$, $\tilde{s}_{j,\lambda} \in B \otimes_A \tilde{A}$. Comme, $\tilde{X} = \bigcup_{j\in J} \tilde{U}_j$, l'idéal engendré par les $\{\tilde{s}_{j,\lambda}\}_{\lambda\in L_j, j\in J}$ contient l'unité de $B \otimes_A \tilde{A}$. On en déduit qu'il existe un recouvrement $\{S_\mu\}$ de $\mathfrak{o}$ tel que les $\tilde{s}_{j,\lambda}$ se relèvent en des éléments $s_{j,\lambda,\mu} \in B \otimes_A \mathcal{A}(S_\mu)$ pour lesquels l'idéal engendré contient l'unité. Par suite les $\{Ds_{j,\lambda,\mu}\}_{\lambda\in L_j, j\in J}$ recouvrent X_{S_μ} et on est ramené au cas où X et Y sont affines. Le résultat est alors immédiat par le même argument que précédemment avec cette fois, C de présentation finie.

Pour achever la démonstration de la proposition (5.2.3) il reste à montrer la propriété suivante : soit $\tilde{X}$ un schéma de présentation finie sur $\mathrm{Spec}\, \tilde{A}$, $\tilde{X}$ se relève en un schéma de présentation finie sur

$(\mathfrak{s}, \mathcal{A})$. On se ramène d'abord à démontrer la propriété pour X affine. En effet X est réunion finie d'ouverts affines $(\widetilde{U}_i)_{i \in I}$. Supposons qu'on sache relever localement les $\widetilde{U}_i$ en des schémas affines U_i (on s'abstient, pour faciliter l'écriture de mentionner les recouvrements sur lesquels on peut relever et on écrit U_i au lieu U_{iS_λ}, etc...). Soient alors $B_i = \Gamma(U_i, O_{U_i})$, $\widetilde{B}_i = B_i \otimes_A \widetilde{A}$. Pour $(i, j) \in I \times I$, $\widetilde{U}_i \cap \widetilde{U}_j$ est quasi-compact, il existe donc une famille finie $(\widetilde{s}_{i,\lambda})_{\lambda \in L_{ij}}$, $\widetilde{s}_{i,\lambda} \in B_i$, telle que $\overline{U}_i \cap \overline{U}_j = \bigcup_{\lambda \in L_{ij}} D\widetilde{s}_{i\lambda}$. Comme les $\{s_{i\lambda}\}_{\lambda \in L_{ij}, i \in I}$, sont en nombre fini, en remplaçant l'objet final de S par des objets de $\mathfrak{s}$ d'une famille couvrante assez fine, on peut supposer que $s_{i\lambda} \in B_i$. On pose alors pour tout $(i, j) \in I \times I$, $U_{ij} = \bigcup_{\lambda \in L_{ij}} Ds_{i\lambda}$, U_{ij} est un ouvert de U_i.

De plus, comme $\widetilde{U}_{ij} = \widetilde{U}_{ji} = \widetilde{U}_i \cap \widetilde{U}_j$, d'après la première partie de la démonstration, il existe, localement sur $\mathfrak{s}$, un isomorphisme $\varphi_{ij} : U_{ij} \to U_{ji}$ qui induit l'identité sur $\widetilde{U}_i \cap \widetilde{U}_j$. En raisonnant de même pour $\widetilde{U}_i \cap \widetilde{U}_j \cap \widetilde{U}_k$ pour tout triple $(i, j, k) \in I \times I \times I$, on voit que les φ_{ij} vérifient des conditions de recollement. D'où en recollant les U_i grâce aux données de recollement ainsi trouvées, on obtient un $(\, , \mathcal{A})$-schéma X dont l'image soit isomorphe à $\widetilde{X}$. Par construction même, X est quasi-compact et quasi-séparé. Il reste donc à montrer qu'un schéma affine de présentation finie $\widetilde{X} = \mathrm{Spec}\, \widetilde{B}$, avec $\widetilde{B} = \widetilde{A}[t_1, \ldots, t_n]/(v_1, \ldots v_p)$ où $v_i \in \widetilde{A}[t_1, \ldots, t_n]$, $i = 1, \ldots, p$, se relève en un $(\mathfrak{s}, \mathcal{A})$-schéma affine de présentation finie. Mais il existe un recouvrement $\{S_\alpha\}$ de $\mathfrak{s}$ tel que tous les coefficients des v_i se relèvent en des éléments de $\mathcal{A}(S_\alpha)$. Les v_i proviennent alors d'éléments

$$u_{i\alpha} \in \mathcal{A}(S_\alpha)\,[t_1, \ldots, t_n]$$

et $\widetilde{X}_{S_\alpha}$ se relève en $X_\alpha = \mathrm{Spec}\, B_\alpha$ avec

$$B_\alpha = \mathcal{A}(S_\alpha)\,[t_1, \ldots, t_n]/(u_{1\alpha}, \ldots, u_{p\alpha}). \quad \square$$

6. Propriétés de transitivité

(6.1) Soient $(\mathsf{S}, \mathcal{O}_\mathsf{S})$ un $\mathcal{U}$-topos annelé, X un $(\mathsf{S}, \mathcal{O}_\mathsf{S})$-schéma relatif et $(\mathsf{X}, \mathcal{O}_\mathsf{X})$ le $\mathcal{U}$-topos annelé en anneaux locaux sur $\mathbf{Spec}(\mathsf{S}, \mathcal{O}_\mathsf{S})$ associé à X par le 2-foncteur $\mathsf{F}_{(\mathsf{S}, \mathcal{O}_\mathsf{S})}$ (3.1.1). Dans ce paragraphe, nous nous proposons de comparer les catégories $\mathbf{Sch}_{(\mathsf{S}, \mathcal{O}_\mathsf{S})}/X$ et $\mathbf{Sch}_{(\mathsf{X}, \mathcal{O}_\mathsf{X})}$. En particulier, lorsque X est l'objet final de $\mathbf{Sch}_{(\mathsf{S}, \mathcal{O}_\mathsf{S})}$, nous comparerons les catégories $\mathbf{Sch}_{(\mathsf{S}, \mathcal{O}_\mathsf{S})}$ et $\mathbf{Sch}_{\mathbf{Spec}(\mathsf{S}, \mathcal{O}_\mathsf{S})}$.

(6.2) Soient (S, A) un $\mathcal{U}$-topos annelé, $\widetilde{S}$ le $\mathcal{U}$-site défini en (IV 1.2), $\bar{A}$ le préfaisceau sur $\widetilde{S}$ défini en (IV 1.3), $\bar{A}(U, s) = A(U)\,[1/s]$, et

$$\pi = (p, \theta) : (\widetilde{S}, \bar{A}) \to (S, A)$$

le morphisme de sites annelés $p^* : S \to \widetilde{S}$, $p^*(U) = (U, 1)$, et $\theta = id_A : A \to p_* \bar{A} = A$.

Proposition (6.3). *Avec les notations de* (6.2), *le foncteur de changement de base* $\mathrm{Sch}\,\pi : \mathsf{Sch}_{(S, A)} \to \mathsf{Sch}_{(\widetilde{S}, \bar{A})}$ *est une équivalence de catégories.*

Démonstration. Montrons successivement que

a) $\mathrm{Sch}\,\pi$ *est un foncteur fidèle* : la question étant locale sur S, on est ramené à la question suivante : soient $f, g : X \to Y$ deux morphismes de schémas ordinaires sur $\mathrm{Spec}\,\Gamma(S, A)$. Si les restrictions de f et g coïncident localement dans $\widetilde{S}$, elles coïncident localement dans S. On peut donc supposer qu'il existe un recouvrement de $\widetilde{S}$ du type $(U_\alpha, s_i)_{i \in I, \alpha \in L}$, où $\{U_\alpha \to e_S\}_{\alpha \in L}$ est une famille couvrante et où pour tout $\alpha \in L$, $\{s_i\}_{i \in I_\alpha}$ est une famille finie d'éléments de $A(U_\alpha)$ qui engendre l'idéal unité, tel que les restrictions de f et g à (U_α, s_i) soient égales. L'hypothèse signifie alors que les restrictions de f et g à U_α coïncident au-dessus de chaque ouvert $(Ds_i)_{i \in I_\alpha}$ de $\mathrm{Spec}\,A(U_\alpha)$, comme les ouverts $(Ds_i)_{i \in I_\alpha}$ recouvrent $\mathrm{Spec}\,A(U_\alpha)$, on en déduit que $f_{U_\alpha} = g_{U_\alpha}$.

b) $\mathrm{Sch}\,\pi$ *est pleinement fidèle* : soit $f : X \to Y$ un morphisme de $(\widetilde{S}, \bar{A})$-schémas, il faut montrer que f provient d'un morphisme de (S, A)-schémas. Comme, grâce à a) la question est de nature locale sur S, on peut supposer que X et Y sont des schémas sur $\mathrm{Spec}\,\Gamma(S, A)$ et qu'il existe un recouvrement $(U_\alpha, s_i)_{i \in I_\alpha, \alpha \in L}$ du type décrit en a) tel que $f_{(U_\alpha, s_i)}$ provienne d'un morphisme $f_{\alpha, i} : X_{(U_\alpha, s_i)} \to Y_{(U_\alpha, s_i)}$ de schémas ordinaires. Par localisation sur S, on peut même supposer que le recouvrement $\{U_\alpha\}$ est celui défini par l'objet final et donc qu'il existe une famille finie $\{s_i\}_{i \in I}$ d'éléments de $\Gamma(A)$ tels que pour tout $i \in I$, $f_{(e_S, s_i)}$ provienne d'un morphisme de $\Gamma(A)$-schémas $f_i : X_i \to Y_i$ où X_i et Y_i désignent respectivement les ouverts de X et Y images inverses de l'ouvert Ds_i de $\mathrm{Spec}\,\Gamma(A)$. Pour tout couple $(i, j) \in I \times I$, les restrictions de f_i et f_j à l'ouvert X_{ij} image inverse de $Ds_i\,s_j$ dans X coïncident dans $\mathsf{Sch}_{(\widetilde{S}, \bar{A})}$, donc d'après a) en localisant encore sur S, on peut supposer que ces restrictions coïncident comme morphismes de $\mathrm{Spec}\,\Gamma(A)$-schémas. Les f_i sont alors les restrictions d'un morphisme $f : X \to Y$ de $\Gamma(A)$-schémas.

c) $\mathrm{Sch}\,\pi$ *est essentiellement surjectif* : si on se donne un schéma relatif sur $(\widetilde{S}, \bar{A})$, il faut montrer qu'il se relève en un (S, A)-schéma. Le raisonnement est le même qu'en b) ; par localisation sur S, on est ramené au cas où le schéma à relever X est déterminé par une famille $\{X_i\}_{i \in I}$ de schémas sur $\operatorname{Spec} \Gamma(A)$ donnée au dessus des ouverts affines $\{Ds_i\}_{i \in I}$, $s_i \in \Gamma(A)$, d'un recouvrement fini de $\operatorname{Spec} \Gamma(A)$, où on s'est donné de plus, pour tout $(i, j) \in I \times I$ un isomorphisme u_{ij} dans $\mathsf{Sch}_{(\widetilde{S}, \bar{A})}$ des restrictions de X_i et X_j à l'ouvert $Ds_i s_j$, ces isomorphismes vérifiant les conditions de recollement habituelles au-dessus de $Ds_i s_j s_k$ pour $(i, j, k) \in I \times I \times I$. D'après a) et b) on peut supposer, en localisant encore sur S, que les isomorphismes u_{ij} sont des isomorphismes de $\Gamma(A)$-schémas et que les conditions de recollement sont vérifiées dans $\mathsf{Sch}_{\Gamma(A)}$. Les X_i se recollent alors en un $\Gamma(A)$-schéma. $\square$

Corollaire (6.3.1). Si $\bar{A}$ est un faisceau (par exemple si le $\mathcal{U}$-topos S est localement de type fini), le changement de base

$$\mu : \mathsf{Sch}_{(S, A)} \to \mathsf{Sch}_{\mathsf{Spec}(S, A)}$$

est une équivalence de catégories.

D'autre, part, compte tenu des propositions (3.3) et (3.4), on a aussi :

Corollaire (6.3.2)

(i) La restriction du foncteur $\mu : \mathsf{Sch}_{(S, A)} \to \mathsf{Sch}_{\mathsf{Spec}(S, A)}$ à la sous-catégorie pleine de $\mathsf{Sch}_{(S, A)}$ formée des (S, A)-schémas de type fini et quasi-séparés est (1)-fidèle.

(ii) Le foncteur μ induit une équivalence de la catégorie des (S, A)-schémas de présentation finie avec la catégorie des $\mathsf{Spec}(S, A)$-schémas de présentation finie.

Citons un autre cas où μ est une équivalence de catégorie.

Proposition (6.4). *Si* (S, A) *est un* $\mathcal{U}$-*topos annelé en anneaux locale foncteur* $\mu : \mathsf{Sch}_{(S, A)} \to \mathsf{Sch}_{\mathsf{Spec}(S, A)}$ *est une équivalence de catégories.*

Démonstration. Le foncteur identité de (S, A) se factorise par $\mathsf{Spec}(S, A)$ et définit un morphisme admissible de $\mathcal{U}$-topos annelés en anneaux locaux

$$\lambda : (S, A) \to \mathsf{Spec}(S, A)$$

quasi-inverse à gauche de π, où le morphisme de $\mathcal{U}$-topos sous-jacent à λ est associé au foncteur

$$\lambda . : \widetilde{S} \to S , \quad \lambda .(U, s) = (U_s , 1)$$

le foncteur de changement de base

$$\mathsf{Sch}\,\lambda : \mathsf{Sch}_{\mathsf{Spec}(S, A)} \to \mathsf{Sch}_{(S, A)}$$

est quasi-inverse à gauche de μ. La propriété que $\mathsf{Sch}\,\lambda$ est de plus quasi-inverse à droite de μ résulte alors aussitôt du fait que, comme A

est local, pour toute famille $\{(U_i, s_i) \to (e_S, 1)\}$ couvrante, la famille $\{(U_{is_i}, 1) \to (e_S, 1)\}$ est une famille couvrante plus fine. $\quad\square$

Remarque et contre-exemple (6.5)

Le foncteur $\mu : \mathsf{Sch}_{(S, A)} \to \mathsf{Sch}_{\mathsf{Spec}(S, A)}$ n'est pas (1)-fidèle en général ; en voici un contre-exemple :

On prend pour site S le site décrit en (3.5.1) et pour faisceau A sur S le faisceau

$$A : U = (n_1, n_2, \ldots, n_p, \ldots) \mapsto \prod_{p=1} B(p, n_p)$$

où $B(p, n_p) = \mathbf{Z}[x_p, y_p]/x_p^{n_p} y_p$ si $n_p < \infty$ et $B(p, \infty) = \varprojlim_n \mathbf{Z}[x_p, y_p]/x_p^n y_p$

($\mathbf{Z}$ est l'anneau des entiers, x_p et y_p désignent des indéterminées). On définit les restrictions de manière évidente et on voit aussitôt que A est un faisceau d'anneaux. Soit alors $x \in \Gamma(A)$, $x = (\bar{x}_1, \bar{x}_2, \ldots, \bar{x}_p, \ldots)$ où $\bar{x}_p$ désigne la classe de x_p dans $B(p, \infty)$. Si on pose

$$C = \Gamma(A)/(1 - x) , \qquad D = A\,[t_1, t_2, \ldots, t_q, \ldots] ,$$

montrons que l'application

$$j : \mathrm{Hom}_{\mathsf{Sch}_{(S, A)}} (\mathrm{Spec}\ C, \mathrm{Spec}\ D) \to \mathrm{Hom}_{\mathsf{Sch}_{\mathsf{Spec}(S, A)}} (\mathrm{Spec}\ C, \mathrm{Spec}\ D)$$

n'est pas injective. En effet, $\mathrm{Hom}_{\mathsf{Sch}_{(S, A)}}(\mathrm{Spec}\ C, \mathrm{Spec}\ D)$ est isomorphe à la valeur en e_S du faisceau associé au préfaisceau $U \mapsto \big(C \otimes_{\Gamma(A)} A(U)\big)^{\mathbf{N}}$ et $\mathrm{Hom}_{\mathsf{Sch}_{\mathsf{Spec}(S, A)}} (\mathrm{Spec}\ C, \mathrm{Spec}\ D)$ est isomorphe à la valeur en $(e_S, 1)$ du faisceau sur $\tilde{S}$ associé au préfaisceau $(U, s) \mapsto \big(C \otimes_{\Gamma(A)} \tilde{A}(U, s)\big)^{\mathbf{N}}$, et l'application j est celle qui se déduit des applications naturelles

$$\big(C \otimes_{\Gamma(A)} A(U)\big)^{\mathbf{N}} \to \big(C \otimes_{\Gamma(A)} \tilde{A}(U, 1)\big)^{\mathbf{N}} .$$

Il suffit donc de montrer qu'il existe $\xi = (\xi_p)_{p \in \mathbf{N}} \in C^{\mathbf{N}}$ dont l'image soit nulle dans $\big(C \otimes_{\Gamma(A)} A(U_\alpha, s_\alpha)\big)^{\mathbf{N}}$ pour un recouvrement convenable (U_α, s_α) de $(e_S, 1)$ et dont l'image dans $\big(C \otimes_{\Gamma(A)} A(U)\big)^{\mathbf{N}}$ ne soit nulle pour aucun $U \neq \emptyset$. Or ceci est vérifié si on prend $\xi_p = (0, \ldots, 0, \bar{y}_p, 0, \ldots, 0, \ldots)$ et comme recouvrement de $(e_S, 1)$ celui formé de (e_S, x) et de $(e_S, (1 - x))$. On a en effet $C \otimes_{\Gamma(A)} \Gamma(A) \left[\dfrac{1}{1 - x}\right] = 0$, donc aussi $C \otimes_{\Gamma(A)} \tilde{A}(e_S, 1 - x) = 0$. D'autre part, l'image de ξ_p est nulle dans $C \otimes_{\Gamma(A)} \tilde{A}(U, x)$ pour tout U puisque $(0, \ldots, 0, y_p, 0, \ldots, 0, \ldots)$ est nul dans $A(U, x)$ dès que $U = (n_1, n_2, \ldots, n_p, \ldots)$ avec $n_p < \infty$, donc est nul dans $\tilde{A}(U, x)$. Cependant comme ξ_p est nul dans $C \otimes_{\Gamma(A)} A(U)$ seulement si $n_p(U) < \infty$, ξ est toujours non nul dans $\big(C \otimes_{\Gamma(A)} A(U)\big)^{\mathbf{N}}$. $\quad\square$

(6.4) Nous allons maintenant généraliser le corollaire (6.3.2) au cas des (S, A)-schémas au dessus d'un (S, A)-schéma donné.

(6.4.1) *Description du foncteur* $h_X : \mathsf{Sch}_{(S, A)}/X \to \mathsf{Sch}_{(X, \mathcal{O}_X)}$

Soient X un (S, A)-schéma relatif et $f : (X, \mathcal{O}_X) \to (S, A)$ le $\mathcal{U}$-topos annelé en anneaux locaux sur (S, A) associé à X par le 2-foncteur $F_{(S, A)}$ (3.1.1). Nous définissons le foncteur

$$h_X : \mathsf{Sch}_{(S, A)}/X \to \mathsf{Sch}_{(X, \mathcal{O}_X)}$$

comme suit :

Soit $\lambda : Y \to X$ un morphisme de (S, A)-schémas. Il existe un recouvrement $\{U_i \to e_S\}_{i \in I}$ tel que λ provienne de morphismes $\lambda_i : Y_i \to X_i$ de $A(U_i)$-schémas.[1] La famille $\overline{U}_i = f^* U_i$ forme un recouvrement de e_X et par construction même de X, on a des diagrammes 2-cartésiens

$$
\begin{array}{ccc}
\mathsf{X}/\overline{U}_i & \xrightarrow{\;\;\gamma_i\;\;} & \mathsf{t}(X_i) \\
\downarrow & \nearrow\!\!\!\Rightarrow & \downarrow \\
\mathsf{Spec}(S/U_i, A_{U_i}) & \to & \mathsf{t}(\mathrm{Spec}\, A(U_i))
\end{array}
$$

Le changement de base $\mathsf{Sch}_{\gamma_i} : \mathsf{Sch}_{X_i} \to \mathsf{Sch}_{X/U_i}$ permet alors d'associer à Y_i un schéma $\overline{Y}_i$ sur $\mathsf{X}/\overline{U}_i$. D'autre part, les propriétés de recollement des Y_i se transforment en des propriétés de recollement pour les $\overline{Y}_i$ qui définissent donc à isomorphisme près un X-schéma relatif $\overline{Y}$. La même construction peut se faire pour les morphismes de (S, A)-schémas au-dessus de X, ce qui nous définit un foncteur

$$h_X : \mathsf{Sch}_{(S, A)}/X \to \mathsf{Sch}_{(X, \mathcal{O}_X)}$$

à isomorphisme près. On a alors :

Proposition (6.4.2). *Avec les notations de* (6.4.1),

(i) *si X est un S-schéma de type fini et quasi-séparé, la restriction de h_X à la sous-catégorie pleine de $\mathsf{Sch}_{(S, A)}/X$ des schémas de type fini et quasi-séparés est (1)-fidèle ;*

(ii) *si X est un S-schéma de présentation finie, h_X induit une équivalence de la catégorie des (S, A)-schémas de présentation finie au-dessus de X avec la catégorie des $(X, \mathcal{O}_X)$-schémas de présentation finie.*

Démonstration : Le diagramme suivant :

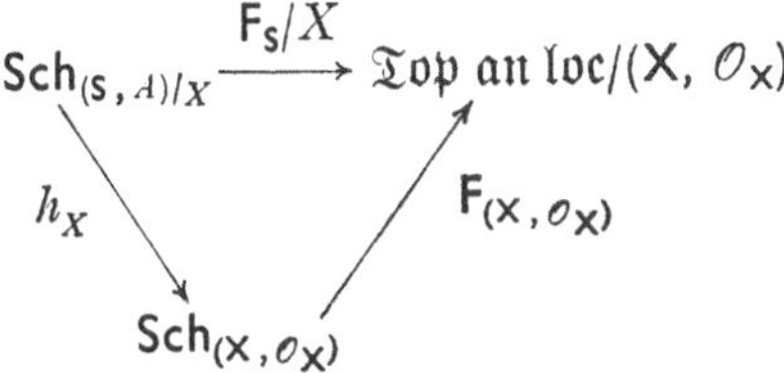

commute à isomorphisme près. La conclusion de (i) et la (2)-fidélité de h_X sous les hypothèses de (ii) résultent alors immédiatement des propositions (3.3) et (3.4). Il reste à montrer que, sous l'hypothèse de (ii), tout $(\mathbf{X}, \mathcal{O}_\mathbf{X})$-schéma relatif de présentation finie se relève en un $(\mathbf{S}, A)$-schéma au-dessus de X. La question étant de nature locale sur $\mathbf{S}$, on peut supposer que X provient d'un $\Gamma(A)$-schéma de présentation finie. Comme X est quasi-compact et quasi-séparé, on se ramène facilement au cas où X est affine, soit $X = \operatorname{Spec} B$ où B est une $\Gamma(A)$-algèbre de présentation finie. $(\mathbf{X}, \mathcal{O}_\mathbf{X})$ est alors équivalent à $\mathbf{Spec}\,(\mathbf{S}, \mathcal{B})$ où $\mathcal{B} = B \otimes_{\Gamma(A)} A$. Soit alors Y un schéma relatif de présentation finie sur $\mathbf{Spec}\,(\mathbf{S}, \mathcal{B})$, d'après le corollaire (6.3.2), Y se relève en un $(\mathbf{S}, \mathcal{B})$-schéma relatif de présentation finie, puis d'après (6.3) en un schéma relatif de présentation finie sur $(\mathbf{S}, \overline{B})$ où $\overline{B}$ est le préfaisceau $U \mapsto B \otimes_{\Gamma(A)} A(U)$. Mais un schéma de présentation finie sur $(\mathbf{S}, \overline{B})$ s'identifie canoniquement (parce que B est de présentation finie sur $\Gamma(A)$) à un schéma relatif sur $(\mathbf{S}, A)$ qui se factorise à travers $\operatorname{Spec} B$. $\square$

7. S-quasi-schémas

Définitions (7.1). Soit $(\mathbf{S}, \mathcal{O}_\mathbf{S})$ un $\mathcal{U}$-topos annelé. Un $\mathcal{U}$-topos annelé en anneaux locaux $\mathbf{X}$ sur $\mathbf{S}$ est dit *associé* au S-schéma X si $\mathbf{X}$ est équivalent à l'image de X par le 2-foncteur $\mathbf{F}_{(\mathbf{S}, \mathcal{O}_\mathbf{S})}$ (3.1.1).

On appellera S-*quasi-schéma* tout $\mathcal{U}$-topos annelé en anneaux locaux au-dessus de $\mathbf{S}$ associé à un S-schéma.

On dit que le S-*quasi-schéma* $\mathbf{X}$ *a la propriété* (P) (où (P) est une propriété de schémas vérifiant la proposition (2.1.1) s'il existe au moins un S-schéma ayant la propriété (P) auquel $\mathbf{X}$ soit associé.

(7.2) La 2-catégorie $\mathbf{S}$-$\mathfrak{q}\,\mathfrak{Sch}$ des S-quasi-schémas est alors la sous-2-catégorie pleine de la 2-catégorie des $\mathcal{U}$-topos annelés en anneaux locaux au-dessus de $\mathbf{S}$ dont les objets sont les S-quasi-schémas.

On dira qu'*un morphisme f de* S-*quasi-schéma a la propriété* (P) (où (P) est une propriété de morphismes de schémas vérifiant la proposition (2.1.1) s'il existe au moins un morphisme de S-schémas ayant la propriété (P) auquel f soit associé.

(7.3) Les propositions (3.3) et (3.4) expriment alors que *la 2-catégorie des* S-*quasi-schémas de présentation finie est équivalente à la catégorie des* S-*schémas de présentation finie.*

Chapitre VI

Cohomologie des faisceaux S-quasi-cohérents sur un S-quasi-schéma

1. Quasi-cohérence relative

Soient $(S, \mathcal{O}_S)$ un $\mathcal{U}$-topos annelé et $(X, \mathcal{O}_X)$ un S-quasi-schéma (V. 7).
Le but du présent paragraphe est de définir une sous-catégorie abélienne
de la catégorie des $\mathcal{O}_X$-modules, dont les objets aient de « bonnes »
propriétés cohomologiques, analogues aux propriétés des faisceaux
quasi-cohérents sur un schéma ordinaire [voir p. ex. EGA III].

(1.1) *Introduisons quelques notations et définitions.*

Soit $(Y, \mathcal{O}_Y)$ un $\mathcal{U}$-topos annelé. Pour $V \in \mathrm{Ob}\, Y$, on note

$$(1.1.1) \qquad j_V : (Y/V, \mathcal{O}_{Y/V}) \to (Y, \mathcal{O}_Y)$$

le morphisme naturel d'inclusion.

Soit X un $\mathcal{U}$-topos (non annelé) et soit $f : Y \to X$ un morphisme de
$\mathcal{U}$-topos. Pour tout couple (U, V) formé d'un objet U de X et d'un
sous-objet V de $f^* U$, on note

$$(1.1.2) \qquad f_{(U, V)} : Y/V \to X/U$$

la restriction naturelle de f. Si $V = f^* U$, on note simplement

$$(1.1.3) \qquad f_U \text{ au lieu de } f_{(U, f^*U)}.$$

Soit alors F un $\mathcal{O}_Y$-module. Nous dirons que F est (f, U, V)-stable
si l'homomorphisme naturel

$$(1.1.4) \qquad \varepsilon_{(U, V)} : (j_V^* F)_{(U, V)} \otimes_{(j_V^* \mathcal{O}_Y)_{(U, V)}} j_V^* \mathcal{O}_Y \to j_V^* F \,,$$

où on note $(\ )_{(U, V)}$ pour le foncteur $f_{(U, V)}^* \circ f_{(U, V)*}$, est un *isomorphisme.*

(1.2) Soient alors $(S, \mathcal{O}_S)$ un $\mathcal{U}$-topos annelé, $(X, \mathcal{O}_X) = \mathsf{Spec}(S, \mathcal{O}_S)$
$\pi : X \to S$ le morphisme structural. Il résulte aussitôt de (IV. 4) qu'on
a les propriétés suivantes:

(1.2.1) Les $\mathcal{O}_X$-modules (π, e_S, e_X)-stables sont les $\mathcal{O}_X$-modules isomorphes à un module $\widetilde{M}$ image inverse d'un $\mathcal{O}_S$-module M (IV 4.6).

(1.2.2) Soit F un $\mathcal{O}_X$-module ; les conditions suivantes sont équivalen
tes (IV 4.11)

(i) F est (π, e_S, e_X)-stable,

(ii) il existe un recouvrement $(U_i, s_i)_{i \in I}$ de X où $U_i \in \mathrm{Ob}\ \mathsf{S}$, $s_i \in \Gamma(U_i, \mathcal{O}_S)$ tel que pour tout $i \in I$, F soit $\big(\pi, U_i, (U_i, s_i)\big)$-stable,

(iii) pour tout (U, s), $U \in \mathrm{Ob}\ \mathsf{S}$, $s \in \Gamma(U, \mathcal{O}_S)$, F est $\big(\pi, U, (U, s)\big)$-stable.

(1.2.3) Tout $\mathcal{O}_X$-module quasi-cohérent est (π, e_S, e_X)-stable (IV 4.12).

(1.2.4) La catégorie des $\mathcal{O}_X$-modules (π, e_S, e_X)-stables est une sous-catégorie abélienne de la catégorie des $\mathcal{O}_X$-modules qui est stable par noyaux, conoyaux, produits finis et limites inductives et qui de plus est équivalente à la catégorie des $\mathcal{O}_S$-modules, l'équivalence étant donnée par les foncteurs quasi-inverses l'un de l'autre $F \mapsto \pi_* F$ et $M \mapsto \widetilde{M}$.

Proposition (1.3). *Soient* $(\mathsf{S}, \mathcal{O}_S)$ *un $\mathcal{U}$-topos annelé, X un $\Gamma(\mathcal{O}_S)$-schéma et* $(\mathsf{X}, \mathcal{O}_X)$ *le S-quasi-schéma associé à X. Soit*

$$f : (\mathsf{X}, \mathcal{O}_X) \to (\mathsf{S}, \mathcal{O}_S)$$

le morphisme structural. On notera $\Gamma(\mathcal{O}_S) = A$ *et pour tout* $U \in \mathrm{Ob}\ \mathsf{S}$

$$A(U) = \Gamma(U, \mathcal{O}_S)\,, \qquad X_U = X \otimes_A A(U)\,.$$

$(\mathsf{X}_U, \mathcal{O}_{X_U}) = (\mathsf{X}/f^* U, \mathcal{O}_{X/f^*U})$ *est le S/U-quasi-schéma associé à X et on a un homomorphisme naturel*

$$h_U : (\mathsf{X}_U, \mathcal{O}_{X_U}) \to (\mathsf{X}'_U, \mathcal{O}_{X'_U})\,,$$

où X'_U est le $\mathcal{U}$-topos associé à X_U. Soit de plus F un $\mathcal{O}_X$-module. Les conditions suivantes sont alors équivalentes :

(i) *Pour tout $U \in \mathrm{Ob}\ \mathsf{S}$ et pour tout ouvert affine V de X_U, F est $(f, U, h_U^*(V))$-stable.*

(ii) *Il existe un recouvrement $(V_i)_{i \in I}$ de X par des ouverts affines tel que, pout tout $i \in I$, F soit $(f, e_S, h^* V_i)$-stable.*

(iii) *Il existe un·recouvrement $(U_j)_{j \in J}$ de S et, pour tout $j \in J$, il existe un recouvrement $(V_{j,k})_{k \in K_j}$ de X_{U_j} par des ouverts affines, tels que pour tout (j, k), $j \in J$, $k \in K_j$, F soit $(f, U_j, h_{U_j}^*(V_{j,k}))$-stable.*

Démonstration. On a évidemment (i) $\Rightarrow$ (ii) $\Rightarrow$ (iii). D'autre part, en utilisant (1.2.2), on voit que l'hypothèse (ii) implique que F est $(f, e_S, h^* V)$-stable pour tout ouvert affine V de X : en effet, on recouvre V par des ouverts affines $(Ds_\alpha)_{\alpha \in L}$, $s_\alpha \in \Gamma(V, \mathcal{O}_X)$, formant un recouvrement de V plus fin que le recouvrement par les $(V_i \cap V)_{i \in I}$ et on utilise l'implication (ii) $\Rightarrow$ (i) de (1.2.2).

Montrons l'implication (ii) $\Rightarrow$ (i) : soit $U \in \mathrm{Ob}\ \mathsf{S}$ et soit $(V_{i_U})_{i \in I}$ le recouvrement affine image réciproque du recouvrement $(V_i)_{i \in I}$ sur X_U. L'implication (ii) $\Rightarrow$ (i) de (1.2.2) montre que F est $\big(f, U, h_U^*(V_{i_U})\big)$-stable pour tout $i \in I$ et le raisonnement qui précède montre alors que F est $\big(f, h_U^*(V) \subset f^*U\big)$-stable pour tout ouvert affine V de X_U.

Il reste à montrer que (iii) $\Rightarrow$ (ii), mais d'après le raisonnement fait plus haut, les hypothèses de (ii) (resp. de (iii)) sont indépendantes des recouvrements affines choisis de X (resp. de X_{U_i}). On peut donc supposer que X est affine et que F est $(f, U_j, f^*\, U_j)$-stable. Le faisceau F est alors $(f, e_\mathsf{S}, e_\mathsf{X})$-stable d'après (1.2.2). $\quad\square$

Définition (1.4). Soient $(\mathsf{S}, \mathcal{O}_\mathsf{S})$ un $\mathcal{U}$-topos annelé, P un schéma relatif sur $(\mathsf{S}, \mathcal{O}_\mathsf{S})$, $f : (\mathsf{X}, \mathcal{O}_\mathsf{X}) \to (\mathsf{S}, \mathcal{O}_\mathsf{S})$ le S-quasi-schéma associé à P. Soit F un $\mathcal{O}_\mathsf{X}$-module. On dit que F est *quasi-cohérent relativement à* S, ou S-*quasi-cohérent* s'il existe un recouvrement $(U_i)_{i \in I}$ de S tel que, pour tout $i \in I$, P_{U_i} provienne d'un $\Gamma(U_i, \mathcal{O}_\mathsf{S})$-schéma X_i et que les conditions équivalentes de la proposition (1.3) soient vérifiées pour les donneés $\{X_i,\ \mathsf{X}/f^*\, U_i,\ j_{f^*U_i}\, F\}$.

Corollaire (1.5). Il résulte immédiatement de (1.3) que la condition de la définition (1.4) ne dépend pas du recouvrement $(U_i)_{i \in I}$ et des $\Gamma(U_i, \mathcal{O}_\mathsf{S})$-schémas X_i choisis.

(1.6) De (1.2.3) et (1.2.4) on déduit aussitôt, avec les hypothèses de (1.4) :

(1.6.1) Les $\mathcal{O}_\mathsf{X}$-modules *quasi-cohérents* sont aussi quasi-cohérents relativement à S.

(1.6.2) La catégorie des $\mathcal{O}_\mathsf{X}$-modules S-quasi-cohérents est une *catégorie abélienne, stable dans la catégorie des $\mathcal{O}_\mathsf{X}$-modules par noyaux, conoyaux, produits finis et limites inductives quelconques.*

(1.7) Soient $(\mathsf{S}, \mathcal{O}_\mathsf{S})$, P, $(\mathsf{X}, \mathcal{O}_\mathsf{X})$ comme dans (1.4). Bien que le 2-foncteur $F_{(\mathsf{S}, \mathcal{O}_\mathsf{S})}$, qui à un S-schéma associe un S-quasi-schéma, ne soit pas en général (1)-fidèle, la catégorie des $\mathcal{O}_\mathsf{X}$-modules S-quasi-cohérents ne dépend pas du S-schéma P auquel X est associé. Plus précisément, on a :

Proposition (1.8). *Soient* $(\mathsf{S}, \mathcal{O}_\mathsf{S})$, P, $(\mathsf{X}, \mathcal{O}_\mathsf{X})$, f *comme dans* (1.4), *et soit* F *un* $\mathcal{O}_\mathsf{X}$-*module* S-*quasi-cohérent. Alors pour tout couple* (U, V) *formé d'un sous-objet* V *de* $f^*\, U$, *tel que le morphisme canonique*

$$(\mathsf{X}/V, \mathcal{O}_{\mathsf{X}/\mathsf{V}}) \to \mathsf{Spec}(\mathsf{S}/U, f_{(U, V)*}\, \mathcal{O}_{\mathsf{X}/U})$$

soit une équivalence de $\mathcal{U}$-*topos annelés,* F *est* (f, U, V)-*stable.*

Démonstration. Soit $A = f_{(U, V)*}\, \mathcal{O}_{\mathsf{X}/U}$. Pour tout recouvrement $\{U_\alpha \to U\}_{\alpha \in L}$, le morphisme canonique

$$\mathsf{X}/V \times f^*\, U \to \mathsf{Spec}(\mathsf{S}/U_\alpha, A_{U_\alpha})$$

est alors une équivalence de $\mathcal{U}$-topos annelés et en utilisant (1.2.2) on voit qu'il est équivalent de montrer que, pour tout $\alpha \in L$, F est $(f, U_\alpha, V \times f^* U_\alpha)$-stable. On peut donc supposer que U est objet final de S, que V est un ouvert de X et que X est réunion d'ouverts $(V_i)_{i\in I}$ tels que, pour tout $i \in I$, le morphisme

$$(1.8.1) \qquad\qquad X/V_i \to \mathrm{Spec}(S, \pi_{V_i*}\, \mathcal{O}_X)$$

soit une équivalence de $\mathcal{U}$-topos annelés. Recouvrons alors pour tout $i \in I$, $V \times V_i$ par une famille du type $\{(U_\lambda, s_\lambda)\}_{\lambda \in L_i}$, $U_\lambda \in \mathrm{Ob}\, S$, $s_\lambda \in A(U_\lambda)$ (où $V \times V_i$ est identifié à un objet de $\mathrm{Spec}(S, A)$ par l'équivalence $X/V \to \mathrm{Spec}(S, A)$). Le faisceau F est alors $(f, U_\lambda, (U_\lambda, s_\lambda))$-stable et, comme la famille $\{(U_\lambda, s_\lambda) \to V\}$ est couvrante on en déduit le résultat par (1.2.2). $\square$

Etant donné un $\mathcal{U}$-topos annelé S et un S-quasi-schéma X, on a donc défini sans ambiguïté *la catégorie des $\mathcal{O}_X$-modules S-quasi-cohérents*.

Proposition (1.9). *Soient $\varphi : T \to S$ un morphisme de $\mathcal{U}$-topos annelés, X un S-quasi-schéma et X_T le T-quasi-schéma déduit de X par changement de base et soit F un $\mathcal{O}_X$-module S-quasi-cohérent Alors le $\mathcal{O}_{X_T}$-module F_T déduit de F par changement de base, est T-quasi-cohérent.*

Démonstration. Par localisation, on est aussitôt ramené où. $X \sim \mathrm{Spec}(S, A)$, avec A une $\mathcal{O}_S$-algèbre. On a alors $X_T \sim \mathrm{Spec}(T, A_T)$ avec $A_T = A \otimes_{\mathcal{O}_S} \mathcal{O}_T$. Si F est associé au A-module M, F_T est alors associé au A_T-module $M_T = M \otimes_{\mathcal{O}_S} \mathcal{O}_T$. $\square$

Proposition (1.10). *Soient S un $\mathcal{U}$-topos annelé, $f : X \to Y$ un morphisme de S-quasi-schémas et F un $\mathcal{O}_Y$-module S-quasi-cohérent Alors $f^* F$ est un $\mathcal{O}_X$-module T-quasi-cohérent.*

Démonstration. Par localisation, on est aussitôt ramené au cas où $X \sim \mathrm{Spec}(S, A)$ et $Y \sim \mathrm{Spec}(S, B)$, pour lequel le résultat est immédiat. $\square$

Proposition (1.11). *Soient S un $\mathcal{U}$-topo sannelé et $f : X \to Y$ un morphisme quasi-compact et quasi-séparé de S-quasi-schémas (V 7.20) et F un $\mathcal{O}_X$-module S-quasi-cohérent. Alors $f_* F$ est un $\mathcal{O}_Y$-module S-quasi-cohérent.*

Démonstration. La question étant locale sur Y, on est aussitôt ramené au cas où f est associé à un morphisme $f_0 : X_0 \to A_0$ de $\Gamma(\mathcal{O}_S)$-schémas, avec Y_0 affine et X_0 quasi-compact et quasi-séparé. Soit alors $(U_{0_i})_{i\in I}$ un recouvrement fini de X_0 par des ouverts affines et pour tout $(i, j) \in I \times I$, $(V_{0_{ij\lambda}})_{\lambda \in L_{ij}}$ un recouvrement fini affine de $U_{0_i} \cap U_{0_j}$. Désignons par U_i (resp. $V_{ij\lambda}$) pour $i \in I$ (resp. pour $\lambda \in L_{ij}$) l'image réciproque de U_{0_i} (resp. de $V_{0_{ij\lambda}}$) sur X. On a l'isomorphisme

$$F \xrightarrow{\sim} \ker \left\{ \prod_{i \in I} j_{U_i *}\, j_{U_i}^{*}\, F \rightrightarrows \prod_{i,j,\lambda} j_{V_{ij\lambda} *}\, j_{V_{ij\lambda}}^{*}\, F \right\}.$$

Comme f_* commute aux noyaux et aux produits finis, on a encore

$$f_*\, F \xrightarrow{\sim} \ker \left\{ \prod_{i} (f j_{U_i})_*\, j_{U_i}^{*}\, F \rightrightarrows \prod_{i,j,\lambda} (f j_{V_{ij\lambda}})_*\, j_{V_{ij}}^{*}\, F \right\}.$$

Et comme la catégorie des $\mathcal{O}_Y$-modules S-quasi-cohérents est stable par noyaux et par produits finis, on est ramené au cas où X_0 est affine et la proposition résulte de (IV 4.10).

2. Images directes supérieures de modules S-quasi-cohérents

Théorème (2.1). *Soient S un $\mathcal{U}$-topos annelé, $\varphi : A \to B$ un homomorphisme de $\mathcal{O}_S$-algèbres et $f = \mathrm{Spec}(S, \varphi) : \mathsf{Spec}(S, B) \to \mathsf{Spec}(S, A)$. Soit F un $\mathcal{O}_X$-module (où $X = \mathsf{Spec}(S, B)$) S-quasi-cohérent. Alors pour tout entier $p > 0$, on a $R^p f_* F = 0$.*

Démonstration : On notera $Y = \mathsf{Spec}(S, A)$, M le B-module $\pi_* F$. On a donc $F \simeq \tilde{M} = M \otimes_B \mathcal{O}_X$. Désignons par C_X la catégorie des $\mathcal{O}_X$-modules S-quasi-cohérents. On a montré (IV 4.10) que $f_* M \simeq M_{(A)} \otimes_A \mathcal{O}_Y$, ce qui montre que la restriction de f_* à C_X est un foncteur exact. Soit p un entier $p \geq 1$, et supposons démontré que pour tout entier q, $0 < q < p$, la restriction de $R^q f_*$ à C_X soit nulle (si $p = 1$, la condition est vide), alors pour tout monomorphisme $F \to F'$, de C_X, on a le monomorphisme

$$0 \to R^p f_*\, F \to R^p f_*\, F'$$

En effet $F'' = \mathrm{Coker}\,(F \to F')$ appartient à C_X et par hypothèse si $p > 1$ $R^{p-1} f_*\, F'' = 0$. Si $p = 1$, comme la restriction de f_* à C_X est un foncteur exact, l'homomorphisme $\delta : f_*\, F'' \to R^1 f_*\, F$ est l'homomorphisme nul et on a encore le résultat.

Pour montrer que $R^p f_*\, F = 0$, il suffit donc de montrer que pour tout $\xi \in \Gamma(Y, R^p f_*\, F)$, il existe, au moins localement au-dessus de Y un $\mathcal{O}_X$-module $F' \in \mathrm{Ob}\, C_X$ et un monomorphisme $\lambda : F \to F'$ tel que l'image de ξ dans $\Gamma(Y, R^p f_*\, F')$ soit nulle. Nous utiliserons ce procédé pour démontrer le théorème par récurrence sur p.

Supposons donc le théorème démontré pour q, $0 < q < p$ et montrons qu'il est vrai pour p. Soit $\xi \in \Gamma(Y, R^p f_*\, F)$. En localisant par rapport à Y par un recouvrement du type (U_λ, s_λ), avec $U_\lambda \in \mathrm{Ob}\, S$, $s_\lambda \in A(U)$, on peut, en changeant les notations et en remplaçant S/U_λ par S (resp. $A_{(U_\lambda, s_\lambda)}$ et $B_{(U_\lambda, s_\lambda)}$ par A et B) supposer que ξ provient de $\xi_0 \in H^p(X, F)$. Il existe alors un recouvrement de X, qu'on choisit du type $(U_\alpha, s_i)_{i \in I_\alpha, \alpha \in L}$ (où $(U_\alpha)_{\alpha \in L}$ est un recouvrement de S et où, pour tout $\alpha \in L$, I_α est fini et les $s_i \in B(U_\alpha)$, $I \in I_\alpha$, engendrent l'idéal $B(U_\alpha)$), et qui vérifie $\xi_\alpha/(U_\alpha, s_i) = 0$ pour tout couple (α, i). Remplaçant encore S/U_α par S, on peut supposer qu'il existe une famille finie $(s_i)_{i \in I}$, $s_i \in \Gamma(B)$ qui engendrent $\Gamma(B)$ et tels que l'image de ξ_0 dans $\prod_{i \in I} H^p(X/(e_S, s_i), F)$ soit nulle. Mais soit j_i l'inclusion

$$j_i : X/(e_S, s_i) \to X$$

et soit $F_i = j_{i*} j_i^* F$. Comme F est isomorphe au module $\widetilde{M}$ associé au B-module M, chaque F_i est un $\mathscr{O}_X$-module S-quasi-cohérent, isomorphe au module associé au B-module M_{s_i}. De plus comme la famille $(e_S, s_i)_{i \in I}$ est couvrante, le morphisme

$$F \to F' = \prod_{i \in I} F_i$$

est un monomorphisme et comme C_X est stable par produits finis, F' est S-quasi-cohérent. Le raisonnement fait plus haut montre qu'il suffit de prouver que l'image de ξ dans $H^p(X, F')$ est nulle. Nous utilisons le lemme suivant dont la vérification est immédiate :

Lemme (2.1.1). Soient X un $\mathcal{U}$-topos, F un groupe abélien de X; et $U \in \mathrm{Ob}\, X$. Alors pour tout entier $p > 0$, on a le diagramme commutatif

$$
\begin{array}{ccc}
H^p(X, F) & \xrightarrow{\ \lambda\ } & H^p(X/U, j_U^* F) \\[2mm]
{\scriptstyle \mu}\searrow & & \nearrow{\scriptstyle \nu} \\[2mm]
& H^p(X, j_{U*} j_U^* F) &
\end{array}
$$

où λ est l'homomorphisme de restriction, μ est déduit par fonctorialité du morphisme naturel

$$F \to j_{U*} j_U^* F$$

et ν est le edge-homomorphisme dela suite spectrale

$$E_2^{r,q} = H^r(X, (R^q j_{U*}) j_U^* F) \Rightarrow H^{r+q}(X/U, j_U^* F) .$$

On en déduit ici que $H^p(X, F) \to \prod_i H^p(X/(e_S, s_i), F)$ se factorise par $\prod_i H^p(X, j_{i*} j_i^* F)$ qui est isomorphe à $H^p(X, F')$ puisque la cohomologie commute à la formation des produits finis. Il suffit alors de montrer que, pour tout $i \in I$,

$$\nu_i : H^p(X, j_{i*} j_i^* F) \to H^p(X/(e_S, s_i), F)$$

est injectif.

Pour $p = 1$, il résulte de la suite spectrale du lemme (2.1.1) que ν_i est injectif. Supposons $p > 1$. Le module $j_i^* F$ est S-quasi-cohérent sur $\mathsf{Spec}(S, B_{s_i})$ et l'hypothèse de récurrence appliquée à j_{i*} montre que le terme

$$E_2^{r, q} = H^r\big(\mathsf{X}, (R^q j_{i*})\, j_i^* F\big)$$

de la suite spectrale du lemme (2.1.1) est nul pour $0 < q < p$. Le terme $E_2^{r, p-r}$ est donc nul pour $r \neq 0$ et pour $r \neq p$. On en déduit alors [M XV 5.5] qu'on a une suite exacte

$$0 \to E_\infty^{p, 0} \to H^p\big(\mathsf{X}/(e_\mathsf{S}, s_i), F\big) \to E_\infty^{0, p} \to 0 \ .$$

Comme de plus $E_2^{r, p} = 0$ pour $q < p$, on a $E_s^{p-s, s-l} = 0$ pour tout s et par suite l'épimorphisme $E_2^{p, 0} \to E_\infty^{p, 0}$ est un isomorphisme. On en déduit que ν_i est bien un monomorphisme. $\square$

Remarquons qu'il résulte du théorème qu'en réalité ν_i est un isomorphisme.

Corollaire (2.2). Soit $f : \mathsf{X} \to \mathsf{Y}$ un morphisme affine de S-quasi-schémas (V 7.2), pour tout $\mathcal{O}_\mathsf{X}$-module S-quasi-cohérent, et pour tout entier $p > 0$, on a $R^p f_* F = 0$.

Théorème (2.3). *Soient* (S, A) *un $\mathcal{U}$-topos annelé,* $(\mathsf{X}, \mathcal{O}_\mathsf{X}) = \mathsf{Spec}(S, A)$, $\pi : \mathsf{Spec}(S, A) \to (S, A)$ *le morphisme structural. Pour tout $\mathcal{O}_\mathsf{X}$-module* *S-quasi-cohérent F et pour tout entier $p > 0$, on a $R^p \pi_* F = 0$.*

Démonstration. La restriction de π_* à la catégorie C_X des $\mathcal{O}_\mathsf{X}$-modules S-quasi-cohérents est un foncteur exact. On utilise le même procédé que celui utilisé dans la démonstration de (2.1).

Soit p un entier, $p \geq 1$, et supposons le théorème démontré pour tout entier q, $0 < q < p$. Soit $\xi \in \Gamma(R^p \pi_* F)$. En localisant par rapport à S, on peut supposer que ξ provient de $\xi_0 \in H^p(\mathsf{X}, F)$ et en localisant encore par rapport à S, on peut supposer qu'il existe une famille finie $\{s_i\}_{i \in I}$, $s_i \in \Gamma(A)$ qui engendrent $\Gamma(A)$ comme idéal et tels que la restriction de ξ_0 à $H^p\big(\mathsf{X}/(e_\mathsf{S}, s_i), F\big)$ soit nulle pour tout i. Soit alors, avec les notations de (2.1)

$$F_i = j_{i*}\, j_i^* F \ , \qquad F' = \prod_{i \in I} F_i \ .$$

F' est un $\mathcal{O}_\mathsf{X}$-module S-quasi-cohérent; $F \to F'$ est un monomorphisme, et on a la factorisation

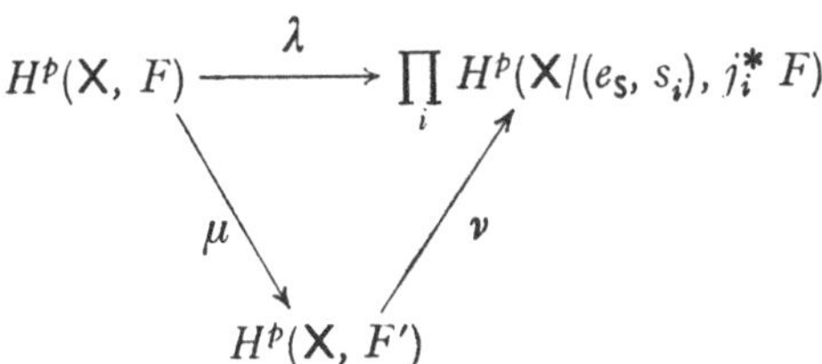

Mais, comme $(R^q j_{i*}) j_i^* F = 0$ pour tout $q \neq 0$, le morphisme ν est un isomorphisme, d'où le résultat.

(2.4) *Cas particulier des morphismes quasi-compacts et quasi-séparés*

Soient $(\mathsf{S}, \mathcal{O}_\mathsf{S})$ un $\mathcal{U}$-topos annelé, $f : \mathsf{X} \to \mathsf{Y}$ un morphisme quasi-compact et quasi-séparé de S-quasi-schémas (V 7.2) et F un $\mathcal{O}_\mathsf{X}$-module S-quasi-cohérent. Nous allons donner un moyen de calculer localement $R^p f_* F$.

En localisant sur Y, on peut supposer que f provient d'un morphisme de $\Gamma(\mathcal{O}_\mathsf{S})$-schémas ordinaires

$$f_0 : X_0 \to Y_0 \, ,$$

avec Y_0 affine et X_0 quasi-compact et quasi-séparé.

Soient alors $\mathcal{V}_0 = (V_{0_i})_{i \in I}$ un recouvrement fini de X_0 par des ouverts affines et pour tout couple $(i, j) \in I \times I$, $i \neq j$, soit $\mathcal{V}_{0_{ij}} = (V_{0_{ij\lambda}})_{\lambda \in L_{ij}}$ un recouvrement fini de $V_{0_i} \cap V_{0_j}$ par des ouverts affines. Par image réciproque, à $\mathcal{V}_0$ et aux $\mathcal{V}_{0_{ij}}$ correspondent respectivement le recouvrement $\mathcal{V} = (V_i)_{i \in I}$ de X et les recouvrements $\mathcal{V}_{ij} = (V_{ij\lambda})_{\lambda \in L_{ij}}$ de $V_i \cap V_j$. On désignera alors par $J_0, J_1, \ldots, J_n, \ldots$ les ensembles suivants

$$(2.4.1) \qquad\qquad\qquad\qquad J_0 = I \, ,$$

$$J_1 = \bigcup_{i \neq j} L_{ij} \, ,$$

et pour $n \geq 1$, $J_n = \{\sigma = (i, j_1, j_2, \ldots, j_n, \lambda_1, \lambda_2, \ldots, \lambda_n)\}$, où $i \in I$, $(j_1, j_2, \ldots, j_n) \in I^n - (i, i, \ldots, i)$, $\lambda_k \in L_{ij_k}$. On a encore

$$J_n = \bigcup_{i \in I} \ \bigcup_{j \in I^n - (i, i, \ldots, i)} L_{ij_1} \times L_{ij_2} \times \cdots \times L_{ij_n} \, .$$

Pour $\sigma \in J_n$, $\sigma = (i, j_1, j_2, \ldots, j_n, \lambda_1, \ldots, \lambda_n)$, on pose

$$(2.4.2) \qquad V_{0_\sigma} = \bigcap_{k=1}^{n} V_{0_{ij_k \lambda_k}} \qquad \left(\text{resp. } V_\sigma = \bigcap_{k=1}^{n} V_{ij_k \lambda_k}\right).$$

V_{0_σ} est un ouvert affine de X_0. A ces données correspond un hyper-recouvrement de type 2 (cf. [SGA 4] V ap. 3.1), K. avec

$$(2.4.3) \qquad K_0 = \coprod_i V_i \, , \qquad K_1 = \coprod V_{ij\lambda} \, , \qquad K_n = \coprod_{\sigma \in J_n} V_\sigma \, ,$$

et les applications semi-simpliciales évidentes. Soit $\mathbf{Z}_K$. le faisceau semi-simplicial associé à K., i.e. défini par

$$(2.4.4) \qquad\qquad\qquad \mathbf{Z}_{K_n} = \coprod_{\sigma \in J_n} \mathbf{Z}_{V_\sigma}$$

où $\mathbf{Z}_{V_\sigma}$ est le faisceau de $\mathbf{Z}$-modules libre engendré par V_σ sur X (prolongement par 0 de la restriction à V_σ du faisceau constant $\mathbf{Z}$) avec les applications différentielles habituelles. Le faisceau semi-simplicial $\mathbf{Z}_{K.}$ est *acyclique en degré strictement positif* et le $0^{\text{ème}}$ faisceau d'homologie est le faisceau contant $\mathbf{Z}$ [(loc. cit. 3.2)]. Soit F un $\mathcal{O}_\mathsf{X}$-module, on notera $C_{K.}(F)$ le complexe de faisceaux

$$(2.4.5) \qquad\qquad C_{K.}(F) = \mathrm{Hom}^{\cdot}(\mathbf{Z}_{K.}, F) \, .$$

Le faisceau de degré n est isomorphe à

$$(2.4.6) \qquad\qquad C_{K_n}(F) \simeq \prod_{\sigma \in J_n} j_{V_\sigma *} \, j_{V_\sigma}^* \, F \, .$$

$C_{K.}(F)$ est donc d'une manière naturelle muni d'une structure de complexe de $\mathcal{O}_\mathsf{X}$-modules.

Proposition (2.4.7). *Si F est un $\mathcal{O}_\mathsf{X}$-module S-quasi-cohérent, le complexe $C_{K.}(F)$ est un complexe de $\mathcal{O}_\mathsf{X}$-modules S-quasi-cohérents.*

Démonstration. En effet, on a $C_{K_n}(F) \simeq \prod_{\sigma \in J_n} j_{V_\sigma *} \, j_{V_\sigma}^* \, F$ où J_n est fini et où j_{V_σ} est un morphisme quasi-compact et quasi-séparé de S-quasi-schémas. De plus $j_{V_\sigma}^* \, F$ est un $\mathcal{O}_{\mathsf{X}/V}$-module S-quasi-cohérent, (1.10), d'où le résultat d'après (1.11). $\square$

Proposition (2.4.8). *Soit F un $\mathcal{O}_\mathsf{X}$-module S-quasi-cohérent, alors $f_* \, C_{K.}(F)$ est un complexe de $\mathcal{O}_\mathsf{Y}$-modules S-quasi-cohérents dont le $p^{\text{ème}}$ groupe de cohomologie est canoniquement isomorphe à $R^p f_* \, F$.*

Démonstration. Soit $\mathcal{J}^\cdot$ une résolution injective de F et soit $\mathscr{L}^\cdot$ le complexe simple associé au double complexe

$$C_{K.}(\mathcal{J}^\cdot) = \mathrm{Hom}(\mathbf{Z}_{K.}, \mathcal{J}^\cdot) \, .$$

On a une flèche naturelle d'augmentation

$$F \to \mathscr{L}^\cdot \, .$$

Montrons que $\mathscr{L}^\cdot$ est encore une résolution injective de F : on a

$$\mathscr{L}^n = \bigoplus_{p+q=n} C_{K_p}(\mathcal{J}^q) \, ,$$

donc $\mathscr{L}^n$ est un $\mathcal{O}_\mathsf{X}$-module injectif car c'est une somme finie de modules isomorphes à $\prod_{\sigma \in J_p} j_{V_\sigma *} \, j_{V_\sigma}^* \, \mathcal{J}^q$ qui sont injectifs puisque J_p est fini et que $j_{V_\sigma *}$ et $j_{V_\sigma}^*$ transforment modules injectifs en modules injectifs. Calculons alors la cohomologie de $\mathscr{L}^\cdot$. Pour cela nous étudions la seconde suite spectrale du double complexe

$$H^p_{\mathrm{II}} \, H^q_{\mathrm{I}}\big(C_{K.}(\mathcal{J}^\cdot)\big) \, .$$

Comme $\mathcal{J}^\cdot$ est injectif et que $\mathbf{Z}_{K.}$ est acyclique en dimension $q \neq 0$, on voit que

pour $p > 0$, $H_{\mathrm{I}}^p\left(C_{K.}(\mathcal{J}^\cdot)\right) = H_{\mathrm{I}}^p\left(\mathrm{Hom}(\mathbf{Z}_{K.}, \mathcal{J}^\cdot)\right) = 0$

et

$$H_{\mathrm{I}}^0\left(C_{K.}(\mathcal{J}^\cdot)\right) = \mathcal{J}^\cdot .$$

Comme $\mathcal{J}^\cdot$ est une résolution de F, la seconde suite spectrale dégénère et on en déduit que $\mathcal{L}^\cdot$ est aussi une résolution de F.

On en déduit en particulier que le $n^{\text{ème}}$ groupe de cohomologie du double complexe $f_* C_{K.}(\mathcal{J}^\cdot)$ est isomorphe à $R^n f_* F$. Pour démontrer la proposition, il suffit alors de montrer que le morphisme canonique

$$f_* C_{K.}(F) \to f_* C_{K.}(\mathcal{J}^\cdot)$$

est un *quasi-isomorphisme*, c'est-à-dire qu'il induit un isomorphisme sur la cohomologie.

Or, calculons la 1ère suite spectrale du double complexe $f_* C_{K.}(\mathcal{J}^\cdot)$, on a

$$H_{\mathrm{II}}^q\left(f_* C_{K.}(\mathcal{J}^\cdot)\right) = H^q\left(\prod_{\sigma \in J_p} (f j_{V_\sigma})_* \, j_V^* \, \mathcal{J}^\cdot\right) = \prod_{\sigma \in J_p} H^q\left((f j_{V_\sigma})_* \, j_V^* \, \mathcal{J}^\cdot\right) .$$

Or $j_{V_\sigma}^* \mathcal{J}^\cdot$ est une résolution injective du $\mathcal{O}_{X/V_\sigma}$-module $\mathbf{S}$-quasi-cohérent $j_{V_\sigma}^* F$ et $f j_{V_\sigma} : X/V_\sigma \to Y$ est un morphisme affine de $\mathbf{S}$-quasi-schémas. On en déduit que $H_{\mathrm{II}}^q\left(f_* C_{K_p/}(\mathcal{J}^\cdot)\right) = 0$ pour $q \neq 0$ et

$$H_{\mathrm{II}}^0\left(f_* C_{K.}(\mathcal{J}^\cdot)\right) \xrightarrow{\sim} f_* C_{K.}(F) .$$

La première suite spectrale est donc dégénérée et les edge-homomorphismes

$$\mathcal{H}^n\left(f_* C_{K.}(F)\right) \to R^n f_* F$$

sont des isomorphismes pour tout n. $\square$

Corollaire (2.4.9). Soient $(\mathbf{S}, \mathcal{O}_\mathbf{S})$ un $\mathcal{U}$-topos annelé, $f : \mathsf{X} \to \mathsf{Y}$ un morphisme quasi-compact et quasi-séparé de $\mathbf{S}$-quasi-schémas et F un $\mathcal{O}_\mathsf{X}$-module $\mathbf{S}$-quasi-cohérent. Alors pour tout entier p, $R^p f_* F$ est un $\mathcal{O}_\mathsf{Y}$-module $\mathbf{S}$-quasi-cohérent.

Corollaire (2.4.10). Soient $(\mathbf{S}, \mathcal{O}_\mathbf{S})$ un $\mathcal{U}$-topos annelé, $f : \mathsf{X} \to \mathsf{Y}$, $g : \mathsf{Y} \to \mathsf{Z}$ deux morphismes de $\mathbf{S}$-quasi-schémas, avec f quasi-compact et quasi-séparé et g affine. Alors, pour tout $\mathcal{O}_\mathsf{X}$-module $\mathbf{S}$-quasi-cohérent F, et pour tout entier p, l'homomorphisme canonique

$$R^p (g \circ f)_* F \to g_* (R^p f_* F)$$

est un isomorphisme.

Corollaire (2.4.11). Soient $(\mathsf{S}, \mathcal{O}_\mathsf{S})$ un $\mathcal{U}$-topos annelé, $f : \mathsf{X} \to \mathsf{Y}$ un morphisme de S-quasi-schémas et soit F un $\mathcal{O}_\mathsf{X}$-module S-quasi-cohérent. Supposons que f soit associé à un morphisme $f_0 : X_0 \to Y_0$ de $\Gamma(\mathcal{O}_\mathsf{S})$-schémas avec Y_0 affine et X_0 quasi-compact et quasi-séparé et que F soit associé à un O_{X_0}-module quasi-cohérent F_0. Pour tout $U \in \mathrm{Ob}\ \mathsf{S}$, soient $X_{0_U} = X_0 \otimes_{\Gamma(\mathcal{O}_\mathsf{S})} \Gamma(U, \mathcal{O}_\mathsf{S})$, $Y_{0_U} = Y_0 \otimes_{\Gamma(\mathcal{O}_\mathsf{S})} \times$ $\times\ \Gamma(U, \mathcal{O}_\mathsf{S})$; à f_0 et F_0 sont alors associés respectivement le morphisme $f_{0_U} : X_{0_U} \to Y_{0_U}$ et le $O_{X_{0_U}}$-module quasi-cohérent F_{0_U}.

Par ailleurs on a l'équivalence $(\mathsf{Y}, \mathcal{O}_\mathsf{Y}) \simeq \mathsf{Spec}(\mathsf{S}, A)$ où $A = \Gamma(\mathcal{O}_{Y_0}) \otimes_{\Gamma(\mathcal{O}_\mathsf{S})} \mathcal{O}_\mathsf{S}$. Désignons par $\pi_* : \mathsf{Spec}(\mathsf{S}, A) \to (\mathsf{S}, A)$ le morphisme canonique, on a alors l'énoncé :

Pour tout entier p le A-module $\pi_* \, (R^p f_* \, F)$ est isomorphe au faisceau associé au préfaisceau sur S

$$U \, \rightsquigarrow \, H^p\big(X_{0_U}, F_{0_U}\big) \, .$$

Démonstration. Soit K_0 un hyper-recouvrement de X_0 du type envisagé en (2.4.3). On note, pour $U \in \mathrm{Ob}\ \mathsf{S}$ K_{0_U} (resp. $K.$), les hyper-recouvrements correspondants de X_{0_U} (resp. de X). Le $\mathcal{O}_\mathsf{Y}$-module $R^p f_* \, F$ est S-quasi-cohérent et isomorphe au $p^{\text{ème}}$ groupe de cohomologie du complexe $f_* \big(C_{K.}(F)\big)$ (2.4.8). Or on a

$$f_* \, C_{K_n}(F) = \prod_{\sigma \in J_n} f_* \, j_{V_*} \, j_V^* \, F \, ,$$

et pour tout $\sigma \in J_n$, on a une équivalence du type

$$(\mathsf{X}/V_\sigma, \mathcal{O}_{\mathsf{X}/V_\sigma}) \simeq \mathsf{Spec}(\mathsf{S}, B_\sigma) \, ,$$

où B_σ est une A-algèbre. Le $\mathcal{O}_{\mathsf{X}/V_\sigma}$-module $j_{V_\sigma}^* \, F$ est S-quasi-cohérent, donc associé à un B_σ-module M_σ et on a un isomorphisme

$$\pi_* \, f_* \, j_{V_\sigma *} \, j_V^* \, F \xrightarrow{\sim} M_{\sigma(A)} \, .$$

Par ailleurs le A-module $M_{\sigma(A)}$ est isomorphe au faisceau associé au préfaisceau sur S

$$U \mapsto \Gamma(V_0, F_0) \otimes_{\Gamma(\mathcal{O}_\mathsf{S})} \Gamma(U, \mathcal{O}_\mathsf{S}) = \Gamma\big(V_{0_{\sigma_U}}, F_{0_U}\big) \, .$$

Comme π_* induit un foncteur exact de la catégorie des $\mathcal{O}_\mathsf{Y}$-modules S-quasi-cohérents dans la catégorie des A-modules, $\pi_* \, (R^p f_* \, F)$ est isomorphe au $p^{\text{ème}}$ foncteur de cohomologie du complexe $\pi_* \, f_* \, C_{K.}(F)$ qui, d'après ce qui précède, est isomorphe au faisceau associé au préfaisceau

$$U \mapsto \check{H}^p \big(K_{0_U}, F_{0_U}\big) \, .$$

Mais comme les ouverts qui définissent K_{0_U} sont affines et que F_{0_U} est quasi-cohérent, la suite spectrale ([*SGA* 4] V Ap. 4)

$$\check{H}^p\left(K_{0_U}, \mathcal{H}^q(F_{0_U})\right) \Rightarrow H^{p+q}(X_{0_U}, F_{0_U})$$

dégénère et on a l'isomorphisme

$$\check{H}^p\left(K_U^0, F_{0_U}\right) \xrightarrow{\sim} H^p\left(X_{0_U}, F_{0_U}\right),$$

d'où le résultat. $\square$

(2.5) *Changement de base plat*

(2.5.1) Soient $\varphi : (\mathsf{T}, \mathcal{O}_\mathsf{T}) \to (\mathsf{S}, \mathcal{O}_\mathsf{S})$ un morphisme de $\mathcal{U}$-topos annelés, $f : (\mathsf{X}, \mathcal{O}_\mathsf{X}) \to (\mathsf{Y}, \mathcal{O}_\mathsf{X})$ un morphisme de S-*quasi-schémas* et $f_\mathsf{T} : (\mathsf{X}_\mathsf{T}, \mathcal{O}_{\mathsf{X}_\mathsf{T}})$ $\to (\mathsf{Y}_\mathsf{T}, \mathcal{O}_{\mathsf{Y}_\mathsf{T}})$ le morphisme de T-quasi-schémas déduit de f par changement de base. Pour tout $\mathcal{O}_\mathsf{X}$-module F (resp. $\mathcal{O}_\mathsf{Y}$-module G) on note F_T (resp. G_T) le $\mathcal{O}_{\mathsf{X}_\mathsf{T}}$-module (resp. le $\mathcal{O}_{\mathsf{Y}_\mathsf{T}}$-module obtenu par image réciproque.

Soit F un $\mathcal{O}_\mathsf{X}$-module, pour tout entier p, on a un homomorphisme naturel [EGA III 1.4.15]

$$\varphi^\# : (R^p f_* F)_\mathsf{T} \to R^p(f_\mathsf{T})_* F_\mathsf{T}.$$

Proposition (2.5.2). Avec les hypothèses et les notations de (2.5.1), si φ est un morphisme plat (c'est-à-dire si $\mathcal{O}_\mathsf{T}$ est un $\varphi^* \mathcal{O}_\mathsf{S}$-module plat), si f est un morphisme quasi-compact et quasi-séparé de S-quasi-schémas et si F est un $\mathcal{O}_\mathsf{X}$-module S-quasi-cohérent, alors $\varphi^\#$ est un *isomorphisme*.

Démonstration. Il suffit de vérifier que localement $\varphi^\#$ est un isomorphisme. On peut donc supposer que f est associé à un morphisme $f_0 : X_0 \to Y_0$ de $\Gamma(\mathcal{O}_\mathsf{S})$-schémas, avec Y_0 affine et X_0 quasicompact et quasi-séparé. Utilisons alors les résultats et les notations de (2.4). Soit $K.$ un hyper-recouvrement de X du type considéré en (2.4.3). Il lui correspond par changement de base un hyper-recouvrement $K_\mathsf{T}.$ de même type sur X_T. Soit

$$\widetilde{\varphi} : \left(f_* C_{K.}(F)\right)_\mathsf{T} \to f_{\mathsf{T}*} C_{K_\mathsf{T}.}(F_\mathsf{T})$$

l'homomorphisme naturel de complexes. Comme $\mathcal{O}_\mathsf{T}$ est $\varphi^*(\mathcal{O}_\mathsf{S})$-plat, pour tout entier q, on a un isomorphisme canonique

$$\left(\mathcal{H}^q(f_* C_{K.}(F))\right)_\mathsf{T} \xrightarrow{\sim} \mathcal{H}^q\left((f_* C_{K.}(F))_\mathsf{T}\right).$$

D'autre part, il résulte aussitôt des définitions et de (2.4.8) que le diagramme suivant est commutatif:

$$
\begin{array}{ccc}
\mathcal{H}^q\left(f_* C_{K.}(F)\right) & \xrightarrow{\mathcal{H}^q(\widetilde{\varphi})} & \mathcal{H}^q\left(f_{\mathsf{T}*} C_{K_\mathsf{T}.}(F_\mathsf{T})\right) \\
\downarrow{\scriptstyle S} & & \downarrow{\scriptstyle S} \\
(R^q f_* F)_\mathsf{T} & \xrightarrow{\varphi^\#} & R^q f_{\mathsf{T}*} F_\mathsf{T}.
\end{array}
$$

Il suffit donc de montrer que $\tilde{\varphi}$ est un isomorphisme. Or soit U un ouvert de X associé à un ouvert affine de X_0 ; il est immédiat que l'homomorphisme

$$(f_* \, j_{U*} \, j_U^* \, F)_\mathsf{T} \to f_{\mathsf{T}*} \, j_{U_\mathsf{T}*} \, j_{U_T}^* \, F_\mathsf{T}$$

est un isomorphisme, donc de même $\tilde{\varphi}$ est un isomorphisme. $\quad\square$

3. Fibrés projectifs

(3.1) Soient $(\mathsf{Y}, \mathcal{O}_\mathsf{Y})$ un $\mathcal{U}$-topos annelé, E un $\mathcal{O}_\mathsf{Y}$-module localement libre de rang $(r + 1)$. On a défini le Y-schéma relatif $\mathbf{P}(E)$. On désignera par $(\mathsf{X}, \mathcal{O}_\mathsf{X}) = \mathscr{P}(E)$ le Y-quasi-schéma associé. Le Y-schéma $\mathbf{P}(E)$ était obtenu, en recollant à l'aide de l'élément $\xi_E \in H^1(\mathsf{Y}, \mathrm{GL}\,(r + 1))$ associé à E et défini sur un recouvrement $\mathcal{U} = (U_i)_{i \in I}$ de Y, les $\Gamma(U_i, \mathcal{O}_\mathsf{Y})$-schémas $\mathbf{P}^r_{\Gamma(U_i, \mathcal{O}_\mathsf{Y})}$. En recollant de la même façon les images inverses des faisceaux inversibles canoniques des $P^r_{\Gamma(U_i, \mathcal{O}_\mathsf{Y})}$ sur les X_{U_i} on obtient le faisceau inversible $\mathcal{O}_\mathsf{X}(1)$. Nous montrerons naturellement que le couple formé du Y-quasi-schéma X et du faisceau $\mathcal{O}_\mathsf{X}(1)$ est solution d'un 2-problème universel (Ch. VII).

(3.2) Sous les hypothèses de (3.1), on définit comme dans le cas des schémas ordinaires pour tout entier $n \in \mathbf{Z}$, le faisceau inversible

$$(3.2.1) \qquad\qquad \mathcal{O}_\mathsf{X}(n) = \mathcal{O}_\mathsf{X}(1)^{\otimes n}$$

et pour tout $\mathcal{O}_\mathsf{X}$-module F, le $\mathcal{O}_\mathsf{X}$-module $F(n)$ par

$$(3.2.2) \qquad\qquad F(n) = F \otimes_{\mathcal{O}_\mathsf{X}} \mathcal{O}_\mathsf{X}(n)$$

(3.3) Avec les notations de (3.1), soit f le morphisme structural

$$f : (\mathsf{X}, \mathcal{O}_\mathsf{X}) \to (\mathsf{Y}, \mathcal{O}_\mathsf{Y})\,,$$

et soit f' le morphisme de Y-quasi-schémas

$$f' : (\mathsf{X}, \mathcal{O}_\mathsf{X}) \to \mathsf{Spec}(\mathsf{Y}, \mathcal{O}_\mathsf{Y})$$

qui s'en déduit par factorisation. Le morphisme f' est quasi-compact et séparé. En combinant les résultats du corollaire (2.4.11), de [EGA III 2.1] et de [15] III 3, on obtient aussitôt les deux propositions.

Proposition (3.3.1). Avec les notations de (3.3), on a

(i) *Les seules valeurs de i entier positif et de $n \in \mathbf{Z}$ pour lesquelles on peut avoir $R^i f_* \, \mathcal{O}_\mathsf{X}(n) = 0$ sont $i = 0$ et $n \geq 0$, $i = r$ et $n \leq -r - 1$.*

(ii) *Il existe un isomorphisme canonique gradué*

$$\alpha : \mathcal{O}_\mathsf{Y}[T_0, T_1, \ldots, T_r] \to \bigotimes_{n \geq 0} f_* \, \mathcal{O}_\mathsf{X}(n)\,.$$

(iii) *Pour $n \leq -r - 1$, $R^r f_* \, O_X(n)$ est un O_Y-module libre de type fini ayant une base formée d'éléments $\xi_{p_0 p_1 \ldots p_r}$ avec $p_i > 0$ et $p_0 + p_1 + \cdots + p_r = -n$.*

Proposition (3.3.2). *Soit $\omega = f^*(\Lambda^{r+1} E) \, (r - 1)$. Alors*

(i) *on a un isomorphisme canonique*

$$\tau : R^r f_* \, \omega \xrightarrow{\sim} O_Y \, ,$$

(ii) *pour $0 < i < r$ et $n \in \mathbf{Z}$ ou pour $i = r$ et $n < 0$*

$$R^i f_* \, \omega(-n) = 0 \, ,$$

(iii) *l'accouplement cup-produit*

$$R^r f_* \, O_X(n) \times R^0 f_* \, \omega(-n) \to R^r f_* \, \omega$$

est un accouplement parfait de faisceaux localement libres.

(3.4). **Théorème de finitude.** *Avec les notations de (3.3), pour tout O_X-module de présentation finie F, on a les propriétés*

(i) $R^q f_* \, F = 0$ *pour $q > r$*

(ii) *Il existe un recouvrement $(U_i)_{i \in I}$ de Y et pour tout $i \in I$, il existe un entier n_i tel que pour $n \geq n_i$ l'homomorphisme canonique*

$$f^*_{U_i} f_{U_i *} \, F(n) \to F(n)$$

soit surjectif.

Si on suppose de plus que O_X est cohérent, on a aussi

(iii) *Il existe un recouvrement $(U_i)_{i \in I}$ de Y et pour tout $i \in I$, il existe un entier n_i tel que pour $n \geq n_i$ et pour tout $q > 0$, on ait $R^q f_{U_i *} \, F_{U_i}(n) = 0$.*

Démonstration. Les trois propriétés à démontrer sont des propriétés de nature locale sur Y. Comme F est de présentation finie, on peut supposer après avoir localisé par rapport à Y que F provient d'un O_{X_0}-module de présentation finie F_0 (où $X_0 = \mathbf{P}^r_{\Gamma(O_Y)}$). Comme X_0 est recouvert par r ouverts affines, la propriété (i) résulte du corollaire (2.4.11) et de *EGA* III (1.4.12). Pour démontrer (ii), il suffit alors de montrer qu'il existe un entier n_0 tel que, pour $n \geq n_0$, $F(n)$ soit engendré par ses sections au-dessus de X. Or on sait que ce résultat est déjà vrai pour F_0 [*EGA* II (2.7.9)]. Il reste alors à démontrer (iii) sous l'hypothèse que O_X est cohérent ce que nous faisons suivant le modèle de *EGA* III (2.2.2). Le O_{X_0}-module F_0 est isomorphe à un quotient d'un O_{X_0}-module E_0 somme finie de $O_{X_0}(m_j)$. On a donc une suite exacte

$$O \to R \to E \to F \to O$$

où $E = \underset{j \in J}{\oplus} O_X(m_j)$, avec J fini et où R est cohérent. Le O_X-module E

vérifie. (iii) (3.3.1). On en déduit alors la propriété pour F par récur
rence descendante sur q en utilisant pour tout entier n, la suite exacte

$$R^{q-1} f_* E(n) \to R^{q-1} f_* F(n) \to R^q f_* R(n)$$

et l'hypothèse de récurrence appliquée à R. $\square$

4. Propriétés noethériennes

Proposition (4.1). (J. P. Serre). *Soit* S *un* $\mathcal{U}$-*topos et soit* $\mathcal{O}_S$ *un anneau cohérent de* S, *les conditions* (N) *suivantes sont équivalentes.*

(N) (i)   Pour tout $U \in$ Ob S et pour tout $\mathcal{O}_{S/U}$-module cohérent F, toute suite croissante de sous $\mathcal{O}_{S/U}$-modules cohérents de F est localement stationnaire.

    (ii)   Pour tout $U \in$ Ob S, toute suite croissante d'idéaux cohérents ⋅ de $\mathcal{O}_{S/U}$ est localement stationnaire.

J. P. Serre démontre cette proposition dans un article aux Annales de l'Institut Fourier (1966, pp. 363—374) et montre que le faisceau structural d'un espace analytique vérifie les propriétés équivalentes (N). En vue de l'application au cas des espaces analytiques, nous montrons ici que la propriété (N) se transmet au faisceau structural des S-quasi-schémas de présentation finie. En particulier, c'est ce résultat qui nous permettre d'affirmer que le faisceau structural d'un quasi-schéma projectif sur un espace analytique est cohérent et donc d'utiliser le théorème de finitude (3.3).

Définition (4.2). On dira qu'un faisceau d'anneaux *cohérent* est *essentiellement noethérien* s'il vérifie les propriétés (N) de (4.1).

Proposition (4.3). *Toute algébre de présentation finie sur un anneau essentiellement noethérien d'un topos est un anneau essentiellement noethérien.*

Démonstration. Soit A un anneau noethérien d'un $\mathcal{U}$-topos S et soit I un idéal cohérent de A. L'anneau A/I est cohérent. D'autre part toute suite croissante d'idéaux cohérents de A/I se relève en une suite croissante d'idéaux cohérents de A localement stationnaires, donc est aussi localement stationnaire. Il suffit donc de montrer que pour tout anneau essentiellement noethérien A, l'anneau $B = A[t]$ est essentiellement noethérien. Comme l'hypothèse et la propriété à démontrer sont de nature locale sur S, chaque fois qu'une propriété sera vérifiée par les objets d'un recouvrement de S, on pourra supposer qu'elle est vraie sur S, ce qui reviendra à changer les notations.

Montrons d'abord que B est cohérent. Il suffit de montrer que le noyau C d'un B-homomorphisme

$$\lambda : B^p \to B$$

est un B-module de type fini. On peut supposer que λ est défini par p polynômes $Q_1, Q_2, \ldots, Q_p$, $Q_i \in \Gamma(A)\,[t]$. Soient alors, pour $i = 1, \ldots, p$, $q_i = Q_i(0)$, $q_i \in \Gamma(A)$. Aux q_i est associé un A-homomorphisme

$$\lambda_0 : A^p \to A$$

dont le noyau H est un A-module cohérent. De plus on a le diagramme commutatif

$$\begin{array}{ccccccc}
0 & \to & C & \to & B^p & \to & B \\
& & \downarrow & & \downarrow & & \downarrow \\
0 & \to & H & \to & A^p & \to & A
\end{array}$$

où les flèches verticales sont les A-homomorphismes déduits par fonctorialité de l'homomorphisme d'augmentation

$$\varepsilon : B \to A, \qquad t \mapsto 0\,.$$

Pour tout entier k, $k \geq 0$, désignons par B_k le sous-A-module de B engendré par les polynômes en t de degré inférieur ou égal à k. Soit $h = \underset{i=1,\ldots,p}{\mathrm{Sup}}\ d^\circ\,Q_i$. L'homomorphisme λ induit un A-homomorphisme

$$\lambda_k : B_k^p \to B_{k+h}.$$

Soit C_k le sous-faisceau $C \cap B_k^p$ de C. Le A-module C_k est isomorphe au noyau de λ_k. C-est donc un A-module cohérent et son image C_k' dans H est un sous A-module cohérent de H. Soit alors C' l'image de C dans H. On a

$$C = \underset{k}{\mathrm{Sup}}\ C_k\,, \qquad C' = \underset{k}{\mathrm{Sup}}\ C_k'\,,$$

et l'hypothèse faite sur A montre que C' est encore un A-module cohérent. On peut donc supposer (en utilisant la remarque faite plus haut) qu'il existe un épimorphisme de A-modules

$$A^q \xrightarrow{\ \varphi_0\ } C' \longrightarrow 0\,,$$

et comme $C \to C'$ est un épimorphisme, on peut supposer qu'on peut relever φ_0 en un B-homomorphisme $\varphi : B^q \to C$ rendant commutatif le diagramme

$$\begin{array}{ccc}
B^q & \xrightarrow{\ \varphi\ } & C \\
\varepsilon^q \downarrow & & \downarrow \\
A^q & \xrightarrow{\ \varphi_0\ } & C'
\end{array} \quad .$$

On peut supposer de plus que φ est défini par $q\,p$ polynômes

$$P_{ij} \in \Gamma(A)\,[t]\,, \qquad i = 1, 2, \ldots, q\,, \qquad j = 1, 2, \ldots, p\,.$$

On note $P_i = (P_{i1}, P_{i2}, \ldots, P_{ip}) \in \Gamma(C)$.

Soit alors $n = \operatorname*{Sup}_{i,j} d^\circ P_{ij}$. Comme C_n est un A-module cohérent, on peut supposer qu'il existe un épimorphisme de A-modules

$$\psi_0 : A^r \to C_n\,.$$

Le morphisme ψ_0 est défini par r sections de C_n, donc de C. On lui associe de façon naturelle le B-homomorphisme

$$\psi : B^r \to C$$

dont l'image contient C_n.

Montrons alors que le B-homomorphisme

$$\varphi \oplus \psi : B^q \oplus B^r \to C$$

est un épimorphisme de B-modules.

Soit $R \in \Gamma(C)$. On peut supposer que $R = (R_1, R_2, \ldots, R_p)$, avec $R_i \in \Gamma(A)\,[t]$ pour tout $i = 1, \ldots, p$. Si $\operatorname*{Sup}_{i} d^\circ R_i \leq n$, on a $R \in \Gamma(C_n)$ et R est dans l'image de ψ. Sinon soit $r = R(0)$ l'image de R dans $\Gamma(C')$. On peut supposer que r est combinaison linéaire à coefficients dans $\Gamma(A)$ des $P_i(0)$

$$r = \sum_{i=1}^{p} \alpha_i\, P_i(0)\,.$$

On a alors $R - \sum_{i=1}^{q} \alpha_i\, P_i = t\, R' = (t\, R'_1, t\, R'_2, \ldots, t\, R'_p)$. Comme $\lambda(t\, R') = 0$, on a aussi $\lambda(R') = 0$ et $R' \in \Gamma(C)$. Mais de plus on a $\operatorname*{Sup}_{i} d^\circ R'_i < \operatorname*{Sup}_{i} d^\circ R_i$. D'où le résultat par récurrence sur les degrés. $\square$

Pour montrer que B *vérifie la condition* (N), nous utiliserons le lemme et la définition qui suivent :

Lemme (4.3.1). Soit A un anneau essentiellement noethérien d'un topos S et soit $\mathfrak{b}$ un idéal cohérent de $B = A[t]$. Pour tout entier $k \geq 0$, désignons par B_k le sous-A-module de B engendré par les polynômes en t de degré k. Alors $\mathfrak{b}_k = \mathfrak{b} \cap B_k$ est un sous-A-module cohérent de B_k.

Démonstration. On peut supposer que $\mathfrak{b}$ est engendré par q sections globales $P_1, P_2, \ldots, P_q$, $P_i \in \Gamma(A)\,[t]$. Soit $h = \operatorname*{Sup}_{i} d^\circ P_i$. Pour tout entier $n \geq h$, la suite $(P_1, P_2, \ldots, P_q)$ définit un homomorphisme de A-modules

$$\lambda_n : B^q_{n-h} \to B_n$$

où B_{n-k}^q (resp. B_n) qui est isomorphe à $A^{(n-k+1)q}$ (resp. à A^{n+1}) est un A-module cohérent. L'image C_n de λ_n est donc un sous A-module cohérent de B_n. De plus la suite des C_n est une suite croissante de sous A-modules de B et on a

$$\mathfrak{b} = \sup_n C_n \,.$$

D'autre part pour $n \geq k$, B_k est un sous A-module cohérent de B_n, donc $B_k \cap C_n$ est encore un sous-A-module cohérent de C_n. La suite $n \mapsto B_k \cap C_n$ est une suite croissante de sous A-modules cohérents de B_k. On déduit alors de l'égalité

$$\mathfrak{b}_k = \operatorname*{Sup}_n (B_k \cap C_n)$$

et de l'hypothèse que A est essentiellement noethérien que $\mathfrak{b}_k$ est un A-module cohérent. $\quad\square$

Définition (4.3.2). Soit A un anneau essentiellement noethéorien d'un topos S et $B = A[t]$. A tout idéal cohérent $\mathfrak{b}$ de B nous allons associer un idéal cohérent noté $\mathfrak{a}(\mathfrak{b})$ de A de la façon suivante : avec les notations de (4.3.1), pour tout entier $k \geq 0$ posons

$$\mathfrak{b}_k = \mathfrak{b} \cap B_k \,,$$

et soit $\lambda_k : \mathfrak{b}_k \to B_k/B_{k-1}$ l'homomorphisme canonique. En composant λ_k avec l'isomorphisme naturel $B_k/B_{k-1} \simeq A$, on obtient un homomorphisme de A-modules

$$\lambda'_k : \mathfrak{b}_k \to A$$

dont l'image $\mathfrak{a}_k(\mathfrak{b})$ est un idéal cohérent de A.

D'autre part, la multiplication par t défini un monomorphisme

$$\varepsilon_k : \mathfrak{b}_k \to \mathfrak{b}_{k+1}$$

et on a les relations

$$\lambda'_{k+1} \circ \varepsilon_k = \lambda'_k$$

la suite $\mathfrak{a}_k(\mathfrak{b})$ est donc une suite croissante d'idéaux cohérents de A. On définit alors $\mathfrak{a}(\mathfrak{b})$ par

$$\mathfrak{a}(\mathfrak{b}) = \operatorname*{Sup}_k \mathfrak{a}_k(\mathfrak{b}) \,.$$

Comme la suite $\mathfrak{a}_k(\mathfrak{b})$ est localement stationnaire, l'idéal $\mathfrak{a}(\mathfrak{b})$ est cohérent. $\quad\square$

Nous pouvons alors achever la démonstration de la proposition (4.3). Soit $(\mathfrak{b}_i)_{i \in \mathbf{N}}$ une suite croissante d'idéaux cohérents de A. Il faut montrer que cette suite est localement stationnaire. Or la suite $\{\mathfrak{a}(\mathfrak{b}_i)\}_{i \in \mathbf{N}}$ est une suite croissante d'idéaux cohérents de A. Elle est donc localement stationnaire. Comme la propriété à démontrer est de nature locale sur S, on peut supposer que $\{\mathfrak{a}(\mathfrak{b}_i)\}$ est stationnaire à partir de $i = i_0$.

De même comme $\mathfrak{a}(\mathfrak{b}_{i_0}) = \underset{n}{\mathrm{Sup}}\, \mathfrak{a}_n(\mathfrak{b}_{i_0})$ (4.3.2), on peut supposer que la suite $n \mapsto \mathfrak{a}_n(\mathfrak{b}_{i_0})$ est stationnaire à partir du rang $n = n_0$. Mais la suite $i \mapsto b_{i,n_0} = b_i \cap B_{n_0}$ est une suite croissante, de sous A-modules cohérents de B_{n_0}. Elle est donc localement stationnaire et on peut la supposer stationnaire à partir du rang $i = i_1$.

Soit alors $j_0 = \sup\,(i_0, i_1)$. Montrons que la suite $\{\mathfrak{b}_i\}_{i \in \mathbf{N}}$ est stationnaire à partir de $i = j_0$.

Comme $\mathfrak{a}_{n_0}(\mathfrak{b}_{i_0})$ est un idéal cohérent de A, on peut supposer, puisque c'est vrai localement, que $\mathfrak{a}_{n_0}(\mathfrak{b}_{i_0})$ est engendré par k sections $(a_1, a_2, \ldots, a_k)$, $a_l \in \Gamma(A)$, pour $l = 1, \ldots, k$, et on peut supposer de plus que, pour tout $l = 1, 2, \ldots, k$, il existe $Q_l \in \Gamma(A)\,[t]$ tel que $Q_l \in \Gamma(\mathfrak{b}_{i_0})$ et ait pour terme de plus haut degré $a_l\, t^{n_0}$. Soient alors $i \geq j_0$, $U \in \mathrm{Ob}\,\mathbf{S}$, $P \in \Gamma(U, \mathfrak{b}_i)$ et montrons qu'on a $P \in \Gamma(U, \mathfrak{b}_{j_0})$. La question étant locale sur U, on peut supposer que $P \in \Gamma(U, A)\,[t]$. On va raisonner par récurrence sur le degré n de P.

Si $n \leq n_0$, on a $P \in \Gamma(U, \mathfrak{b}_{i,n_0}) = \Gamma(U, \mathfrak{b}_{j_0,n_0})$. On a fini.

Si $n > n_0$, le coefficient b de t^n est localement combinaison linéaire de $a_1, a_2, \ldots, a_k$. On peut donc supposer que

$$b = \sum_{l=1}^{k} \beta_l\, a_l$$

Soit alors $P_1 = P - \sum_{l=1}^{k} \beta_l\, t^{n-n_0}$. On a $d^0\, P_1 \leq n - 1$ et $P_1 \in \Gamma(U, \mathfrak{b}_i)$. D'où le résultat par l'hypothèse de récurrence. $\square$

On en déduit le théorème :

Théorème (4.4). *Soient* $(\mathbf{S}, \mathcal{O}_\mathbf{S})$ *un* $\mathcal{U}$-*topos annelé et* $(\mathbf{X}, \mathcal{O}_\mathbf{X})$ *un* $\mathbf{S}$-*quasi-schéma localement de présentation finie* (V 7.2). *Si* $\mathcal{O}_\mathbf{S}$ *est un anneau essentiellement noethérien, alors* $\mathcal{O}_\mathbf{X}$ *est un anneau essentiellement noethérien.*

Démonstration. Comme le résultat à démontrer est de nature locale sur $\mathbf{X}$, on peut supposer que $(\mathbf{X}, \mathcal{O}_\mathbf{X}) \simeq \mathbf{Spec}(\mathbf{S}, A)$ où A est une $\mathcal{O}_\mathbf{S}$-algèbre de présentation finie. L'anneau A est alors (4.3) un anneau essentiellement noethérien. $\square$

Chapitre VII

Modules sur un schéma relatif.
Exemples de 2-foncteurs $F : \mathfrak{Top}\ \mathfrak{an}\ \mathfrak{loc}/S \to \mathfrak{Cat}$
représentables par des S-quasi-schémas

1. Modules sur un schéma relatif

Dans ce paragraphe, nous allons en préliminaire définir une notion de «O_X-module», où X est un schéma relatif sur un topos annelé, notion que nous comparerons à celle de $\mathcal{O}_\mathbf{X}$-module, où $\mathbf{X}$ désigne le quasi-schéma associé à X. Ces deux notions sont en particulier équivalentes quand on fait des hypothèses de finitude convenables.

Dans tout ce paragraphe, $(\mathbf{S}, \mathcal{O}_\mathbf{S})$ désigne un $\mathcal{U}$-topos annelé fixé.

(1.1) *Les champs* $\{\mathsf{Alg\text{-}mod}\,;\, \mathbf{S}\}$ et $\{\mathscr{Alg\text{-}Mod}\,;\, \mathbf{S}\}$

(1.1.1) On définit le champ $\{\mathsf{Alg\text{-}Mod}\,;\, \mathbf{S}\}$ sur $\mathbf{S}$ comme champ associé ([8] 1.4.1.2) à la catégorie fibrée $\mathbf{C}$ sur $\mathbf{S}$ suivante:

(i) pour tout $U \in \mathrm{Ob}\ \mathbf{S}$, la fibre en U est la catégorie $\mathbf{C}_U$ des couples (A_0, M_0) formés d'une $\Gamma(U, \mathcal{O}_\mathbf{S})$-algèbre A_0 et d'un A_0-module M_0.

(ii) Les foncteurs de changement de base sont les foncteurs «extension des scalaires».

(1.1.2) Notons alors $\{\mathsf{Alg\text{-}Mod}_1\,;\, \mathbf{S}\}$ (resp. $\{\mathsf{Alg\text{-}Mod}_2\,;\, \mathbf{S}\}$) la sous-catégorie fibrée pleine de $\{\mathsf{Alg\text{-}Mod}\,;\, \mathbf{S}\}$ dont les objets proviennent localement des couples (A_0, M_0) formés d'une $\Gamma(U, \mathcal{O}_\mathbf{S})$-algèbre de type fini (resp. de présentation finie) A_0 et d'un A_0-module M_0 de type fini (resp. de présentation finie). Les catégories fibrées $\{\mathsf{Alg\text{-}Mod}_i\,;\, \mathbf{S}\}$, $i = 1, 2$, sont encore des champs.

(1.1.3) On définit encore la catégorie fibreé $\{\mathscr{Alg\text{-}Mod}\,;\, \mathbf{S}\}$ (resp. $\{\mathscr{Alg\text{-}Mod}_1\,;\, \mathbf{S}\}$, resp. $\{\mathscr{Alg\text{-}Mod}_2\,;\, \mathbf{S}\}$) dont la fibre en $U \in \mathrm{Ob}\ \mathbf{S}$ est la catégorie $\mathscr{C}_U$ (resp. $\mathscr{C}_{1_U}$), resp. $\mathscr{C}_{2_U}$) des couples (A, M) formés d'une $\mathcal{O}_\mathbf{S}$-algèbre (resp. d'une $\mathcal{O}_\mathbf{S}$-algèbre de type fini, resp. d'une $\mathcal{O}_\mathbf{S}$-algèbre de présentation finie) A et d'un A-module (resp. d'un A-module de type fini, resp. d'un A-module de présentation finie) M, et dont les foncteurs de changement de base sont les foncteurs de restriction. Il est immédiat que les catégories fibrées ainsi définies sont encore des *champs*.

(1.1.4) Pour tout $U \in \mathrm{Ob}\ \mathsf{S}$, on a un foncteur naturel, image inverse,

$$\mathsf{C}_U \to \mathscr{E}_U \qquad\qquad (1.1.1\ \text{et}\ 1.1.3)$$

qui commute aux changements de base des catégories fibrées C et $\{\mathscr{Alg\text{-}Mod}\,;\mathsf{S}\}$. On en déduit un foncteur cartésien

$$\Phi : \{\mathsf{Alg\text{-}Mod}\,;\mathsf{S}\} \to \{\mathscr{Alg\text{-}Mod}\,;\mathsf{S}\}\ ,$$

dont on désignera par

$$\Phi_i : \{\mathsf{Alg\text{-}Mod}_i\,;\mathsf{S}\} \to \{\mathscr{Alg\text{-}Mod}_i\,;\mathsf{S}\}$$

les restrictions aux champs décrits en (1.1.2) et (1.1.3).

Proposition (1.1.5). *Le foncteur Φ_1 (1.1.4) est fidèle et le foncteur Φ_2 (1.1.4) est une équivalence de catégories.*

Démonstration. Soient (A_0, M_0) et (B_0, N_0) deux objets de la catégorie $\mathsf{Alg\text{-}Mod}_{\Gamma(\mathcal{O}_S)}$. Une flèche

$$(a_0, l_0) : (A_0, M_0) \to (B_0, N_0)$$

de cette catégorie consiste en la donnée d'un homomorphisme de $\Gamma(\mathcal{O}_S)$-algèbres $a_0 : A_0 \to B_0$ et d'un homomorphisme de A_0-modules $l_0 : M_0 \to N_{0a_0}$. Pour démontrer que Φ_1 est fidèle et que Φ_2 est pleinement fidèle il suffit alors de montrer

a) que soient A_0 une $\Gamma(\mathcal{O}_S)$-algèbre de type fini (resp. de présentation finie), B_0 une $\Gamma(\mathcal{O}_S)$-algèbre et A et B les $\mathcal{O}_S$-algèbres qui leurs sont respectivement associées, le morphisme de faisceaux qui se déduit du morphisme de préfaisceaux

$$U \mapsto \{\mathrm{Hom}_{\Gamma(U,\mathcal{O}_S)}\big(A_0 \otimes \Gamma(U, \mathcal{O}_S), B_0 \otimes \Gamma(U, \mathcal{O}_S)\big)$$

$$\to \mathrm{Hom}_{\mathcal{O}_{S|U}}(A|U, B|U)\}$$

est un *monomorphisme* (resp. un *isomorphisme*).

b) Remplaçant $\mathcal{O}_S$ par A, que si M_0 est un $\Gamma(\mathcal{O}_S)$-module de type fini (resp. de présentation finie) et si N_0 est un $\Gamma(\mathcal{O}_S)$-module, M et N dèsignant les $\mathcal{O}_S$-modules qui leurs sont respectivement associés, le morphisme de faisceaux qui se déduit du morphisme de préfaisceaux

$$U \mapsto \{\mathrm{Hom}_{\Gamma(U,\mathcal{O}_S)}\big(M_0 \otimes \Gamma(U, \mathcal{O}_S), N_0 \otimes \Gamma(U, \mathcal{O}_S)\big)$$

$$\to \mathrm{Hom}_{\mathcal{O}_{S|U}}(M|U, N|U)\}$$

est un monomorphisme (resp. un isomorphisme).

La démonstration de a) et b) est immédiate et se fait en utilisant l'exactitude à gauche du foncteur Hom et des résolutions de A_0 du type $\Gamma(\mathcal{O}_S)[t_1,\ldots,t_n] \to A_0 \to 0$ $\big($resp. $\Gamma(\mathcal{O}_S)[t_1,\ldots,t_m] \to \Gamma(\mathcal{O}_S)[t_1,\ldots,t_n] \to$

$\to A_0 \to 0$) et des résolutions de M_0 du type $\Gamma(\mathcal{O}_S)^n \to M_0 \to 0$ (resp. $\Gamma(\mathcal{O}_S)^m \to \Gamma(\mathcal{O}_S)^n \to M_0 \to 0$). Le détail en est laissé au lecteur.

Pour montrer que Φ_2 est une équivalence de catégorie, il suffit de montrer qu'on peut relever un couple (A, M) où A est une $\mathcal{O}_S$-algèbre qui admet une présentation finie du type

$$\mathcal{O}_S\,[t_1, t_2, \ldots, t_m] \overset{u}{\to} \mathcal{O}_S\,[t_1, t_2, \ldots, t_n] \to A \to 0$$

et M est un A-module qui admet une présentation finie

$$A^p \overset{v}{\to} A^q \to M \to 0\,.$$

On définit alors A_o par la suite exacte

$$\Gamma[\mathcal{O}_S]\,[t_1, \ldots, t_m] \overset{\Gamma(U)}{\to} \Gamma(\mathcal{O}_S)\,(t_1, \ldots, t_n) \to A_o \to 0\,.$$

D'autre part comme Φ_2 est pleinement fidèle v se relève et en localisant sur S, on peut supposer que v se relève en un homomorphisme de $\Gamma(\mathcal{O}_S)$-modules $v_0 : A_o^p \to A_o^q$; on définit alors M_o par la suite exacte

$$A_o^p \overset{v_o}{\to} A_o^q \to M_o \to 0. \quad \square$$

(1.2) *Modules sur un schéma relatif*

On a défini (V 1.1.5) le champ $\{\mathsf{Sch}\,; (\mathsf{S}, \mathcal{O}_S)\}$ des S-schémas relatifs. De la même façon, on peut définir le champ

$$(1.2.1) \qquad\qquad\qquad \{\mathsf{Sch\text{-}Mod}\,; (\mathsf{S}, \mathcal{O}_S)\}$$

des *schémas modulés au-dessus de* $(\mathsf{S}, \mathcal{O}_S)$ en replaçant dans la définition de (V 1.1.2) pour tout $U \in \mathrm{Ob}\,\mathsf{S}$, la catégorie $\Sigma(U) = \mathsf{Sch}_{\Gamma(U, \mathcal{O}_S)}$ par la catégorie $\Sigma'(U)$ des couples (X_0, F_0) formés d'un $\Gamma(U, \mathcal{O}_S)$-schéma X_0 et d'un O_{X_0}-module F_0. On a un foncteur naturel *«schéma sous-jacent»*

$$(1.2.2) \qquad s : \{\mathsf{Sch\text{-}Mod}\,; (\mathsf{S}, \mathcal{O}_S)\} \to \{\mathsf{Sch}\,; (\mathsf{S}, \mathcal{O}_S)\}$$

qui induit un foncteur s' sur les fibres au-dessus de l'objet final de S

$$(1.2.3) \qquad\qquad s' : \mathsf{Sch\text{-}Mod}_{(\mathsf{S}, \mathcal{O}_S)} \to \mathsf{Sch}_{(\mathsf{S}, \mathcal{O}_S)}$$

le foncteur s' a une section canonique t' obtenu en «recollant» les foncteurs

$$t_U : \Sigma(U) \to \Sigma'(U)$$

$$X_0 \mapsto (X_0, O_{X_0})$$

Soit X un S-schéma, on définit O_X par l'égalité

$$(1.2.4) \qquad\qquad\qquad O_X = t'(X)$$

Définition (1.2.5). Soit X un **S**-schéma, on appelle O_X-*module* (resp. *morphisme de O_X-modules*) tout objet (resp. toute flèche) de **Sch-Mod**$_{(S,\mathcal{O}_S)}$ au-dessus de X (resp. de id_X) par le foncteur s' (1.2.3). On note **Mod**$_X$ la catégorie des O_X-modules ainsi obtenue. On définit encore de façon évidente la catégorie **Mod**$_{1\,X}$ (resp. **Mod**$_{2\,X}$) des O_X-modules quasi-cohérents de type fini (resp. de présentation finie).

(1.2.6) Soient X un **S**-schéma et **X** le **S**-quasi-schéma associé à X. On a un foncteur naturel

$$\Phi_X : \mathbf{Mod}_X \to \mathcal{M}\!o\!d_{\mathsf{X}}$$

de la catégorie des O_X-modules dans la catégorie des $\mathcal{O}_X$-modules et des foncteurs

$$\Phi_{iX} : \mathbf{Mod}_{iX} \to \mathcal{M}\!o\!d_{i\mathsf{X}} \quad i = 1, 2$$

$\mathcal{M}\!o\!d_{1\mathsf{X}}$ (resp. $\mathcal{M}\!o\!d_{2\mathsf{X}}$) désigne la catégorie des $\mathcal{O}_X$-modules de type fini (resp. de présentation finie).

Proposition (1.2.7). *Soient X un **S**-schéma quasi-compact (resp. quasi-compact et quasi-séparé) et **X** le **S**-quasi-schéma qui lui est associé. Alors le foncteur Φ_{1_X} (resp. Φ_{2_X}) (1.2.6) est fidèle (resp. est une équivalence de catégories).*

Démonstration. Soient $M, N \in$ Ob $\mathbf{Mod}_X$ et soient $\mathcal{M}, \mathcal{N}$ les $\mathcal{O}_X$-modules qui leurs sont respectivement associés. Il suffit de montrer que si M est de type fini (resp. de présentation finie) le morphisme de faisceaux

$$\varphi_X(M, N) : \mathcal{H}\!om_{\mathbf{Mod}_X}(M, N) \to \mathcal{H}\!om_{\mathcal{M}\!o\!d_{\mathsf{X}}}(\mathcal{M}, \mathcal{N})$$

est un *monomorphisme* (resp. un *isomorphisme*).

La question étant de nature locale sur **S**, on peut supposer que X est un $\Gamma(\mathcal{O}_S)$-schéma et que M et N sont des O_X-modules. Si X est un schéma affine, le résultat est une conséquence de (1.1.5).

Supposons alors X quasi-compact et soit $(U_i)_{i\in I}$ un recouvrement fini de X par des ouverts affines. Du fait que la formation du faisceau associé commute aux produits finis, on déduit facilement qu'on a la suite exacte

$$0 \to \mathcal{H}\!om_{\mathbf{Mod}_X}(M, N) \to \prod_{i\in I} \mathcal{H}\!om_{\mathbf{Mod}_{U_i}}(M_{U_i}, N_{U_i}) \ .$$

Mais si M est de type fini, de la commutativité du diagramme

$$\begin{array}{ccc}
0 \to \mathcal{H}\!om_{\mathbf{Mod}_X}(M, N) & \to & \prod_{i\in I} \mathcal{H}\!om_{\mathbf{Mod}_{U_i}}(M_{U_i}, N_{U_i}) \\
\downarrow & & \downarrow \\
0 \to \mathcal{H}\!om_{\mathcal{M}\!o\!d_{\mathsf{X}}}(\mathcal{M}, \mathcal{N}) & \to & \prod_{i\in I} \mathcal{H}\!om_{\mathcal{M}\!o\!d_{\mathsf{U}_i}}(\mathcal{M}_{U_i}, \mathcal{N}_{U_i})
\end{array}$$

et du fait que la flèche $\prod_{i\in I} \varphi_{U_i}(M_{U_i}, N_{U_i})$ est alors injective, on déduit que $\varphi_X(M, N)$ est injective.

De même si X est quasi-compact et quasi-séparé, soit $(U_i)_{i \in I}$ un recouvrement affine fini de X et pour tout $(i, j) \in I \times I$ soit $(V_\lambda)_{\lambda \in L_{ij}}$ un recouvrement affine fini de $U_i \cap U_j$. On a alors le diagramme commutatif dont les lignes sont exactes

$$0 \to \mathcal{H}om_{\mathsf{Mod}_X}(M, N) \to \prod_{i \in I} \mathcal{H}om_{\mathsf{Mod}_{U_i}}(M_{U_i}, N_{U_i}) \rightrightarrows \prod_{\lambda \in U L_{ij}} \mathcal{H}om_{\mathsf{Mod}_{V_\lambda}}(M_{V_\lambda}, N_{V_\lambda})$$

$$0 \to \mathcal{H}om_{\mathcal{M}od_X}(\mathcal{M}, \mathcal{N}) \to \prod_{i \in I} \mathcal{H}om_{\mathcal{M}od_{U_i}}(\mathcal{M}_{U_i}, \mathcal{N}_{U_i}) \rightrightarrows \prod_{\lambda \in U L_{ij}} \mathcal{H}om_{\mathcal{M}od_{V_\lambda}}(\mathcal{M}_{V_\lambda}, \mathcal{N}_{V_\lambda})$$

et le fait que si M est de présentation finie, $\varphi_X(M, N)$ est un isomorphisme résulte de ce que pour tout $i \in I$, $\varphi_{U_i}(M_{U_i}, N_{U_i})$ et pour tout $\lambda \in U L_{ij}$, $\varphi_{V_\lambda}(M_{U_\lambda}, N_{U_\lambda})$ sont des isomorphismes.

2. Platitude

Rappelons la définition :

Définition (2.1). Soient S un $\mathcal{U}$-topos, A un anneau de S et M un A-module. On dit que M est A-plat si le foncteur $N \mapsto N \otimes_A M$ de la catégorie des A-modules dans elle-même est un foncteur exact.

et le théorème

Théorème (2.2). (P. Deligne). *Soit $\varphi : (\mathsf{T}, \mathcal{O}_\mathsf{T}) \to (\mathsf{S}, \mathcal{O}_\mathsf{S})$ un morphisme de $\mathcal{U}$-topos annelés et soit M un $\mathcal{O}_\mathsf{S}$-module plat. Alors le $\mathcal{O}_\mathsf{T}$-module $M \otimes_{\mathcal{O}_\mathsf{S}} \mathcal{O}_\mathsf{T}$ est plat* [SGA V].

Corollaire (2.3). Soient $(\mathsf{S}, \mathcal{O}_\mathsf{S})$ un $\mathcal{U}$-topos annelé, M un $\mathcal{O}_\mathsf{S}$-module et $(U_i)_{i \in I}$ un recouvrement de S. Pour que M soit un $\mathcal{O}_\mathsf{S}$-module plat, il faut et il suffit que pour tout $i \in I$, M/U_i soit un $\mathcal{O}_{\mathsf{S}/U_i}$-module plat.

Corollaire (2.4). Soient (S, A) un $\mathcal{U}$-topos annelé, M un A-module, $(\widetilde{\mathsf{S}}, \widetilde{A}) = \mathsf{Spec}(\mathsf{S}, A)$ et $\widetilde{M}$ le $\widetilde{A}$-module image réciproque de M. Pour que M soit un A-module plat, il faut et il suffit que $\widetilde{M}$ soit un $\widetilde{A}$-module plat.

Définition (2.5). Soit $(\mathsf{S}, \mathcal{O}_\mathsf{S})$ un $\mathcal{U}$-topos annelé et soit (A_0, M_0) un objet de $\mathsf{Alg\text{-}Mod}_{\Gamma(\mathcal{O}_\mathsf{S})}$. On dira que M_0 est $\mathcal{O}_\mathsf{S}$-plat s'il existe un recouvrement $(U_\lambda)_{\lambda \in L}$ de S tel que, pour tout λ, la restriction de (A_0, M_0) à U_λ provienne d'un couple (A_λ, M_λ) formé d'une $\Gamma(U_\lambda, \mathcal{O}_\mathsf{S})$-algèbre A_λ et d'un A_λ-module M_λ tel que M_λ soit un $\Gamma(U_\lambda, \mathcal{O}_\mathsf{S})$-module plat.

(2.6). Soit alors (A, M) l'image de (A_0, M_0) par $\Phi_\mathbf{S}$ (1.1.4). Il résulte de (2.2) que M est un $\mathcal{O}_\mathbf{S}$-module plat.

Définition (2.7). Soient $(\mathbf{S}, \mathcal{O}_\mathbf{S})$ un $\mathcal{U}$-topos annelé et M un $\mathcal{O}_\mathbf{S}$-module. On dira que M est de *pseudo-présentation finie* s'il existe une $\mathcal{O}_\mathbf{S}$-algèbre de présentation finie A, un A-module de présentation finie P et un isomorphisme de $\mathcal{O}_\mathbf{S}$-modules de M et de $P_{(\mathcal{O}_\mathbf{S})}$.

Définition (2.8). Soient $(\mathbf{S}, \mathcal{O}_\mathbf{S})$ un $\mathcal{U}$-topos annelé, M un $\mathcal{O}_\mathbf{S}$-module de pseudo-présentation finie et (A, P) comme dans la définition (2.7). Il résulte de la proposition (1.1.5) qu'on peut relever (A, P) de façon essentiellement unique en (A_0, P_0) $(A_0, P_0) \in \mathrm{Ob}\ \mathbf{Alg\text{-}Mod}_{2\mathbf{S}}$. On dira alors que M est $\mathcal{O}_\mathbf{S}$-fortement plat pour le couple (A, P) si P_0 est $\mathcal{O}_\mathbf{S}$-plat (2.5).

La question suivante est encore à l'état de conjecture.

Question (2.8.1). Soit $(\mathbf{S}, \mathcal{O}_\mathbf{S})$ un $\mathcal{U}$-topos annelé. *Les propriétés de platitude et de forte platitude sont-elles équivalentes pour un $\mathcal{O}_\mathbf{S}$-module de pseudo-présentation finie?*

Remarque (2.8.2). Dans le cas où $\mathbf{S}$ a «assez» de foncteurs fibres, il résulte facilement de *EGA* IV 11.2.6.1 qu'on peut répondre affirmativement à la question (2.8.1).

Définition (2.9). Soient $(\mathbf{S}, \mathcal{O}_\mathbf{S})$ un $\mathcal{U}$-topos annelé, $f : X \to Y$ un morphisme de $\mathbf{S}$-schémas relatifs et F un O_X-module. On dit que F est *f-plat*, s'il existe un recouvrement $(U_i)_{i \in I}$ de $\mathbf{S}$ tel que, pour tout $i \in I$ les restrictions f_{U_i} et F_{U_i} de f et F à U_i proviennent respectivement d'un morphisme $f_i : X_i \to Y_i$ de $\Gamma(U_i, \mathcal{O}_\mathbf{S})$-schémas et d'un O_{X_i}-module F_i tel que F_i soit f_i-plat.

Définition (2.10). Soient $(\mathbf{S}, \mathcal{O}_\mathbf{S})$ un $\mathcal{U}$-topos annelé, $\varphi : \mathsf{X} \to \mathsf{Y}$ un morphisme de $\mathbf{S}$-quasi-schémas de présentation finie et $\mathcal{F}$ un $\mathcal{O}_\mathsf{X}$-module de présentation finie. Il résulte des équivalences (V 3.4) et (1.2.7) qu'on peut relever le couple $(\varphi, \mathcal{F})$ en un couple (f, F) formé d'un morphisme $f : X \to Y$ de $\mathbf{S}$-schémas de présentation finie et d'un O_X-module de présentation finie F. Nous dirons alors que $\mathcal{F}$ est *φ-fortement plat* si F est f-plat. Il en résulte évidemment que F est φ-plat et il est probablement vrai (2.8.1) que les deux propriétés sont équivalentes; elles le sont d'après (2.8.2) si $\mathbf{S}$ a assez de foncteurs fibres.

Nous dirons de même que le $\mathbf{S}$-quasi-schéma de présentation finie X est *fortement plat* s'il est fortement plat sur le $\mathbf{S}$-quasi-schéma final $\mathbf{Spec}(\mathbf{S}, \mathcal{O}_\mathbf{S})$.

3. 2-foncteurs F: $\mathfrak{Top}$ an $\mathfrak{loc} \to \mathfrak{Cat}$ représentables par un S-quasi- schéma

Proposition (3.1). *Soient* $(S, \mathcal{O}_S)$ *un* $\mathcal{U}$-*topos annelé,* $(T, \mathcal{O}_T)$ *un* $\mathcal{U}$-*topos annelé en anneaux locaux au-dessus de* $(S, \mathcal{O}_S)$, $(X, \mathcal{O}_X)$ *un* S-*quasi-schéma. Alors la catégorie*

$$C = \mathsf{Hom}_{\mathfrak{Top}\text{ an }\mathfrak{loc}/(S,\mathcal{O}_S)} \left((T, \mathcal{O}_T), (X, \mathcal{O}_X) \right)$$

est une catégorie discrète, c'est-à-dire que pout tout couple f, g d'objets de **C**, *l'ensemble* $\mathrm{Hom}_C(f, g)$ *est soit vide soit réduit à un isomorphisme de f dans g.*

Démonstration. La propriété à démontrer est de nature locale sur **X**. En effet supposons la démontrée pour tous les topos annelés X/U_i, où $(U_i)_{i \in I}$ est un recouvrement de l'objet final de **X**, et soient f, g un couple d'objets de **C**. Alors si pour tout i, il existe un isomorphisme $\alpha_i : f_{U_i} \to g_{U_i}$, ces isomorphismes se recollent nécessairement en un unique isomorphisme $\alpha : f \to g$; s'il existe un i tel que $\mathrm{Hom}_{C_{U_i}}(f_{U_i}, g_{U_i}) = \varnothing$, alors $\mathrm{Hom}_C(f, g) = \varnothing$.

On peut donc supposer que $X \simeq \mathsf{Spec}(S, A)$ où A est une $\mathcal{O}_S$-algèbre. Soit alors $(\chi, \delta) : (T, \mathcal{O}_T) \to (S, \mathcal{O}_S)$ le morphisme structural. La donnée de f et g équivaut à la donnée de morphismes de topos annelés

$$(\varphi, \theta), (\psi, \eta) : (T, \mathcal{O}_T) \to (S, A)$$

et d'isomorphismes $\varepsilon_1 : \varphi^* \to \chi^*$, $\varepsilon_2 : \psi^* \to \chi^*$ qui rendent commutatifs les diagrammes

$$
\begin{array}{ccc}
\varphi^* \mathcal{O}_S & \longrightarrow & \varphi^* A \\
{\scriptstyle \varepsilon_1} \downarrow \wr & & \downarrow {\scriptstyle \theta} \\
\chi^* \mathcal{O}_S & \longrightarrow & \mathcal{O}_T
\end{array}
\qquad
\begin{array}{ccc}
\psi^* \mathcal{O}_S & \longrightarrow & \psi^* A \\
{\scriptstyle \varepsilon_2} \downarrow \wr & & \downarrow {\scriptstyle \eta} \\
\chi^* \mathcal{O}_S & \underset{\delta}{\longrightarrow} & \mathcal{O}_T
\end{array}
$$

Alors $\mathrm{Hom}_C(f, g)$ est non vide, et il est réduit à un isomorphisme unique $\varepsilon = \varepsilon_2^{-1} \circ \varepsilon_1 : \varphi^* \to \psi^*$, si et seulement si $\eta \circ \varepsilon(A) = \theta$. $\square$

(3.2) Les 2-foncteurs F: $\mathfrak{Top}$ an $\mathfrak{loc}/(S, \mathcal{O}_S) \to \mathfrak{Cat}$ représentables par des **S**-quasi-schémas seront donc en réalité des 2-foncteurs à valeurs *des catégories équivalentes à un ensemble*, l'équivalence étant obtenue en associant à une telle catégorie l'ensemble des classes d'isomorphismes de ses objets. A un tel 2-foncteur est donc associé de façon naturelle un 2-foncteur

$$\mathfrak{Top}\text{ an }\mathfrak{loc}/(S, \mathcal{O}_S) \to \mathsf{Ens}.$$

En effet plus généralement soit $\mathfrak{C}$ une 2-catégorie et soit

$$\mathsf{F} : \mathfrak{C} \to \mathfrak{Cat}$$

un 2-foncteur tel que pour tout $X \in \mathrm{Ob}\,\mathfrak{C}$, $\mathsf{F}(X)$ soit une catégorie *discrète*. On lui associe alors le 2-foncteur

$$\mathsf{F}' : \mathfrak{C} \to \mathsf{Ens}$$

obtenu en faisant correspondre à tout $X \in \mathrm{Ob}\,\mathfrak{C}$, l'ensemble $\mathsf{F}'(X)$ des classes d'isomorphismes des objets de $\mathsf{F}(X)$, à toute 1-flèche φ de $\mathfrak{C}$ l'application $\mathsf{F}'(\varphi)$ déduite de $\mathsf{F}(\varphi)$ par passage aux classes d'isomorphismes ; pour toute 2-flèche $\alpha : \varphi \to \psi$ de $\mathfrak{C}$ comme $\mathsf{F}(\alpha)$ est nécessairement un isomorphisme, on a

$$\mathsf{F}'(\varphi) = \mathsf{F}'(\psi) \quad \text{et} \quad \mathsf{F}'(\alpha) = id_{\mathsf{F}'(\varphi)} \, .$$

Réciproquement, F est déterminé à équivalence près par la donnée de F'.

Remarquons d'ailleurs que la donnée d'un 2-foncteur

$$\mathsf{F} : \mathfrak{C} \to \mathsf{Ens}$$

est équivalente à la donnée d'un foncteur ordinaire

$$F : \mathsf{cat}\,(\mathfrak{C}) \to \mathsf{Ens}$$

qui vérifie de plus : pour tout couple (φ, ψ) de 1-flèches de $\mathfrak{C}$ pour lequel l'ensemble des 2-flèches de φ dans ψ est non vide, on a $F(\varphi) = F(\psi)$.

Définition (3.3). Soit $(\mathsf{S}, \mathscr{O}_\mathsf{S})$ un $\mathscr{U}$-topos annelé et soit

$$\mathfrak{f} : \mathfrak{Top\ an\ loc}/(\mathsf{S}, \mathscr{O}_\mathsf{S}) \to \mathsf{Ens}$$

un 2-foncteur. (Pour simplifier nous noterons simplement T au lieu de

$$\varphi : (\mathsf{T}, \mathscr{O}_\mathsf{T}) \to (\mathsf{S}, \mathscr{O}_\mathsf{S})$$

un objet de la catégorie $\mathfrak{Top\ an\ loc}^0/(\mathsf{S}, \mathscr{O}_\mathsf{S})$, le faisceau $\mathscr{O}_\mathsf{T}$ et le morphisme φ étant sous-entendus). On dit alors que f est de *nature locale*, si, pour tout objet $\mathsf{T} \in \mathrm{Ob}\,\mathfrak{Top\ an\ loc}^0/(\mathsf{S}, \mathscr{O}_\mathsf{S})$, le préfaisceau sur T

$$(3.3.1) \qquad\qquad f_\mathsf{T} : U \mapsto \mathfrak{f}(\dot{T}/U)$$

est un faisceau.

Supposons alors que S soit le $\mathscr{U}$-topos final Ens. Le faisceau $\mathscr{O}_\mathsf{S}$ est donc un anneau A de Ens. On note simplement A, au lieu de (Ens, A), ce topos annelé. Un objet de $\mathfrak{Top\ an\ loc}/A$ est alors un $\mathscr{U}$-topos annelé en anneaux locaux $(\mathsf{T}, \mathscr{O}_\mathsf{T})$ avec une structure de A-algèbre sur $\Gamma(\mathscr{O}_\mathsf{T})$. En particulier $\mathsf{Spec}\,\Gamma(\mathscr{O}_\mathsf{T})$ est encore un objet de cette 2-catégorie. Soit alors

$$(3.3.2) \qquad\qquad\qquad \tilde{f_\mathsf{T}}$$

le faisceau sur T associé au préfaisceau

$$U \mapsto \mathsf{f}\big(\mathsf{Spec}\ \Gamma(U,\ \mathscr{O}_\mathsf{T})\big)\ .$$

Comme T est annelé en anneaux locaux, pour tout $U \in \mathrm{Ob}\ \mathsf{T}$ on a un morphisme canonique de $\mathfrak{Top}\ \mathfrak{an}\ \mathfrak{loc}/A$

$$(3.3.3) \qquad\qquad \psi_U : \mathsf{T}/U \to \mathsf{Spec}\ \Gamma(U,\ \mathscr{O}_\mathsf{T})\ ,$$

d'où un morphisme de préfaisceaux

$$U \mapsto f(\psi_U) : \mathsf{f}\big(\mathsf{Spec}\ \Gamma(U,\ \mathscr{O}_\mathsf{T})\big) \to \mathsf{f}(\mathsf{T}/U)$$

auquel est associé le morphisme de faisceaux

$$(3.3.4) \qquad\qquad \varPsi_\mathsf{T} : \tilde{\tilde{f}}_\mathsf{T} \to f_\mathsf{T}\ .$$

Théorème (3.4). *Soit A un anneau de* **Ens**, *et soit* $\mathsf{f} : \mathfrak{Top}\ \mathfrak{an}\ \mathfrak{loc}^\circ/A \to$ **Ens** *un 2-foncteur. Les conditions suivantes sont alors équivalentes* :

(i) f *est représentable par un A-quasi-schéma* (i.e. *par le $\mathcal{U}$-topos annelé associé à un schéma ordinaire sur* Spec A).

(ii) *on a les trois propriétés* ;

   a) f *est de nature locale* (3.3),
   b) *pour tout* $\mathsf{T} \in \mathrm{Ob}\ \mathfrak{Top}\ \mathfrak{an}\ \mathfrak{loc}/A$, *le morphisme de faisceaux* $\varPsi_\mathsf{T}$ (3.3.4) *est un isomorphisme,*
   c) *la restriction de f à la catégorie des schémas sur* Spec A *est représentable.*

Démonstration. Montrons que (i) $\Rightarrow$ (ii). Si f est représentable on a évidemment (ii) a) et c). Pour vérifier qu'on a aussi (ii) b), il suffit de montrer que pour tout morphisme φ de $(\mathsf{T},\ \mathscr{O}_\mathsf{T})$ dans un A-quasi-schéma X, il existe un recouvrement $(U_i)_{i \in I}$ de T tel que φ_{U_i} se factorise de manière unique par $\mathsf{Spec}\ \Gamma(U_i,\ \mathscr{O}_\mathsf{T})$. Il suffit pour cela de prendre pour $(U_i)_{i \in I}$ les images inverses par φ des ouverts d'un recouvrement affine $(V_i)_{i \in I}$ de X.

On a (ii) $\Rightarrow$ (i). En effet, soit X le A-quasi-schéma qui représente la restriction de f à la catégorie des A-schémas. Par hypothèse on a

$$\mathsf{f}\big(\mathsf{Spec}\ \Gamma(U,\ \mathscr{O}_\mathsf{T})\big) \simeq \mathsf{Hom}_{\mathfrak{Top}\ \mathfrak{an}\ \mathfrak{loc}/A}\big(\mathsf{Spec}\ \Gamma(U,\ \mathscr{O}_\mathsf{T}),\ \mathsf{X}\big)$$

et par suite le faisceau $\tilde{f}_\mathsf{T}$ est isomorphe au faisceau sur T associé au préfaisceau

$$U \mapsto \mathrm{Hom}\big(\mathsf{Spec}\ \Gamma(U,\ \mathscr{O}_\mathsf{T}),\ \mathsf{X}\big)\ .$$

D'autre part, le raisonnement qui précède montre que ce dernier faisceau est isomorphe au faisceau

$$U \mapsto \mathrm{Hom}\big((\mathsf{T}/U,\ \mathscr{O}_{\mathsf{T}/U}),\ \mathsf{X}\big)\ .$$

De plus il est isomorphe au faisceau f_T (hypothèse b)) d'où le résultat. $\square$

Définition (3.5). Soit $(\mathsf{S}, \mathscr{O}_\mathsf{S})$ un $\mathscr{U}$-topos annelé. On dit qu'un 2-foncteur

$$\mathsf{f} : \mathfrak{Top\ an\ loc}^{0}/(\mathsf{S}, \mathscr{O}_\mathsf{S}) \to \mathsf{Ens}$$

est de *nature schématique* si f est de nature locale (3.3) et s'il existe un recouvrement $\mathscr{U} = (U_i)_{i \in I}$ de S tel que pour tout $i \in I$, la restriction

$$\mathsf{f}_{U_i} : \mathfrak{Top\ an\ loc}^{0}/(\mathsf{S}/U_i, \mathscr{O}_{\mathsf{S}/U_i}) \to \mathsf{Ens}$$

soit équivalente à la restriction d'un 2-foncteur

$$\mathsf{F}_i : \mathfrak{Top\ an\ loc}^{0}/\Gamma(U_i, \mathscr{O}_\mathsf{S}) \to \mathsf{Ens}$$

qui vérifie les conditions (ii) a) et b) de (3.4).

Pour qu'un tel 2-foncteur soit représentable par un S-quasi-schéma, il suffit que chacun des F_i soit représentable par un $\Gamma(U_i, \mathscr{O}_\mathsf{S})$-schéma. Grâce à (3.4), ce dernier problème est alors équivalent au problème de *la représentabilité de la restriction des foncteurs* F_i *à la catégorie des* $\Gamma(U_i, \mathscr{O}_\mathsf{S})$-*schémas*.

Nous allons appliquer ce qui précède à l'étude de certains 2-foncteurs.

4. Les 2-foncteurs $\mathrm{Drap}_m(E)$, $\mathrm{Grass}_n(E)$ et $\mathsf{P}(E)$

(4.1) *Rappelons quelques définitions classiques* : Soient $(\mathsf{S}, \mathscr{O}_\mathsf{S})$ un $\mathscr{U}$-topos annelé et E un $\mathscr{O}_\mathsf{S}$-module. Considérons la catégorie $\mathsf{Quot}_{\mathscr{O}_\mathsf{S}}(E)$ dont les objets sont les couples (F, p) formés d'un $\mathscr{O}_\mathsf{S}$-module F et d'un épimorphisme de $\mathscr{O}_\mathsf{S}$-modules

$$p : E \twoheadrightarrow F,$$

et dont les flèches sont associées à la relation de préordre suivante :

$$(F, p) > (G, q)$$

signifie : il existe un homomorphisme $\alpha : F \to G$ tel que $q = \alpha \circ p$.

L'homomorphisme α est nécessairement un épimorphisme uniquement déterminé, et si F et G sont des $\mathscr{O}_\mathsf{S}$-modules localement libres de même rang fini, α est un isomorphisme.

Soit alors

$$m = (m_1, m_2, \ldots, m_k)$$

une suite croissante finie d'entiers positifs. On *appelle drapeau de type m dans E* toute suite croissante.

(4.1.1) $$(F, p) = \{(F_1, p_1), (F_2, p_2), \ldots, (F_k, p_k)\}$$

de quotients de E où $F_1, F_2, \ldots, F_k$ sont des $\mathscr{O}_\mathsf{S}$-modules localement libres de rang respectifs $m_1, m_2, \ldots, m_k$. On définit alors l'ensemble.

(4.1.2) $$\mathrm{Drap}_m(E)$$

des classes à isomorphisme près de drapeaux de type m dans E. Lorsque la suite m est réduite à un entier, $m = (n)$, on écrit

$$(4.1.3) \qquad \qquad \operatorname{Grass}_n E$$

(grassmannienne d'indice n) au lieu de $\operatorname{Drap}_{(n)} E$ et lorsque $n = 1$, on note

$$(4.1.4) \qquad \qquad P(E)$$

(projectif associé à E) au lieu de $\operatorname{Grass}_1 E$.

(4.2) Le préfaisceau sur S, $U \to \operatorname{Drap}_m(E_U)$ est alors un faisceau qu'on note

$$(4.2.1) \qquad \qquad \mathscr{D}rap_m(E).$$

D'autre part, soit E_0 un $\Gamma(\mathcal{O}_S)$-module. On définit le faisceau

$$(4.2.2) \qquad \qquad \mathsf{Drap}_m(E_0)$$

comme faisceau associé au préfaisceau

$$U \mapsto \operatorname{Drap}_m\left(E_0 \otimes_{\Gamma(\mathcal{O}_S)} \Gamma(U,\, \mathcal{O}_S)\right).$$

Soit E le $\mathcal{O}_S$-module $E_0 \otimes_{\Gamma(\mathcal{O}_S)} \mathcal{O}_S$, on a un morphisme naturel de faisceaux

$$(4.2.3) \qquad \qquad d_m : \mathsf{Drap}_m(E_0) \to \mathscr{D}rap_m(E)$$

Proposition (4.2.4). *Soient* $(S,\, \mathcal{O}_S)$ *un $\mathcal{U}$-topos annelé, E_0 un $\Gamma(\mathcal{O}_S)$-module de présentation finie et E le $\mathcal{O}_S$-module $E_0 \otimes_{\Gamma(\mathcal{O}_S)} \mathcal{O}_S$. Le morphisme d_m (4.2.3) est alors un isomorphisme.*

Démonstration. Le résultat est une conséquence immédiate de la proposition (1.1.5).

(4.3) *Définition des 2-foncteurs* $\mathsf{Drap}_m E$, $\mathsf{Grass}_n(E)$ *et* $\mathsf{P}(E)$.

Soient $(S,\, \mathcal{O}_S)$ un $\mathcal{U}$-topos annelé et E un $\mathcal{O}_S$-module. On définit le 2-foncteur

$$(4.3.1) \qquad \mathsf{Drap}_m(E) : \mathfrak{Top\ an\ loc}^0/(S,\, \mathcal{O}_S) \to \mathsf{Ens}$$

comme suit :

(i) pour tout objet $f : (T,\, \mathcal{O}_T) \to (S,\, \mathcal{O}_S)$ de $\mathfrak{Top\ an\ loc}/(S,\, \mathcal{O}_S)$, on pose

$$\mathsf{Drap}_m(E)\,(f) = \operatorname{Drap}_m(E_T)$$

où E_T est le $\mathcal{O}_T$-module image réciproque de E par f.

(ii) A toute 1-flèche $(\lambda,\, \varepsilon) : f' \to f$ de $\mathfrak{Top\ an\ loc}/(S,\, \mathcal{O}_S)$,

$$\lambda : (T',\, \mathcal{O}_T) \to (T,\, \mathcal{O}_T),$$

$$\varepsilon : f' \xrightarrow{\sim} f \circ \lambda,$$

on associe l'application naturelle qui, compte tenu de l'isomorphisme

$$E_T \xrightarrow{\sim} \lambda^* E_{T'},$$

fait correspondre à l'image réciproque par λ d'un drapeau de type m dans E_T, un drapeau de type m dans E_T'.

On définit de même, pour $m = (n)$ et pour $n = 1$, les 2-foncteurs

$(4.3.2)]$ $\qquad\qquad\qquad$ $\mathrm{Grass}_m(E)$ et $\mathrm{P}(E)$.

Proposition (4.4). *Soient* $(S, \mathcal{O}_S)$ *un $\mathcal{U}$-topos annelé et E un $\mathcal{O}_S$-module de présentation finie. Le 2-foncteur* $\mathrm{Drap}_m(E)$ *(resp.* $\mathrm{Grass}_n(E)$, *resp.* $\mathrm{P}(E)$ *est alors représentable par un S-quasi-schéma de présentation finie.*

Démonstration. Le 2-foncteur $\mathrm{Drap}_m E$ est de nature schématique. En effet, il existe un recouvrement $(U_i)_{i \in I}$ de S tel que pour tout $i \in I$, E soit associé à $\Gamma(U_i, \mathcal{O}_S)$-module de présentation finie E_{0_i}. Le $|$2-foncteur $\mathrm{Drap}_m(E)_{U_i}$ est alors équivalent à la restriction du 2-foncteur

$$F_i = \mathrm{Drap}_m(E_i) : \mathfrak{Top} \text{ an } \mathfrak{loc}/\Gamma(U_i, \mathcal{O}_S) \to \mathbf{Ens} .$$

D'autre part, il est immédiat que F_i vérifie les conditions (ii) a) et b) de (3.4). De plus la restriction du foncteur F_i à la catégorie des $\Gamma(U_i, \mathcal{O}_S)$-schémas est représentable par un $\Gamma(U_i, \mathcal{O}_S)$-schéma de présentation finie, d'où le résultat grâce à (3.4). $\quad\square$

5. Les 2-foncteurs $\prod_{X/S} (Z/X)$, $\mathrm{Hom}_S(X, Y)$, $\mathrm{Aut}_S(X)$

(5.1) Soit $(S, \mathcal{O}_S)$ un $\mathcal{U}$-topos annelé et soient X un S-quasi-schéma et Z un S-quasi-schéma au dessus de X. On définit le 2-foncteur

$(5.1.1)$ $\qquad\qquad$ $\prod_{X/S} (Z/X) : \mathfrak{Top} \text{ an } \mathfrak{loc}°/(S, \mathcal{O}_S) \to \mathbf{Ens}$

par $\prod_{X/S} (Z/X) (T, \mathcal{O}_T) = \mathrm{Hom}_{X_T}(X_T, Z_T)$

(voir [11] exp. 190 No 2). De même soient X et Y deux S-quasi-schémas, on définit les 2-foncteurs.

$(5.1.2)$ $\mathrm{Hom}_S(X, Y)$, $\mathrm{Isom}_S(\underline{X}, Y)$, $\mathrm{Aut}_S(X, Y)$ de $\mathfrak{Top} \text{ an } \mathfrak{loc}°/(S, \mathcal{O}_S)$ dans $\mathbf{Ens}$ par

$$\mathrm{Hom}_S(X, Y) (T, \mathcal{O}_T) = \mathrm{Hom}_T(X_T, Y_T) ,$$

$$\mathrm{Isom}_S(X, Y) (T, \mathcal{O}_T) = \mathrm{Isom}_T(X_T, Y_T) ,$$

$$\mathrm{Aut}_S(X) (T, \mathcal{O}_T) = \mathrm{Aut}_T(X_T) .$$

On a en particulier

$$\mathrm{Hom}_S(X, Y) = \prod_{X/S} ((X \times Y)/X) .$$

Proposition(5.2.). *Soient* $(S, \mathcal{O}_S)$ *un* $\mathcal{U}$-*topos annelé,* X *un* S-*quasi-schéma de présentation finie,* Z *un quasi-schéma de présentation finie au dessus de* X. *Alors le foncteur* $\prod_{X/S} (Z/X)$ *est de nature schématique.*

Démonstration. En utilisant la proposition (V 3.4), on voit qu'il existe donc une famille couvrante $(U_i)_{i \in I}$ de S, et pour tout i, un relèvement de X_{U_i} et Z_{U_i} respectivement en un $\Gamma(U_i, \mathcal{O}_S)$-schéma de présentation finie X_i et un $\Gamma(U_i, \mathcal{O}_S)$-schéma de présentation finie Z_i au dessus de X_i. Le foncteur $\prod_{X/S} (Z/X)$ est alors équivalent à la restriction

$$F_i = \prod_{X_i/S_i} (Z_i/X_i) : \mathfrak{Top\ an\ loc}^\circ/\Gamma(U_i, \mathcal{O}_S) \to \mathsf{Ens} \, .$$

Le foncteur F_i est de nature locale. Il faut montrer que plus que, pour tout topos annelé en anneaux locaux T au dessus de $\Gamma(U_i', \mathcal{O}_S)$, le faisceau $F_{i\mathsf{T}}$ est isomorphe au faisceau sur T associé au préfaisceau

$$V \mapsto F_i(\mathrm{SPEC}\ \Gamma(V, \mathcal{O}_\mathsf{T})) \, .$$

Or ceci traduit simplement la propriété que la restriction du 2-foncteur $\mathsf{F}_{(\mathsf{T}/U_i, \mathcal{O}_{\mathsf{T}/U_i})}$ (V.3) à la catégorie des T/U_i-schémas de présentation finie est 2-fidèle.

Corollaire (5.2.1). Soient $(S, \mathcal{O}_S)$ un $\mathcal{U}$-topos annelé, X et Y des S-quasi-schémas de présentation finie. Alors les 2-foncteurs $\mathsf{Hom}_S(X, Y)$, $\mathsf{Isom}_S(X, Y)$ et $\mathsf{Aut}_S\ X$ sont de nature schématique.

On en déduit en utilisant (3.4) et les théorèmes de représentabilité dans le cas de schémas ordinaires ([11] exp. 190).

Corollaire (5.2.2). Soient $(S, \mathcal{O}_S)$ un $\mathcal{U}$-topos annelé, X un S-quasi-schéma de présentation finie, propre et fortement plat (V 7. A et VI) sur S et Z un S-quasi-schéma de présentation finie et localement quasi-projectif sur S (V 2.1.3 et 7.1) au dessus de X. Alors $\prod_{X/S} (Z/X)$ est représentable par un S-quasi-schéma.

Corollaire (5.2.3). Soient $(S, \mathcal{O}_S)$ un $\mathcal{U}$-topos annelé, X un S-quasi-schéma localement projectif et plat et Y un S-quasi-schéma localement quasi-projectif. Alors $\mathsf{Hom}_S(X, Y)$ est représentable par un S-quasi-schéma. Si X et Y sont **tous** deux localement projectifs et fortement plats sur S, le foncteur $\mathsf{Isom}_S(X, Y)$ est également représentable par un S-quasi-schéma.

6. Le 2-foncteur de Hilbert

(6.1). Soient $(S, \mathcal{O}_S)$ un $\mathcal{U}$-topos annelé, X un S-quasi-schéma de présentation finie, F un $\mathcal{O}_X$-module de présentation finie, on définit conformément à [11] (Exposé 221 No 3), le 2-foncteur

$$(6.1.1) \qquad \mathsf{Quot}_S(F/X/S) : \mathfrak{Top\ an\ loc}^0/(S,\, \mathscr{O}_S) \to \mathsf{Ens},$$

où $\mathsf{Quot}_S(F/X/S)\, (T,\, \mathscr{O}_T)$ est l'ensemble des quotients de F_T sur X_T qui sont de présentation finie et fortement plats sur T. Lorsque $F = \mathscr{O}_X$, le 2-foncteur ainsi obtenu est le 2-foncteur de Hilbert et on le note

$$(6.1.2) \qquad \mathsf{Quot}_S(\mathscr{O}_X/X/S) = \mathsf{Hilb}_{X/S}\,.$$

Proposition (6.2). *Soient* $(S,\, \mathscr{O}_S)$, X, F *comme dans* (6.1). *Le 2-foncteur* $\mathsf{Quot}_S(F/X/S)$ *est de nature schématique* (3.4).

Démonstration. Il existe une famille couvrante $(U_i)_{i \in I}$ et pour tout $i \in I$ un $\Gamma(U_i,\, \mathscr{O}_S)$-schéma de présentation finie X_i et un $\mathscr{O}_{X_i}$-module de présentation finie F_i tel que le 2-foncteur restriction du 2-foncteur $\mathsf{Quot}_S(F/X/S)$ à $\mathfrak{Top\ an\ loc}/S/U_i$ soit équivalente à la restriction du 2-foncteur.

$$Q_i = \mathsf{Quot}_{\Gamma(U_i,\, \mathscr{O}_S)}(F_i/X_i/\mathrm{Spec}\ \Gamma(U_i,\, \mathscr{O}_S)) : \mathfrak{Top\ an\ loc}/\Gamma(U_i,\, \mathscr{O}_S) \to \mathsf{Ens}.$$

D'autre part la propriété que pour tout topos annelé en anneaux locaux T au dessus de $\mathsf{Spec}\ \Gamma(U_i,\, \mathscr{O}_S)$, le faisceau Q_{i_T} restriction de Q_i à T soit isomorphe au faisceau sur T associé au préfaisceau

$$V \to Q_i\,(\mathsf{Spec}\ \Gamma(V,\, \mathscr{O}_T))$$

est une conséquence immédiate de la proposition (1.2.7).

On en déduit le corollaire ([11] exposé 221 3.1) :

Corollaire (6.3). Soient $(S,\, \mathscr{O}_S)$ un $\mathscr{U}$-topos annelé, X un S-quasi-schéma de présentation finie localement projectif (V 2.1.3) et F un $\mathscr{O}_X$-module de présentation finie. Alors le 2-foncteur $\mathsf{Quot}_S(F/X/S)$ est représentable par un S-quasi-schéma.

7. Le 2-foncteur de Picard

(7.1) Soient $(S,\, \mathscr{O}_S)$ un $\mathscr{U}$-topos annelé, X un S-quasi-schéma de présentation finie, $f : X \to S$ le morphisme structural. On définit, conformément à [11] exposé 195 No 3 (voir aussi [19]), le 2-foncteur de Picard.

$$(7.1.1) \qquad \mathsf{Pic}_{X/S} : \mathfrak{Top\ an\ loc}^0/(S,\, \mathscr{O}_S) \to \mathsf{Ens}\,.$$

comme suit. Pour tout $T \in \mathfrak{Top\ an\ loc}/(S,\, \mathscr{O}_S)$, désignons par T_p le topos fppf, de $(T,\, \mathscr{O}_T)$ défini de manière analogue au topos étale de T, où dans la construction de (IV 5), on remplace les couples $(U,\, P)$ formés d'un objet U de T et d'un schéma affine étale P surjectif sur $\mathrm{Spec}\ \Gamma(U,\, \mathscr{O}_T)$ par les couples $(U,\, P)$ où $U \in \mathrm{Ob}\ T$ et P est un schéma affine fidèlement plat de présentation finie sur $\mathrm{Spec}\ \Gamma(U,\, \mathscr{O}_T)$. Soit alors

$$(7.1.2) \qquad f_p : X_{T_p} \to T_p$$

le morphisme déduit de f par changement de base. On pose

$$(7.1.3) \qquad \mathsf{Pic}_{\mathsf{X/S}}(\mathsf{T}) = H^0\big(\mathsf{T}_p,\, R^1 f_p(\mathcal{O}^*_{\mathsf{X}_{\mathsf{T}_p}})\big)$$

ce qui définit de manière évidente un 2-foncteur $\mathsf{Pic}_{\mathsf{X/S}}$ dont la restriction à un $\mathcal{U}$-topos T est un faisceau. On a encore :

Proposition (7.2). Soient S un $\mathcal{U}$-topos annelé et X un S-quasi-schéma de présentation finie. Le 2-foncteur $\mathsf{Pic}_{\mathsf{X/S}}$ (7.1.1) est alors de nature schématique (3.5).

Démonstration. Soit f le 2-foncteur $\mathsf{Pic}_{\mathsf{X/S}}$. Il est de nature locale et si $(U_i)_{i \in I}$ est un recouvrement de S tel que, pour tout i, X_{U_i} provienne d'un $\Gamma(U_i, \mathcal{O}_\mathsf{S})$-schéma de présentation finie X_i, la restriction f_{U_i} de f est équivalente à la restriction du 2-foncteur $\mathsf{f}_i = \mathsf{Pic}_{X_i/\Gamma(U_i,\, \mathcal{O}_\mathsf{S})}$. Changeant les notations, on peut supposer que U_i est l'objet final de S et que X provient d'un $\Gamma(\mathcal{O}_\mathsf{S})$-schéma X_0. Il reste alors à montrer que le morphisme de faisceaux

$$\widetilde{\psi}_\mathsf{T} : \widetilde{f}_\mathsf{T} \to f_\mathsf{T} \qquad\qquad (3.3.4)$$

est un isomorphisme. Or pour $U \in \mathrm{Ob}\ \mathsf{T}$, $f(\mathrm{Spec}\ \Gamma(U, \mathcal{O}_\mathsf{T}))$ est isomorphe au groupe des sections en U du faisceau associé au préfaisceau sur le site étale de $\mathsf{Spec}\ \Gamma(U, \mathcal{O}_\mathsf{T})$

$$P \to H^1\big(X_{0P},\, O^*_{X_{0P}}\big),$$

où $X_{0P} = X_0 \times_{\Gamma(\mathcal{O}_\mathsf{S})} P$, et $\widetilde{f}_\mathsf{T}(U)$ est donc isomorphe à la valeur en U du faisceau associé au préfaisceau sur le site fppf de T

$$(V, P) \to H^1\big(X_{0P},\, O^*_{X_{0P}}\big)$$

où $V \in \mathrm{Ob}\ \mathsf{T}$ et où P est un schéma affine fidèlement plat sur $\mathsf{Spec}\ \Gamma(V, \mathcal{O}_\mathsf{T})$. Remarquons que le fait qu'on puisse supposer que $P \to \mathsf{Spec}\ \Gamma(V, \mathcal{O}_\mathsf{T})$ est surjectif provient de ce que T est annelé en anneaux locaux, en effet soit (U, P) tel que $U \in \mathrm{Ob}\ \mathsf{T}$ et que $P \to \mathsf{Spec}\ \Gamma(U, \mathcal{O}_\mathsf{T})$ soit un morphisme plat de présentation finie (donc ouvert) ; comme on a une factorisation

$$\varphi_U : \mathsf{T}/U \to \mathsf{Spec}\ \Gamma(U, \mathcal{O}_\mathsf{T})$$

on peut remplacer U par l'objet V de T, image inverse par φ_U de l'ouvert V_0 image de P dans $\mathsf{Spec}\ \Gamma(U, \mathcal{O}_\mathsf{T})$ et P par $\overline{P} = P \times_{\Gamma(U, \mathcal{O}_\mathsf{T})} \Gamma(V, \mathcal{O}_\mathsf{T})$.

De même $f_\mathsf{T}(U)$ est isomorphe au groupe des sections en U du faisceau associé au préfaisceau sur T_P

$$(V, P) \to H^1\big(X_{V_P},\, O^*_{X_{V_P}}\big).$$

Le morphisme $\widetilde{\psi}_\mathsf{T}$ est alors le morphisme de faisceaux associé au morphisme de préfaisceaux sur le site fppf de T :

$$(V, P) \to \psi_0(V, P) : H^1\!\left(X_{0_P}, O^*_{X_{0_P}}\right) \to H^1\!\left(X_{V_P}, O^*_{X_{V_P}}\right)$$

où $\psi_0(V, P)$ est l'application qui, à la classe à isomorphisme près d'un faisceau inversible L sur X_{0_P}, associe la classe à isomorphisme près du $O_{X_{V_P}}$-module inversible $\mathscr{L}$, image inverse de L. La propriété que $\widetilde{\psi}_\mathsf{T}$ soit un isomorphisme est alors une conséquence de la proposition (1.2.7). $\square$

On en déduit par exemple (comme conséquence des théorèmes de représentabilité du foncteur de Picard dans le cas des schémas ordinaires ([11]) exposé 232).

Corollaire (7.3). Soit S un $\mathcal{U}$-topos annelé et X un S-quasi-schéma projectif et lisse sur S. Alors le 2-foncteur $\mathsf{Pic}_{\mathsf{X}/\mathsf{S}}$ est représentable par un S-quasi-schéma.

Chapitre VIII

Équivalence algébrique-analytique

1. Introduction

Dans ce qui suit le terme d'«espace analytique» signifiera «espace
analytique sur un corps k», où k est un corps valué complet non discret
algébriquement clos, fixé une fois pour toutes si on ne précise pas, et la
définition adoptée est celle d'espace analytique avec éléments nilpo-
tents, telle qu'elle est donnée par A. Grothendieck dans [10] Exposé 9.
Le but de ce chapitre est d'étendre au cas des schémas relatifs propres
sur un espace analytique complexe les théorèmes de J. P. Serre de
Gaga [19] (voir aussi l'exposé No 2 de A. Grothendieck au Séminaire
H. Cartan 1956/57). On utilise de façon essentielle le théorème suivant
de H. Grauert et R. Remmert [9].

Théorème (1.1). *Soient Y un espace analytique, $X = \mathbf{P}^r \times Y$ où $\mathbf{P}^r$
désigne l'espace projectif analytique type de dimension r, $f: X \to Y$ la
projection, U un ouvert relativement compact de Y, $O_X(1)$ le faisceau
inversible canonique de X, F un O_X-module cohérent. Sous ces conditions* :

(i) *les O_Y-modules $R^q f_* F$ sont cohérents.*

(ii) *il existe un entier n_0 tel que pour tout $n \geq n_0$, $f^* f_* F(n) \to F'(n)$
soit surjectif sur $f^{-1}(U)$.*

(iii) *il existe un entier n_0 tel que pour tout entier $n \geq n_0$ on ait
$R^p f_* F(n) = 0$ pour tout entier $p > 0$.*

2. La correspondance algébrique-analytique

Comme dans un espace analytique les seuls fermés irréductibles sont
les points, le 2-foncteur «$\mathcal{U}$-topos annelé associé», noté †, induit un
2-foncteur 2-fidèle de la catégorie des espaces analytiques dans la
2-catégorie des $\mathcal{U}$-topos annelés en anneaux locaux. Nous noterons
$(\mathsf{S}, \mathcal{O}_\mathsf{S})$ le $\mathcal{U}$-topos annelé associé à l'espace analytique (S, O_S).

Proposition (2.1). *Soit S un espace analytique sur un corps k; on désigne
par An/S la catégorie des espaces analytiques sur S. Soit $(\mathsf{X}, \mathcal{O}_\mathsf{X})$ un*

S-quasi-schéma localement de présentation finie. Alors le foncteur

$$(2.1.1) \qquad \mathrm{Hom}'_{(S,\,\mathscr{O}_S)}\left(\mathfrak{h}(\ ),\,(X,\,\mathscr{O}_X)\right) : \mathsf{An}^0/S \to \mathsf{Ens}\,,$$

où Hom′ *désigne l'ensemble des classes à un 2-isomorphisme près de morphismes admissibles de $\mathfrak{U}$-topos annelés en anneaux locaux, est représentable.*

Démonstration. On est aussitôt ramené par localisation au cas où $X = \mathsf{Spec}(S, A)$ avec A une $\mathscr{O}_S$-algèbre de présentation finie. Soit $\varphi : T \to S$ un espace analytique sur S, on a un isomorphisme naturel

$$\mathrm{Hom}'_{(S,\,\mathscr{O}_S)}\left((T, O_T))\,,\,(X, \mathscr{O}_X)\right) \simeq \mathrm{Hom}_{\mathscr{O}_S}\left(A, \varphi_* O_T\right),$$

et le foncteur $\mathrm{Hom}'_{(S,\,\mathscr{O}_S)}\left(\mathfrak{h}(\ ),\,(X, \mathscr{O}_X)\right)$ est donc représentable par *le spectre analytique* de A ([15] exposé 19).

(2.2) Désignons alors par X^h l'espace analytique qui représente le foncteur (2.1.1). On définit ainsi de manière évidente un foncteur

$$(\ )^h : X \mapsto X^h$$

de la catégorie des S-quasi-schémas localement de présentation finie dans la catégorie des espaces analytiques sur S.

Remarque (2.3). Soit S un espace analytique complexe. Il résulte de (VI 4.1) que, pour toute $\Gamma(O_S)$-algèbre de type fini A, il existe un recouvrement ouvert $(U_i)_{i \in I}$ de S tel que, pour tout $i \in I$, $A \otimes_{\Gamma(O_S)} \Gamma(U_i, O_S)$ soit une $\Gamma(U_i, O_S)$-algèbre de présentation finie. On peut aussi déduire cela du résultat plus fin suivant (cf. [5]) : Soit S un espace analytique complexe. Il existe une base d'ouverts U qui ont la propriété : l'anneau des sections de O_S au-dessus de l'adhérence $\overline{U}$ est un anneau noethérien. On en déduit aussitôt :

Proposition (2.4). Soit S un espace analytique complexe. La catégorie des S-schémas localement de type fini est équivalente à la catégorie des S-schémas localement de présentation finie.

En particulier, si S un espace analytique *complexe* et si X est un S-quasi-schéma localement de type fini, rappelons que nous avons démontré (VI 4.4) que le faisceau $\mathscr{O}_X$ est *essentiellement noethérien*. Par la suite, on utilisera seulement le fait que $\mathscr{O}_X$ est *cohérent*.

Proposition (2.5). Soient S un espace analytique, $f : X \to Y$ un morphisme de S-quasi-schémas où X et Y sont localement de présentation finie, $f^h : X^h \to Y^h$ le morphisme correspondant d'espaces analytiques.

Par transitivité (V 6.4.2) à (X, f) on peut associer un Y-quasi-schéma localement de présentation finie et par le changement de base $\mathfrak{h}(Y^h) \to Y$ on en déduit (V 4.1) un $\mathfrak{h}(Y^h)$-quasi-schéma localement de présentation finie X'. On a alors la propriété de transitivité suivante : *les espaces analytiques X^h et X'^h sont canoniquement isomorphes.*

La démonstration est facile et laissée au lecteur.

Proposition (2.6). *Soit S un espace analytique. Le foncteur $X \mapsto X^h$ de la catégorie des S-quasi-schémas localement de présentation finie dans la catégorie des espaces analytiques sur S a les propriétés suivantes :*

(i) *$(\ )^h$ commute à la formation des limites projectives finies et des sommes finies.*

(ii) *$(\ )^h$ transforme toute immersion (resp. toute immersion fermée, resp. toute immersion ouverte) (V 7.3) de S-quasi-schémas localement de présentation finie en une immersion (resp. une immersion ouverte, resp. une immersion fermée ([10] exposé 9) d'espaces analytiques.*

(iii) *$(\ )^h$ transforme tout morphisme séparé (resp. localement projectif, resp. surjectif, resp. propre) (V 7.3) de S-quasi-schémas localement de présentation finie en un morphisme d'espaces analytiques sur S séparé (resp. localement projectif, resp. surjectif, resp. propre).*

Démonstration : (i) résulte du fait que le foncteur $(\ )^h$ transforme l'objet final $\mathbf{Spec}\,(S, \mathscr{O}_S)$ des S-quasi-schémas en l'espace analytique S, et de ce que $(\ )^h$ commute aux produits fibrés, comme on le voit en revenant à la définition par représentabilité du foncteur (2.1.1). (ii) se démontre en revenant à la description locale du foncteur $(\ )^h$ et à la définition des immersions dans le cas des quasi-schémas et dans le cas des espaces analytiques.

(i) et (ii) entraînent l'assertion sur les morphismes séparés puisqu'un morphisme $f : X \to Y$ de S-quasi-schémas est séparé si et seulement si le morphisme diagonal

$$\Delta_{X/Y} : X \to X \times_Y X$$

est une immersion fermée.

Pour démontrer les autres assertions de (iii) remarquons que grâce à (2.5), il suffit de les démontrer pour les morphismes de but le S-quasi-schéma final. Examinons alors successivement les cas restants

a) Soit X un S-quasi-schéma localement projectif. Comme la propriété à démontrer est de nature locale sur S. on peut supposer que X est associé à un sous-schéma fermé de type fini X_0 du schéma projectif $\mathbf{P}^r_{\Gamma(\mathscr{O}_S)}$. Soit

$$i : X \to \mathbf{P}^r_S$$

l'immersion fermée correspondante de S-quasi-schémas. Comme on le voit aussitôt en utilisant la définition de $\mathbf{P}^r_S$ comme solution de problème universel, l'espace analytique associé à $\mathbf{P}_S^r$ est l'espace projectif relatif $\mathbf{P}_h^r \times S$ où $\mathbf{P}_h^r$ désigne l'espace analytique projectif absolu de dimension r. Le morphisme i^h est alors une immersion fermée et par suite X^h est une espace analytique projectif sur S.

b) Soit $\mathbf{X}$ un $\mathbf{S}$-quasi-schéma de présentation finie tel que le morphisme structural f soit surjectif. Il faut montrer que f^h est surjectif, ou encore que, pour tout $s \in S$, la fibre $(f^h)^{-1}$ (s) est non vide. On peut supposer $\mathbf{X}$ associé à un $\Gamma(\mathcal{O}_S)$-schéma de type fini (X_0, f_0) et l'hypothèse entraîne que pour tout $s \in S$, le morphisme $X_{0_s} \to \operatorname{Spec} O_{S,s}$ déduit de f_0 par passage à la fibre est surjectif, ou encore que la fibre géométrique

$$X_0(s) = X_{0_s} \otimes_{O_{S,s}} k$$

est non vide. L'application du Nullstellensatz à un ouvert affine non vide de $X_0(s)$ montre alors aussitôt que la fibre $(f^h)^{-1}$ (s) de X^h est non vide.

c) Soit $\mathbf{X}$ un $\mathbf{S}$-quasi-schéma propre. Nous allons montrer qu'en localisant suffisamment sur S, on peut supposer que $\mathbf{X}$ est associé à un $\Gamma(\mathcal{O}_S)$-schéma X tel que le morphisme structural $f : X \to \operatorname{Spec} \Gamma(\mathcal{O}_S)$ soit propre, et que de plus il existe un schéma X', $g : X' \to X$, au dessus de X tel que g soit un morphisme projectif et surjectif et que $f' = f \circ g$ soit projectif. Grâce à a) et b) on en déduira que le morphisme f'^h est projectif et que le morphisme g^h est projectif et surjectif, on en déduit aussitôt que f^h est propre. En effet, il faut montrer que f^h est universellement fermé, mais les hypothèses étant stables par changement de base, il suffit de montrer que f^h est fermé. Or soit F un fermé de X^h, $f^h(F) = f'^h(g^{h-1}(F))$ est fermé. On utilise d'ailleurs seulement ici les hypothèses que f' est projectif et que g est surjectif.

Or, en localisant sur S, on peut supposer que $\mathbf{X}$ est associé à un $\Gamma(\mathcal{O}_S)$-schéma X et l'hypothèse entraîne que pour tout $s \in S$, la fibre X_{0_s} est un schéma propre sur $\operatorname{Spec} O_{S,s}$. Mais comme l'anneau $O_{S,s}$ est *noethérien*, on peut appliquer le *lemme de Chow* (*EGA* II) (5.6.2) et il existe alors un $O_{S,s}$-schéma X_0', $g_0 : X_0' \to X_0$ au dessus de X_0, tel que g_0 soit projectif et surjectif et que le morphisme structural $f_0' : X_0' \to \operatorname{Spec} O_{S,s}$ soit projectif. Mais comme on a :

$$O_{S,s} = \varinjlim_{s \in U} \Gamma(U, O_S) \, ,$$

il résulte des théorèmes de passage à la limite inductive (EGA IV 8) qu'en remplaçant S par un ouvert convenable U contenant s, on peut supposer que X_0', f_0', g_0 se relèvent respectivement en X', f', g en sorte que $f' = f \circ g$ soit projectif et que g soit surjectif et projectif. $\qquad \square$

Proposition (2.7). *Soient S un espace analytique et X un S-quasi-schéma localement de présentation finie. Alors le morphisme structural de $\mathcal{U}$-topos annelés en anneaux locaux*

$$\varphi : \mathfrak{t}(X^h) \to \mathsf{X}$$

est un morphisme plat.

Démonstration. Comme la question est de nature locale sur X, on peut supposer que $\mathsf{X} = \mathsf{Spec}(\mathsf{S}, A)$ où A est une $\mathcal{O}_\mathsf{S}$-algèbre de présentation finie. On a alors $X^h = \mathrm{Spec\ an}\ A$. Soient x un point de X^h, s son image dans S. L'image x' de x dans X est le point de $\mathrm{Spec}\ A_s$, où

$$A_s = A \otimes_{O_S} O_{S,s} \, ,$$

image inverse de l'idéal maximal de $O_{X^h,x}$ par l'homomorphisme naturel

$$p : A_s \to O_{X^h,x} \, .$$

Il suffit alors de montrer que le localisé

$$p'_x : (A_s)_{x'} \to O_{X,{}^h x}$$

est un homomorphisme plat d'anneaux locaux. Mais p_x, devient un isomorphisme par passage aux complétés ([15]) exposé 19 prop. 3 et prop. 4) et comme $O_{X^h,x}$ est noethérien, l'homomorphisme $O_{X^h,x} \to$ $\to \hat{O}_{X^h,x}$ est fidèlement plat. D'où le résultat. $\square$

(2.8) On notera alors avec les notations de (2.7)

$$F \mapsto F^h$$

le foncteur «image réciproque» de la catégorie des $\mathcal{O}_\mathsf{X}$-modules dans la catégorie des O_{X^h}-modules, foncteur qui est exact en vertu de la proposition (2.7).

Corollaire (2.9). Soient S un espace analytique, X un quasi-schéma localement de présentation finie, F et G deux $\mathcal{O}_\mathsf{X}$-modules et supposons que F soit de présentation finie (resp. que F admette localement une résolution de longueur $p + 2$ par des $\mathcal{O}_\mathsf{X}$-modules libres de type fini). (Si S est un espace analytique complexe, nous avons vu que $\mathcal{O}_\mathsf{X}$ est cohérent et que l'une ou l'autre de ces conditions équivaut à «F est cohérent»). Alors l'homomorphisme naturel

$$\left(\mathcal{H}om_{O_\mathsf{X}}(F, G)\right)^h \to \mathcal{H}om_{O_{X^h}}(F^h, G^h)$$

$$\left(\text{resp.}\ (\mathcal{E}xt^n_{O_\mathsf{X}}(F, G))^h \to \mathcal{E}xt^n_{O_{X^h}}(F^h, G^h)\right), \ n \le p$$

est un isomorphisme.

Démonstration. La propriété étant de nature locale sur X, on peut supposer que F admet une présentation

$$\mathcal{O}_{\mathsf{X}}^{p} \to \mathcal{O}_{\mathsf{X}}^{q} \to F \to 0$$

(resp. $L_{p+2} \to L_{p+1} \to \cdots \to L_1 \to F \to 0$) .

L'assertion sur les Hom est alors immédiate, et l'assertion sur les $\mathcal{E}xt$ se voit par récurrence sur p en appliquant l'hypothèse de récurrence à $F_1 = \mathrm{Ker}\,\{L_1 \to F\}$).

3. Comparaison des images directes supérieures

Soient S un espace analytique, $f : \mathsf{X} \to \mathsf{Y}$ un morphisme de S-quasi-schémas localement de présentation finie, et F un $\mathcal{O}_{\mathsf{X}}$-module Pour tout entier p, on a un homomorphisme naturel

$$(3.1) \qquad \varphi : (R^p f_* \, F)^h \to R^p f_*^h \, F^h .$$

Dans toute la suite, nous nous limitons au cas où S est un espace analytique *complexe*. Pour tout S-quasi-schéma localement de type fini X, le faisceau structural $\mathcal{O}_{\mathsf{X}}$ est alors un faisceau *cohérent* (VI 4.4). Démontrons le théorème de comparaison :

Théorème (3.2) *Soient S un espace analytique complexe, $f : \mathsf{X} \to \mathsf{Y}$ un morphisme propre de S-quasi-schémas localement de type fini et F un $\mathcal{O}_{\mathsf{X}}$-module cohérent. Pour tout entier p, l'homomorphisme (3.1)*

$$\varphi : (R^p f_* \, F)^h \to R^p f_*^h \, F^h$$

est alors un isomorphisme.

Démonstration. Nous allons montrer d'abord qu'on peut se réduire au cas où $\mathsf{Y} = \mathsf{Spec}(S, \mathcal{O}_S)$. En effet à $f : \mathsf{X} \to \mathsf{Y}$ est associé par changement de base un $\mathfrak{t}(Y^h)$-quasi-schéma localement de présentation finie (X', f') et X'^h est isomorphe à X^h (2.5). Soit F' l'image réciproque de F sur X'. L'homomorphisme φ se factorise alors par

$$(3.2.1) \qquad \varepsilon : (R^p f_* \, F)^h \to R^p f'_* \, F' .$$

Comme le morphisme $\mathfrak{t}(Y^h) \to \mathsf{Y}$ est un morphisme plat, ε est un isomorphisme (on a montré (VI 2.5.2) que c'est vrai dès que f est quasi-complet et quasi-séparé). On est donc ramené à démontrer le théorème dans le cas où $\mathsf{Y} = \mathsf{Spec}(S, \mathcal{O}_S)$. Soit alors $\pi : \mathsf{Spec}(S, \mathcal{O}_S) \to (S, \mathcal{O}_S)$ le morphisme structural, et

$$f_0 = \pi \circ f : (\mathsf{X}, \mathcal{O}_{\mathsf{X}}) \to (S, \mathcal{O}_S) ;$$

on a alors les isomorphismes (VI 2.4.8 et 2.3)

$$(3.2.2) \qquad (R^p f_* \, F)^h \xrightarrow{\sim} \pi_*(R^p f_* \, F) \simeq R^p f_{0*} \, F .$$

Examinons alors d'abord le cas particulier où $\mathbf{X}$ *est localement projectif sur* $\mathbf{S}$. La propriété à démontrer étant de nature locale sur $\mathbf{S}$, on peut supposer que $\mathbf{X}$ est associé à un sous-schéma fermé de type fini du schéma projectif $\mathbf{P}^r_{\Gamma(O_{\mathbf{S}})}$.

Soient $i : \mathbf{X} \to \mathbf{P}^r_{\mathbf{S}}$ et $i^h : X^h \subset \mathbf{P}^r_h \times S$ les immersions fermées correspondantes de $\mathbf{S}$-quasi-schémas et d'espaces analytiques respectivement. Les foncteurs i_* et i^h_* sont exacts et transforment faisceaux cohérents en faisceaux cohérents. On est donc ramené à démontrer l'énoncé dans le cas où $\mathbf{X} = \mathbf{P}^r_{\mathbf{S}}$. Nous procédons par récurrence sur r. Si $r = 0$ on a $f = id_{\mathbf{Spec}\,(S,\,O_{\mathbf{S}})}$, $f^h = id_{(S,\,O_S)}$ et le résultat est évident. Soit r un entier > 0. On sait déjà que pour tout $n \in \mathbf{Z}$

$$f_{0_*}\, O_{\mathbf{X}}(n) \to f^h_*\, O_{X^h}(n)$$

est un isomorphisme, chacun des deux membres étant d'ailleurs isomorphe à la partie homogène de degré n de $O_S[t_0, t_1, \ldots, t_r]$.

En remplaçant S par les ouverts d'un recouvrement assez fin, on peut supposer que F provient d'un faisceau de présentation finie F_0 de $\mathbf{P}^r_{\Gamma(O_S)}$ et par suite qu'on a une suite exacte du type

$$\oplus^k_{j=1} O_{\mathbf{X}}(-m_i) \to \oplus^h_{j=1} O_{\mathbf{X}}(-p_j) \to F \to 0\,.$$

En remplaçant encore S par des ouverts relativement compacts formant un recouvrement, on peut supposer ((VI 3.4) et théorème de Grauert et Remmert (1.1)) qu'il existe un entier n_0 tel que pour $n \geq n_0$, on ait pour tout entier $p > 0$

$$R^p f_*\, F(n) = 0 \quad \text{et} \quad R^p f^h_*\, F^h(n) = 0$$

et les suites exactes

$$\oplus^k_{i=1} f_*\, O_{\mathbf{X}}\,(-\,m_i + n) \to \oplus^l_{j=1} f_*\, O_{\mathbf{X}}(-\,p_j + n) \to f_*\, F(n) \to 0\,,$$

$$\oplus^k_{i=1} f^h_*\, O_{X^h}\,(-\,m_i + n) \to \oplus^l_{j=1} f^h_*\, O_{X^h}\,(-\,p_j + n) \to f^*_h\, F^h(n) \to 0\,.$$

On en déduit naturellement que pour $n \geq n_0$ et pour tout entier p, l'homomorphisme

$$R^p f_{0_*}\, F(n) \to R^p f^h_*\, F^h(n)$$

est un isomorphisme.

Soit alors $\alpha : F \to F(n)$ l'homomorphisme «multiplication» par t^n_r et soit $G = \mathrm{Ker}\,\alpha$, $H = \mathrm{Im}\,\alpha$, $K = \mathrm{coker}\,\alpha$; de sorte qu'on a les suites exactes courtes

$$0 \to G \to F \to H \to 0\,,$$

$$0 \to H \to F(n) \to K \to 0.$$

Comme on sait déjà démontrer le théorème pour $F(n)$, il suffit de le démontrer pour G et K. Or G et K sont nuls au dessus de l'ouvert U

image réciproque de l'ouvert affine U_0 de $\mathbf{P}^r_{\Gamma(O_S)}$, complémentaire du sous-espace fermé $Z = \mathbf{P}^{r-1}_{\Gamma(O_S)}$ défini par l'idéal $I = (t_r)$. On est donc ramené à démontrer le théorème pour un faisceau G cohérent et nul sur U. En remplaçant encore S par les ouverts d'un recouvrement assez fin, on peut supposer que G provient d'un faisceau de présentation finie G_0 sur $\mathbf{P}^r_{\Gamma(O_S)}$ à support dans Z. Il existe alors un entier k tel que $I^k G_0 = 0$. Un dévissage par les suites exactes

$$0 \to I^{n+1} G_0 \to I^n G_0 \to I^n G_0 / I^{n+1} G_0 \to 0$$

nous ramène au cas où $I G_0 = 0$. Si i désigne alors l'immersion fermée

$$i : \mathbf{P}^{r-1}_S \hookrightarrow \mathbf{P}^r_S$$

définie par l'idéal I, on a $G \simeq i_* i^* G$, d'où le résultat d'après l'hypothèse de récurrence.

Démontrons le théorème dans le cas où X est propre sur $\mathsf{Spec}(S, O_S)$. On peut ici encore supposer que X est associé à un $\Gamma(O_S)$-schéma propre X.

Soit alors $s \in S$. Pour tout ouvert U de S contenant s, l'image inverse de $\mathsf{X}/f^* U$ par le morphisme canonique

$$\mathfrak{t} \, (\mathrm{Spec} \, O_{S,s}) \to \mathsf{Spec} \, (S/U, O_{S/U}) \,,$$

est équivalente au topos annelé associé au schéma

$$X_s = X \otimes_{\Gamma(O_S)} O_{S,s} \,.$$

D'autre part, soit $\mathsf{Coh} \, (\mathsf{X}/f^* U)$ la catégorie des O_{X/f^*U}-modules cohérents. L'image réciproque par le morphisme

$$f(X_s) \to \mathsf{X}/f^* U$$

induit une équivalence de la catégorie $\varinjlim_{s \in U} \mathsf{Coh} \, (\mathsf{X}/f^*U)$ dans la catégorie des O_{X_s}-modules cohérents $\mathsf{Coh}(X_s)$.

Soit F un O_X-module cohérent. Pour prouver que φ (3.1) est un isomorphisme, il suffit de prouver que, pour tout $s \in S$,

$$(3.2.3) \qquad \varphi_s : (R^p f_{0_*} F)_s \to (R^p f^h_* F^h)_s$$

est un isomorphisme. Or en utilisant l'équivalence

$$\varinjlim_{s \in U} \mathsf{Coh} \, (\mathsf{X}/f^*U) \to \mathsf{Coh}(X_s)$$

on voit aussitôt que les conditions énoncées ne dépendent que du O_{X_s}-module F_s associé à F. On remarque, d'ailleurs, que d'après (VII 2.4.5), on a un isomorphisme canonique

$$(3.2.4) \qquad (R^p f_{0_*} F)_s \xrightarrow{\sim} H^p(X^s, F^s) \,.$$

Soient $\mathsf{K}_s = \mathsf{Coh}(X_s)$ la catégorie des O_{X_s}-modules cohérents K'_s la sous-catégorie pleine de K_s formée des O_{X_s}-modules cohérents tels qu'il existe un ouvert U contenant s et un relèvement en un $\mathcal{O}_{X/f^*U}$-module cohérent vérifiant le théorème. Il suffit de montrer que $\mathsf{K}'_s = \mathsf{K}_s$. On peut alors appliquer le *lemme de dévissage* de [*EGA* III 3.1] : K'_s est une sous-catégorie exacte de K_s. Il suffit de vérifier que pour tout fermé irréductible Y_s de X_s il existe un faisceau cohérent G_s de support Y_s qui appartienne à K'_s. On est alors ramené au cas où X_s est *irréductible* et où $Y_s = X_s$. Il existe alors un schéma irréductible X'_s et un morphisme $g_s : X'_s \to X_s$ projectif et surjectif tel que $f_s \circ g_s = f'_s$ soit projectif (lemme de Chow [*EGA* II 5.6.2]). Pour n assez grand, on a $R^p g_{s_*} O_{X'_s}(n) = 0$ pour tout $p > 0$, et le faisceau $g_{s_*} O_{X'_s}(n)$ a pour support X'_s. En remplaçant S par un ouvert convenable contenant s, on peut supposer [*EGA* IV 8] que X'_s et g_s se relèvent respectivement en le $\Gamma(O_S)$-schéma projectif X' et en le $\Gamma(O_S)$-morphisme $g : X' \to X$ projectif et surjectif. Notons alors

$$g' : \mathsf{X}' \to \mathsf{X}$$

le morphisme de S-quasi-schémas associé à g. Pour n assez grand on a $R^p g'_* O_{\mathsf{X}'}(n) = 0$ pour tout $p > 0$. Soit alors $G = g'_* O_{\mathsf{X}'}(n)$. Comme le morphisme

$$\mathfrak{t} \, (\mathrm{Spec} \, O_{S,s}) \to \mathsf{Spec}(\mathsf{S}, \mathcal{O}_\mathsf{S})$$

est plat, G_s est isomorphe à $g_{s_*} O_{X'_s}(n)$. Il suffit donc de démontrer que G vérifie le théorème.

Comme, pour tout $p > 0$, on a $R^p g_{s_*} O_{X'_s}(n) = 0$, l'homomorphisme

$$(3.2.5) \qquad H^p\big(X_s, g_{s*} O_{X'_s}(n)\big) \to H^p\big(X'_s, O_{X'_s}(n)\big)$$

est un isomorphisme. De même la suite spectrale de Leray

$$R^p f^h_* \left(R^q g^h_* O_{X'^h}(n) \right) \Rightarrow R^{p+q} f'^h_* O_{X'^h}(n)$$

dégénère, puisque l'application du théorème, démontré dans le cas projectif, à g, montre alors que $R^q g^h_* O_{X'^h}(n) = 0$ pour $q > 0$, et on a l'isomorphisme

$$(3.2.6) \qquad R^p f^h_* \left(g^h_* O_{X'^h}(n) \right) \xrightarrow{\sim} R^p f'^h_* O_{X'^h}(n) \, .$$

D'autre part en utilisant le théorème dans le cas des morphismes projectifs, on voit qu'on a l'isomorphisme

$$(3.2.7) \qquad H^p \left(X'_s, O_{X'_s}(n) \right) \xrightarrow{\sim} \left(R^p f'^h O_{X'^h}(n) \right)_s \, .$$

En tenant compte alors des isomorphismes (3.2.2), (3.2.4), (3.2.5), (3.2.6) et (3.2.7), on obtient le résultat. $\qquad \square$

Corollaire (3.3). Soit X un quasi-schéma propre sur l'espace analytique complexe S. Alors le foncteur $F \to F^h$ de la catégorie des $\mathcal{O}_\mathsf{X}$-modules cohérents dans la catégorie des $\mathcal{O}_{X^h}$-modules cohérents est pleinement fidèle.

Démonstration. Soient F et G deux $\mathcal{O}_\mathsf{X}$-modules cohérents. Le faisceau $\mathcal{H}om_{\mathcal{O}_\mathsf{X}}(F, G)$ est un $\mathcal{O}_\mathsf{X}$-module cohérent et l'homomorphisme

$$\mathcal{H}om_{\mathcal{O}_\mathsf{X}}(F, G)^h \to \mathrm{Hom}_{\mathcal{O}_{X^h}}(F^h, G^h)$$

est un isomorphisme (2.9). On en déduit (3.2) en notant $f : \mathsf{X} \to \mathsf{Spec}(S, \mathcal{O}_S)$, le morphisme structural et $f_0 = \pi \circ f : \mathsf{X} \to \mathsf{S}$, que

$$f_{0*}\, \mathcal{H}om_{\mathcal{O}_\mathsf{X}}(F, G) \to f^h_* \, \mathcal{H}om_{\mathcal{O}_{X^h}}(F^h, G^h)$$

est un isomorphisme, donc aussi

$$\mathrm{Hom}_{\mathcal{O}_\mathsf{X}}(F, G) \to \mathrm{Hom}_{\mathcal{O}_{X^h}}(F^h, G^h)$$

est un isomorphisme. $\square$

Corollaire (3.4). Soient X un quasi-schéma propre sur l'espace analytique complexe S, $s \in S$, F et G deux $\mathcal{O}_\mathsf{X}$-modules cohérents. Notons $\mathsf{X}_s = \mathsf{X} \times_{\mathsf{Spec}(S, \mathcal{O}_S)} \dagger (\mathrm{Spec}\, O_s)$, et F_s et G_s les $\mathcal{O}_{\mathsf{X}_s}$-modules images réciproques de F et G. Pour tout entier n, il existe alors un isomorphisme canonique.

$$\mathrm{Ext}^n_{\mathcal{O}_{\mathsf{X}_s}}(\mathsf{X}_s; F_s, G_s) \xrightarrow{\sim} \varinjlim_{s \in U} \mathrm{Ext}^n_{\mathcal{O}_{X^h_U}}(X^h_U; F^h_U, G^h_U) \,.$$

Démonstration. Les faisceaux $\mathrm{Ext}^n_{\mathcal{O}_\mathsf{X}}(F, G)$, $n \in \mathbf{N}$, sont cohérents et on a les isomorphismes (2.9)

$$(3.4.1) \qquad \left(\mathcal{E}xt^n_{\mathcal{O}_\mathsf{X}}(F, G) \right)^h \xrightarrow{\sim} \mathcal{E}xt^n_{\mathcal{O}_{X^h}}(F^h, G^h) \,.$$

D'autre part, comme le morphisme de topos annelés $\pi_s : \mathsf{X}_s \to \mathsf{X}$ est plat, l'homomorphisme

$$(3.4.2) \qquad \pi_s^* \left(\mathcal{E}xt^n_{\mathcal{O}_\mathsf{X}}(F, G) \right) \to \mathcal{E}xt^n_{\mathcal{O}_{\mathsf{X}_s}}(F_s, G_s)$$

est un isomorphisme [*EGA* $\mathrm{O}_{\mathrm{III}}$ 12.3.5].

Par ailleurs comme on a les deux suites spectrales

$$(3.4.3) \qquad H^p\left(\mathsf{X}_s, \mathcal{E}xt^q_{\mathcal{O}_{\mathsf{X}_s}}(F_s, G_s)\right) \Rightarrow \mathrm{Ext}^n_{\mathcal{O}_{\mathsf{X}_s}}(\mathsf{X}_s; F_s, G_s)$$

et

$$(3.4.4)\ \varinjlim_{s \in U} H^p\left(X^h_U, \mathcal{E}xt^q_{\mathcal{O}_{X^h_U}}(F^h_U, G^h_U)\right) \Rightarrow \varinjlim_{s \in U} \mathrm{Ext}^n_{\mathcal{O}_{X^h_U}}(X^h_U, F^h_U, G^h_U)$$

il suffit de montrer que les termes initiaux sont canoniquement isomorphes. Or $H^p(\mathsf{X}_s; \mathrm{Ext}^q_{\mathcal{O}_{\mathsf{X}_s}}(F_s, G_s))$ est isomorphe (VII 2.4.5) à la fibre en s du faisceau $R^p f_{0_*} \operatorname{Ext}^q_{\mathcal{O}_X}(F, G)$, d'où le résultat grâce au théorème (3.2.). $\square$

Théorème (3.5). *Soit* $\mathbf{X}$ *un quasi-schéma propre sur l'espace analytique complexe* S. *Alors le foncteur* $F \mapsto F^h$ *induit une équivalence de la catégorie des* $\mathcal{O}_X$-*modules cohérents dans la catégorie des* $\mathcal{O}_{X^h}$-*modules cohérents.*

Démonstration. On sait déjà (3.3) que le foncteur considéré est pleinement fidèle. Il suffit donc de montrer que pour tout $\mathcal{O}_{X^h}$-module cohérent F', il existe un $\mathcal{O}_X$-module cohérent F tel que F' soit isomorphe à F^h. On dira plus simplement que F' se relève en F. Il suffit alors de montrer, compte tenu des hypothèses et de la proposition (3.3). que F' peut se relever au voisinage de chaque point s de S, les relèvements locaux se recollant nécessairement.

Nous décomposons la démonstration en plusieurs étapes

(3.5.1) *Soit* $i : \mathbf{X} \subset \mathbf{Y}$ *une immersion fermée de présentation finie de* $\mathbf{S}$-*quasi-schémas propres de présentation finie, si tout* O_{Y^h}-*module cohérent se relève, alors tout* O_{X^h}-*module cohérent se relève.*

En effet, $\mathbf{X}$ est défini par un idéal cohérent $\mathcal{J}$ de $\mathcal{O}_Y$ et le foncteur i_* induit une équivalence entre la catégorie des $\mathcal{O}_X$-modules cohérents et la catégorie des $\mathcal{O}_Y$-modules cohérents annulés par $\mathcal{J}$. De même le foncteur i_*^h induit une équivalence de la catégorie des $\mathcal{O}_{X^h}$-modules cohérents et des $\mathcal{O}_{Y^h}$-modules cohérents annulés par $\mathcal{J}^h$. Soit alors F' un O_{X^h}-module cohérent. Le O_{Y^h}-module cohérent $G' = i_*^h F'$ se relève en un $\mathcal{O}_Y$-module cohérent G. De plus comme le foncteur $(\ )^h$ est exact, on a

$$(\mathcal{J} \cdot G)^h = \mathcal{J}^h \cdot G^h = 0$$

et comme il est pleinement fidèle (3.3.), on en déduit que $\mathcal{J} \cdot G = 0$ et donc que F' se relève.

(3.5.2) *Le théorème est vrai pour les* $\mathbf{S}$-*quasi-schémas de présentation finie localement projectifs.*

En utilisant ce qui a été démontré en (3.5.1) et compte tenu de la nature locale du problème, on voit qu'il suffit de le démontrer pour le quasi-schéma projectif type $\mathbf{X} = \mathbf{P}^r_S$. Soit alors F' un O_{X^h}-module cohérent. En utilisant le théorème de Grauert et Remmert (1.1), on voit qu'au dessus de tout ouvert relativement compact U de S, il existe une suite exacte

$$L'_2 \xrightarrow{\ v'\ } L'_1 \longrightarrow F'_U \longrightarrow 0$$

où L'_1 et L'_2 sont des $O_{X^h_U}$-modules du type $\bigoplus_{i=1}^k Ox^h_U(-n_i)$. On peut donc les relever en des $\mathcal{O}_X$-modules L_1 et L_2 du type $\bigoplus_{i=1}^k \mathcal{O}_{X_U}(-n_i)$.

Comme le foncteur $(\ )^h$ est pleinement fidèle, v' se relève en v et donc F'_U se relève en le $\mathcal{O}_{\mathsf{X}_U}$-module Coker v.

(3.5.3) Envisageons alors le cas géneral d'un quasi-schéma X propre sur S, qu'on peut supposer associé à un schéma X propre sur Spec $\Gamma(\mathcal{O}_S)$. Soit $s \in S$ et soit X_s le schéma $X_s = X \otimes_{\Gamma(\mathcal{O}_S)} \mathcal{O}_{S,s}$. Ce schéma X_s est noethérien. Soit Y_s une partie fermée de X_s. Les théorèmes de passage à la limite [EGA IV 8], montrent qu'il existe un ouvert U de S constenant s tel que Y_s se relève en une partie fermée Y_U de X_U $= X \otimes_{\Gamma(\mathcal{O}_S)} \Gamma(U, \mathcal{O}_S)$. Dans ce qui suit, on notera de la même façon un fermé dans un schéma et l'unique sous-schéma fermé réduit qui lui est associé. Soit Y_U le S-sous-quasi-schéma fermé de X_U associé à Y_U. On note $P(Y_s)$ la propriété suivante pour Y_s : $P(Y_s)$: *pour tout ouvert V tel que $V \subset U$ et tel que $s \in V$, pout tout $\mathcal{O}_{X_V^h}$-module cohérent F' de support contenu dans Y_V^h, il existe un ouvert W tel que $s \in W$ et $W \subset V$ et que la restriction F'_W de F' à $X_W'^h$ se relève en un $\mathcal{O}_{\mathsf{X}_W'}$-module cohérent.*

La propriéte $P(Y_s)$ ne dépend que du fermé Y_s choisi et $P(\varnothing)$ est évidemment vérifiée. De plus, démontrer le théorème équivaut à démontrer $P(X_s)$. Ceci nous amène à une autre réduction :

(3.5.4) *Pour démontrer la propriété $P(X_s)$ décrite en (3.5.3), on peut supposer que le schéma X_s est réduit.*

Soit N_s le nilradical de X_s. Comme X_s est un schéma noethérien, N_s est un $\mathcal{O}_{X_s}$-module cohérent et nilpotent. L'immersion fermée de présentation finie et surjective

$$i_0 : X'_s \longhookleftarrow X_s$$

définie par N_s se relève sur un voisinage convenable U de s en une immersion surjective de présentation finie

$$j_U : X'_U \longhookleftarrow X_U \, .$$

Comme j_U est surjective, l'idéal N' quasi-cohérent de type fini de $\mathcal{O}_{X_U}$ qui définit j_U est contenu dans le nilradical de $\mathcal{O}_{X_U}$ et comme X_U est quasi-compact, on voit qu'il existe un entier positif n tel que $N'^n = 0$. Dans la suite, nous simplifions les notations en remplaçant U par l'objet final.

Supposons alors démontrée la propriété de relèvement des faisceaux cohérents pour X' au voisinage de s $\big(P(X'_s)$ est vraie$\big)$ et montrons que $P(X_s)$ est vraie pour X. Soit G un $\mathcal{O}_{X^h}$-module cohérent et posons $G_k = (N'^h)^k . G$, pour $k = 0, 1, \ldots, n$, avec $G_0 = G$ et $G_n = 0$. Pour $k = 1, 2, \ldots, n$, on a la suite exacte

$$0 \to G_k \to G_{k-1} \to G_{k-1}/G_k \to 0.$$

Les faisceaux G_{k-1}/G_k se relèvent au voisinage de s puisqu'ils sont annulés par N'^h et que sur X', $P(X'_s)$ est vraie. On démontre alors que G_k se relève pour tout k par récurrence descendante sur k à partir de $k = n$.

En effet, si H_k et L_k sont respectivement des relèvements de G_{k-1}/G_k et de G_k sur un voisinage convenable de s, l'isomorphisme

$$\cdot \varinjlim_{s \in U} \operatorname{Ext}^1_{O_{X_U}} (X_U; H_{kU}, L_{kU}) \xrightarrow{\sim} \varinjlim_{s \in U} \operatorname{Ext}^1_{O_{X_U^h}} (X_U^h; (G_{k-1}/G_k)_U\, G_{kU})$$

montre qu'on peut relever G_{k-1} qui est extension de G_{k-1}/G_k par G_k sur un voisinage convenable de s.

(3.5.5) *Démonstration de la propriété $P(X_s)$ décrite en (3.5.3) dans le cas où X_s est réduit.*

On démontre que pour tout fermé Y_s de X_s, la propriété $P(Y_s)$ est vraie, par récurrence noethérienne. Le schéma de la démonstration est inspiré de celui d'une démonstration donnée par A. Grothendieck dans l'exposé No 2 au séminaire H. Cartan de 1956/57.

On commence par faire une réduction au cas où X_s est irréductible. Si X_s n'est pas irréductible, il est réunion finie de fermés irréductibles (Y_s^i) $i = 1, 2, \ldots, n$. Relevons les Y_s^i au dessus d'un voisinage convenable de s en des fermés Y^i de X et soient $j_i : Y^{ih} \hookrightarrow X^h$ les immersions fermées d'espaces analytiques correspondantes. Soit F' un O_{X^h}-module cohérent et soit, pour $i = 1, 2, \ldots, n$

$$F'_i = j_{i_*} j_i^* F' .$$

Chaque F'_i est cohérent et comme $P(Y_s^i)$ est vrai par hypothèse, on peut supposer, en localisant sur un voisinage convenable de s que chaque F'_i se relève en un O_X-module cohérent F_i. Le O_{X^h}-module $\oplus_{i=1}^n F'_i$ se relève alors en le O_X-module $\oplus_{i=1}^n F_i$. Considérons alors l'homomorphisme

$$u : F' \to \oplus_{i=1}^n F'_i .$$

Comme X_s est réduit, la restriction de $j_{is} : Y_s^i \hookrightarrow X_s$ à $\left(Y_s^i - \bigcup_{j \neq i} Y_s^i \cap Y_s^j\right)$ est une immersion ouverte. On peut donc supposer, en rétrécissant encore le voisinage considéré que la restriction de $j_i : Y^{ih} \to X^h$ à $\left(Y^{ih} - \bigcup_{j=i} Y^{ih} \cap Y^{jh}\right)$ est une immersion ouverte. Si bien que u est un isomorphisme sur le complémentaire de la réunion des $(Y^{ih} \cap Y^{jh})_{i \neq j}$. Soient alors $G' = \operatorname{Ker} u$, $H' = \operatorname{Coker} u$ et soit K' le faisceau défini par les suites exactes

$$0 \to G' \to F' \to K' \to 0 ,$$

$$0 \to K' \to \oplus_{i=1}^n F'_i \to H' \to 0.$$

Les faisceaux G', H' et K' sont des O_{X^h}-modules cohérents. De plus, le support de G' et de H' est contenu dans le fermé $Z^h = \bigcup_{j \neq i} (Y^{ih} \cap Y^{jh})$

Comme $Z_s = \bigcup (Y^i_s \cap Y^j_s)$ est un fermé strictement contenu dans X_s, G' et H' se relèvent d'après l'hypothèse de récurrence. De même K' se relève puisque le foncteur $(\ )^h$ est exact. On en déduit que F' se relève localement d'après la propriété de relèvement des extensions.

(3.5.6) *On est donc ramené au cas où X_s est irréductible.*

On utilise le *lemme de Chow* dans le cas irréductible [EGA II 5.6.2] : *Il existe un schéma irréductible X'_s et un morphisme $\pi_s : X'_s \to X_s$ projectif et birationnel tel que $f'_s = f_s \circ \pi_s : X'_s \to \operatorname{Spec} O_{S,s}$ soit projectif.* En particulier il existe un fermé Y_s strictement contenu dans X_s tel qu'au dessus de $U_s = X_s - Y_s$, π_s induise un isomorphisme.

Sur un voisinage convenable de s, on peut relever la situation, si bien qu'en changeant au besoin les notations, on obtient un morphisme $\pi : X' \to X$ de $\Gamma(O_S)$-schémas, avec π projectif, $f' = f \circ \pi$ projectif et tel que π induise un isomorphisme au dessus de U ouvert qui relève de U_s.

Soit alors F' un O_{X^h}-module cohérent et soit $G' = \pi^{h*} F'$. G' se relève sur un voisinage convenable de s, en un $O_{X'}$-module cohérent G et d'après (3.5.1) on a

$$(\pi_* G)^h \simeq \pi^h_* G^h .$$

De plus, la restriction à U^h de l'homomorphisme canonique

$$v : F' \to \pi^h_* G' \simeq (\pi_* G)^h$$

est un isomorphisme. On utilise alors le même raisonnement que précédemment et si $H' = \operatorname{Ker} v$, $K' = \operatorname{coker} v$, et si L' est défini par les suites exactes

$$0 \to H' \to F' \to L' \to 0 ,$$

$$0 \to L' \to (\pi_* G)^h \to K' \to 0 .$$

H' et K' se relèvent puisque par l'hypothèse de récurrence $P(Y_s)$ est vraie et que H' et K' sont à support dans Y^h. On en déduit que L' et par suite F' se relèvent. Ceci achève la démonstration du théorème (3.5). $\square$

Corollaire (3.6). Soit X un quasi-schéma propre sur un espace analytique complexe. Il *y* a alors une bijection naturelle entre l'ensemble des sous-quasi-schémas fermés de présentation finie et l'ensemble des sous-espaces analytiques fermés de X^h.

Démonstration. Il suffit d'appliquer le théorème (3.5) où on restreint le foncteur $F \mapsto F^h$ à la catégorie des faisceaux de O_{X}-modules cohérents quotients de O_{X}. $\square$

Corollaire (3.7). La restriction du foncteur ( )^h à la catégorie des quasi-schémas propres sur un espace analytique complexe S est un foncteur pleinement fidèle.

Démonstration. Soient X et Y deux S-quasi-schémas propres. Il faut montrer que l'application naturelle

$$( )^h : \mathrm{Hom}_S(X, Y) \to \mathrm{Hom}_S(X^h, Y^h)$$

est un isomorphisme.

Or l'application *graphe* est un isomorphisme de l'ensemble $\mathrm{Hom}_S(X, Y)$ sur le sous-ensemble des sous-quasi-schémas fermés de présentation finie G de $X \times_S Y$ tels que la restriction à G de la projection sur X induise un isomorphisme

$$p : G \xrightarrow{\sim} X .$$

Soient alors f et $g \in \mathrm{Hom}_S(X, Y)$ tels que $f^h = g^h$. On déduit de (3.6) que f et g ont même graphe et donc que $f = g$.

Montrons que ( )^h est surjective. Soit $f' : X^h \to Y^h$ un morphisme de S-espaces analytiques. Son graphe définit un sous-espace analytique de $X^h \times_S Y^h$, qui d'après (3.6) se relève en une immersion fermée de présentation finie de S-quasi-schémas

$$Z \hookrightarrow X \times_S Y$$

pour montrer que Z est le graphe d'un morphisme de S-quasi-schémas de X dans Y, il suffit alors de montrer que la composée avec la projection sur X

$$j : Z \hookrightarrow X \times_S Y \to X$$

est un isomorphisme. Or on sait que j est un morphisme propre de présentation finie, affine. Comme on peut par localisation se ramener au cas où X est un schéma noethérien, on en déduit que j est fini. De plus j est un monomorphisme. En effet dire que j est un monomorphisme équivaut à dire que les deux projections

$$pr_1, pr_2 : Z \times_X Z \rightrightarrows X$$

sont égales. Mais comme j^h est un isomorphisme, on a $(pr_1)^h = (pr_2)^h$, d'où $pr_1 = pr_2$ puisque le foncteur ( )^h est fidèle. Or tout monomorphisme fini est une immersion fermée (cf. par ex. [18]), donc j est une immersion fermée définie par un idéal cohérent $\mathcal{J}$ de $\mathcal{O}_X$. Comme $\mathcal{J}^h = 0$, on en déduit que $\mathcal{J} = 0$, donc j est un isomorphisme, et par suite Z est le graphe d'un morphisme f qui relève f'. $\square$

4. Application à la représentabilité de certains foncteurs

Proposition (4.1). *Soit S un espace analytique et soit*

$$F : \mathsf{An^0}/S \to \mathsf{Ens}$$

un foncteur. Supposons que F soit isomorphe à la restriction à $\mathsf{An^0}/S$ d'un 2-foncteur

$$F' : \mathfrak{Top\ an\ loc^0}/(\mathsf{S},\, \mathcal{O}_\mathsf{S}) \to \mathsf{Ens}$$

représentable par un S-quasi-schéma de présentation finie X et soit (X, ξ) une donnée de réprésentation de F'. Alors F est représentable et si $p : \mathsf{t}(X^h) \to \mathsf{X}$ désigne le morphisme canonique de $\mathcal{U}$-topos annelés et si $\xi^h = F'(p)\,(\xi)$, (X^h, ξ^h) est une donnée de représentation de F.

    Citons pour terminer quelques exemples de foncteurs auxquels on pourra appliquer la proposition (4.1).

(4.2) *Les foncteurs* $\mathsf{Drap}_m(E)$, $\mathsf{Grass}_n(E)$ *et* $\mathsf{P}(E)$ (VII. 4) où E désigne un $\mathcal{O}_S$-module de présentation finie.

(4.3) *Le foncteur* $\mathrm{Hilb}_{X^h/S}$. Soit X un quasi-schéma propre sur un espace analytique S. Le fait que le foncteur $\mathsf{Hilb}_{X^h/S}$

$$\mathrm{Hilb}_{X^h/S} : \mathsf{An^\circ}/S \to \mathsf{Ens}$$

défini par : « $\mathrm{Hilb}_{X^h/S}(T)$ est l'ensemble des classes d'isomorphismes de $O_{X^h_T}$-modules cohérent quotients de $O_{X^h_T}$ et plats sur T » soit isomorphe à la restriction du 2-foncteur $\mathsf{Hilb}_{X/S}$ défini en (VII. 6) résulte alors de (3.5) et de la propriété suivante : Si F est un $\mathcal{O}_X$-module cohérent tel que F^h soit S-plat, F est S-plat. En effet comme la propriété à montrer est de nature locale sur X on peut supposer que $X = \mathrm{Spec}\, A$ où A est une $\Gamma(\mathcal{O}_S)$-algèbre et que F est associé à un A-module de présentation finie F_0. Pour voir que F est S-plat, il suffit de montrer que pour tout $s \in S$, $F_s = F_0 \otimes_A O_{S,s}$ est $O_{S,s}$-plat, ou encore que F_s est $O_{S,s}$-plat en tout idéal maximal π de A_s. Mais comme le corps de base est $\mathbf{C}$, donc algébriquement clos, à tout idéal maximal correspond un point x de X^h et $(A_s)_\pi \to O_{X^h,\,x}$ est fidèlement plat. D'où le résultat.

(4.4) *Le foncteur* $\mathrm{Pic}'_{X^h/S}$. Soit S un espace analytique complexe et soit $f : \mathsf{X} \to \mathsf{S}$ un S-quasi-schéma propre de présentation finie. Le foncteur image inverse induit une équivalence de la catégorie des $\mathcal{O}_X$-modules inversibles, sur la catégorie des O_{X^h}-modules inversibles. On en déduit aussitôt que le foncteur

$$\mathrm{Pic}'_{X^h/S} : \mathsf{An^0}/S \to \mathsf{Ens}$$

défini par $\mathrm{Pic}'_{X^h/S}(T) = H^0\big(T, R^1(f_T)^h_* \, O^*_{X^h_T}\big)$ est isomorphe à la restriction du 2-foncteur

$$\mathrm{Pic}'_{X/S} : \mathfrak{Top\ an\ loc}^0/S \to \mathsf{Ens}$$

défini par $\mathrm{Pic}'_{X/S}(\mathsf{T}) = H^0(\mathsf{T},\, R^1 f_{\mathsf{T}*}\, O^*_{X_{\mathsf{T}}})$.

Bibliographie

1. Artin, M., Grothendieck, A., Verdier, J. L.: Cohomologie étale des schémas (cité SGA 4), Séminaire de l'IHES, multigraphié. A paraître dans North Holland Pub. Cie.

2. Berthelot, P., Grothendieck, A., Illusie, L. : Théorie globale des intersections et théorème de Riemann-Roch (cité SGA 6). Séminaire de l'IHES multigraphié. A paraître dans North Holland Pub. Cie.

3. Demazure, M., Grothendieck, A., Bertin, J. E., Gabriel, P., Raynaud, M. etc. : Schémas en groupes (cité SGA 3). Séminaire de l'IHES multigraphié.

4. Dieudonné, J., Grothendieck, A. : Eléments de géométrie algébrique, Ch. I à IV. Pub. Math. no 4, 8, 11, 20, etc. (cité EGA).

5. Frisch, J. : Inventiones Math. **4**, 118—138 (1967).

6. Giraud, J. : Méthode de la descente. Bull. Soc. Math. France, supplément, Déc. 1964.

7. Giraud, J. : Analysis situs, Séminaire Bourbaki 1962—63, exposé 256.

8. Giraud, J. : Cohomologie non abélienne, Thèse Paris Déc. 1966.

9. Grauert, H., Remmert, R.: Bilder und Urbilder analytischer Garben. Ann. of Math., **68**, 393—443 (1958).

10. Grothendieck, A. : Exposés au Séminaire H. Cartan, t. 13, 1960—61, exposés 7 à 17, Paris, Ecole Normale Supérieure (multigraphié).

11. Grothendieck, A. : Fondements de la géométrie algébrique, Extraits du Séminaire Bourbaki, 1957—62, multigraphié.

12. Grothendieck, A. : Séminaire de géométrie algébrique à l'IHES, 1960—61, multigraphié (cité SGA 1). A paraître dans North Holland Pub. Cie.

13. Grothendieck, A. : Classes de Chern, dans ,,Dix exposés sur la cohomologie des schémas'', Amsterdam : North Holland Pub. Cie., et Paris : Masson et Cie. 1968.

14. Hartshorne, R. : Residues and Duality, Lecture Notes in Mathematics, no 20, Berlin/Heidelberg/New York: Springer 1966.

15. Houzel, C. : Exposés au Séminaire H. Cartan 1960, 61, Exposés 18 à 21, Paris, multigraphié (Secrétariat de Mathématiques, 11 rue Pierre et Marie Curie, Paris 5e).

16. Kiehl, R. : Theorem A und B in der nichtarchimedischen Funktionentheorie. Inventiones Math., 1967.

17. Kiehl, R. : Der Endlichkeitssatz für eigentliche Abbildungen in der nichtarchimedischen Funktionentheorie. Inventiones Math., 1967.

18. Lazard, D.: Epimorphismes plats, dans: Séminaire P. Samuel, 1967/68, exposé
    4 multigraphié (Secrétariat des Mathématiques, 11 rue Pierre et Marie Curie,
    Paris 5e).
19. Serre, J. P.: Géométrie algébrique et Géométrie analytique. Ann. Inst. Fou-
    rier, Grenoble, 6, 1—42, 1955—56, cité GAGA.
20. Serre, J. P.: Prolongement de faisceaux analytiques cohérents. Ann. Inst.
    Fourier, 16, 363—374 (1966).
21. Cartan, H., Eilenberg, S.: Homological algebra, Princeton University Press.

Index terminologique

Index des notations

Ergebnisse der Mathematik und ihrer Grenzgebiete